面向虚拟现实技术能力提升新形态系列教材

虚拟数字人技术与应用

主编
吴伟和

清华大学出版社
北京

内容简介

本书面向虚拟数字人技术和数字人应用设计的初学者，通过对数字人建模、骨骼生成、权重设定、实时驱动、视效渲染等技术的讲解，培养学习者从事虚拟数字人应用开放的专业实践能力，并让学习者对虚拟数字人技术相关知识及其发展趋势和应用前景有较全面深入的认识。

本书适合作为高等院校虚拟现实技术、数字媒体技术、数字媒体艺术、动画等相关专业的教材，也可作为高职院校虚拟现实技术应用专业参考教材，同时可供对数字人技术和设计应用感兴趣的开发人员参考。

图书在版编目（CIP）数据

虚拟数字人技术与应用 / 吴伟和主编．—北京：清华大学出版社，2024.3（2025.1 重印）
面向虚拟现实技术能力提升新形态系列教材
ISBN 978-7-302-65296-0

Ⅰ．①虚…　Ⅱ．①吴…　Ⅲ．①虚拟现实－教材　Ⅳ．① TP391.98

中国国家版本馆 CIP 数据核字（2024）第 038384 号

责任编辑：郭丽娜
封面设计：曹　来
责任校对：刘　静
责任印制：宋　林

出版发行：清华大学出版社
网　　址：https://www.tup.com.cn, https://www.wqxuetang.com
地　　址：北京清华大学学研大厦 A 座　　**邮　　编：**100084
社 总 机：010-83470000　　**邮　　购：**010-62786544
投稿与读者服务：010-62776969，c-service@tup.tsinghua.edu.cn
质量反馈：010-62772015，zhiliang@tup.tsinghua.edu.cn
课件下载：https: //www.tup.com.cn，010-83470410
印 装 者：三河市龙大印装有限公司
经　　销：全国新华书店
开　　本：185mm × 260mm　　**印　　张：**15.75　　**字　　数：**375 千字
版　　次：2024 年 3 月第 1 版　　**印　　次：**2025 年 1 月第 2 次印刷
定　　价：79.00 元

产品编号：101581-01

丛书编写指导委员会

前　言

党的二十大报告强调，加快发展数字经济，促进数字经济和实体经济深度融合，打造具有国际竞争力的数字产业集群。数字人技术作为数字经济的重要支撑，具有广泛的应用前景，既可促进传统产业转型升级，提升生产效率和竞争力，又可创造新的应用场景，推动行业应用创新，为数字经济提供更广阔的应用场景和市场，同时也能带动实体经济的发展。

本人有幸参与了2020年教育部普通高等学校本科虚拟现实技术专业的申报工作，并负责起草了信息技术新工科产学研联盟虚拟现实教育工作委员会编制的《虚拟现实技术专业建设方案（建议稿）》，深感教材对人才培养的重要性，因此以虚拟现实技术专业的核心内容虚拟数字人技术为选题，尝试编写教材（本教材提到的数字人即虚拟数字人），旨在抛砖引玉，期望能吸引更多同仁参与虚拟现实技术专业教材的编写工作。

本书主要包含以下内容。

第1章简要介绍数字人的发展历史、不同的分类方式、产业应用情况及基本的制作流程。

第2章围绕数字人制作流程，从建模、驱动和渲染三个方面，介绍数字人制作的通用支撑技术。

第3章从零基础起步，结合数字人基础模型的制作实践，有针对性地介绍几种常用的数字人模型生成与处理工具。

第4章以人物模型的头发为例，系统学习可迁移的眉毛、胡须、睫毛等数字人毛发制作流程和方法。

第5章介绍数字人服装建模的流程和方法，包括创建布料模型、绘制服装3D纹理贴图、模拟服装动态效果等。

第6章介绍数字人骨骼绑定的原理和作用，从骨骼的创建、骨骼和皮肤的关联、权重调整介绍身体骨骼绑定的流程和方法；从形态键与数字人脸部网格对应关系，介绍面部绑定的流程和方法。

第7章介绍数字人实时运动驱动的原理，介绍通过体感设备和深度摄像头，捕获运动数据、驱动数字人的肢体和面部实时产生动画的方法与流程。

第8章从数字人的皮肤材质、头发与服装动力学、画面整体效果把控和调整等方面介绍数字人项目效果优化的方法。

第9章以互联网的虚拟主持人、文旅场景的互动式讲解员为例，介绍数字人综合应用的设计开发流程和方法。

第10章从数字人面临问题、影响技术、发展趋势等几个方面展望数字人的未来，引发学习者对数字人的思考。

本书具有以下特点。

一是将课程目标定位于虚拟现实技术、数字媒体技术、数字媒体艺术专业应用型人才培养，突出应用性、实用性原则，重点加强实际操作教学内容，强调学生实际动手能力的培养。

二是按照数字人应用开发的实际工作流程组织和安排学习内容，使得学习的流程与工作实践的流程一致，以期使学习者能快速适应行业的应用需求。

三是在强调专业实践能力培养的同时，注重对数字人技术理论知识的系统性学习，使学习者具备涵盖从数字人的发展历史到未来发展趋势的开阔视野。

另外，本书在编写过程中，参考了许多有关数字人技术的文章和视频资料，吸收了许多专家同仁的观点，但为了行文方便，不便一一注明。书后所附参考文献是本书重点参考的资料。在此，特向在本书中引用和参考的文章、视频、网页的编著者与作者表示诚挚的谢意。

工作室研究生徐乐怡、贺采、张钰坤参与了本书的编写工作，设计实现了书中的应用案例，在此表示诚挚的感谢。

由于编写时间仓促，编者水平有限，书中不足之处在所难免，敬请各位专家、同行、读者批评指正。

吴伟和
2024 年 1 月

图书素材

源代码

目　录

第 1 章　数字人概述 1

1.1　数字人的发展历史 1

1.1.1　数字人发展历程 1

1.1.2　数字人概念的变迁 5

1.2　数字人的分类 6

1.2.1　按表征人物数据资源和人物形象风格分类 6

1.2.2　按应用分类 7

1.2.3　按交互模块分类 8

1.3　数字人的产业应用 9

第 2 章　数字人通用技术架构 11

2.1　建模模块 12

2.1.1　皮肤网格建模 12

2.1.2　骨骼建模 13

2.2　驱动技术 13

2.2.1　真人驱动 13

2.2.2　算法驱动 14

2.3　渲染技术 15

2.3.1　渲染方式 15

2.3.2　渲染技术对比 16

第 3 章　数字人模型生成与处理 18

3.1　人物建模工具介绍 18

3.1.1　简易人物建模工具 18

3.1.2　模型处理工具 21

3.2　数字人基础建模 25

3.2.1　头部建模 26

3.2.2　身体建模 34

3.2.3　头部关联部分的网格分布 44

3.3　数字人的 UV 网格拆分与纹理绘制 45

3.3.1　C4D 中 UV 网格拆分 .. 45

3.3.2　纹理导出与绘制 54

第 4 章　数字人毛发制作 62

4.1　毛发制作插件——XGen 62

4.2　案例练习——创建一组头发 ... 63

4.2.1　管线创建 63

4.2.2　绘制头发生长范围的贴图蒙版 66

4.2.3　毛发形状调整 68

4.2.4　管线转面片 74

4.2.5　最终效果呈现 76

第 5 章　数字人服装制作 78

5.1　服装模型制作软件——Marvelous Designer 78

5.1.1　软件介绍 78

5.1.2　案例练习——制作一套简易服装 81

5.2 服装贴图绘制软件——Substance Painter 88
5.2.1 软件介绍 88
5.2.2 服装贴图的制作流程 ...92
5.2.3 案例练习——绘制一套服装贴图 95

第6章 数字人骨骼绑定 99

6.1 简易绑定与蒙皮工具 99
6.1.1 工具简介 99
6.1.2 绑定步骤 100
6.2 面部绑定插件——Faceit 103
6.2.1 Faceit 插件简介 103
6.2.2 案例练习——绑定一张脸 105
6.3 C4D 骨骼系统与绑定 113
6.3.1 C4D 骨骼系统简介 113
6.3.2 案例练习——绑定一个头部 115
6.3.3 案例练习——使用模板绑定一个角色 123

第7章 数字人动画生成 135

7.1 数字人模型导入 Unity 135
7.1.1 Unity 界面初识 135
7.1.2 导入模型 136
7.1.3 显示材质 137
7.1.4 创建新材质 137
7.1.5 导入骨骼 137
7.1.6 定义预制体 139
7.2 数字人面部动画生成 139
7.2.1 ARKit Face Tracking 简介 140
7.2.2 Live Capture 简介 140
7.2.3 移动设备应用程序：Unity Face Capture 141
7.2.4 案例练习——驱动一张脸 141
7.3 数字人肢体动画生成 148
7.3.1 Kinect 简介 148
7.3.2 Unity 与 Kinect V2 连接 149
7.4 数字人交互作品发布 154

第8章 数字人项目效果优化 160

8.1 数字人皮肤材质设定 160
8.1.1 SSS 材质的概念 160
8.1.2 SSS 材质获取 161
8.1.3 Subsurface Scattering Shader 皮肤 SSS 材质的使用 163
8.1.4 URP-Skin Shaders 皮肤 SSS 材质的使用 164
8.2 数字人头发与服装的动力学实现—— Magica Cloth ...167
8.2.1 插件介绍 167
8.2.2 基于骨骼模拟案例演示 169
8.2.3 基于顶点模拟案例演示 172
8.3 Unity 后处理插件 Post Processing 176
8.3.1 后处理插件简介 176
8.3.2 安装设置 177
8.3.3 常用效果简介（以默认管线为例）........181

第9章 数字人综合应用案例 191

9.1 虚拟主持人、虚拟主播应用案例 191

9.1.1 应用场景分析 191
9.1.2 应用对象分析 192
9.1.3 应用目标分析 192
9.1.4 应用策划设计与制作实现 192
9.2 文旅场景应用案例................202
9.2.1 应用场景分析 202
9.2.2 应用对象和现状分析 202
9.2.3 单人应答式应用——《魂系秦俑情》语音和面部驱动互动游戏 203
9.2.4 数字人驱动脚本 217
第 10 章 数字人的发展与未来 ... 228
10.1 数字人相关问题及对其思考 228
10.1.1 数字人与技术高度相关性 228
10.1.2 数字人情感化表达 .. 229
10.1.3 数字人的恐怖谷效应 229
10.1.4 数字人的法律风险 .. 230
10.1.5 数字人的伦理问题 .. 230
10.1.6 数字人的社会认同 .. 230
10.1.7 数字人的滥用现象 .. 231
10.2 数字人未来展望 231
10.2.1 数字人应用发展趋势 231
10.2.2 AIGC 对数字人未来的影响 233
附录 快捷键表 236
参考文献 238

第 1 章

数字人概述

本章导语

本章简要介绍数字人的发展历史，不同的分类方式、产业应用情况及基本的制作流程。通过这些内容，有助于学习者了解数字人相关的发展历程和理论知识，从而能够更好地理解计算机生成的数字人与现实世界的人类之间的相似之处和相关性。这些计算机生成的人物在一定程度上也反映了各个技术在不同时期的发展进程。随着技术的不断发展，数字人正不断突破自身的局限性，并在一些新兴技术的帮助下不断拓展其应用领域。

学习目标

- 了解数字人的发展历史及基本分类。
- 了解学习者在数字人产业应用中所扮演的角色，并思考学习者应具备什么样的知识技能。

1.1 数字人的发展历史

数字人是一种通过计算机生成的虚拟人物，是基于真实人物的模型，可以具备人类般的外貌、语言和行为特征。数字人技术的发展使得我们能够创造逼真、可交互的虚拟人物，使其在虚拟现实、游戏、直播等领域中扮演角色或提供服务。通过数字人，我们可以实现增强现实、沉浸式体验的目的，获得更多互动的机会。随着技术的更新迭代，数字人也经历了快速的发展过程。

1.1.1 数字人发展历程

数字人以计算机图形学算法为支撑，随着计算机图形学的发展而发展。早在 20 世纪 60 年代，数字人的雏形就开始出现，当时的数字人通常被描述为计算机生成的人类形象。1964 年，诞生于波音公司设计实验室的波音人（Boeing Man）（图 1-1），是第一个计算机生成的具有完整形象的数字人，由美国计算机图形艺术家、计算机图形学应用先驱威廉·费特（William Fetter）创造。作为第一个人体数字模型，这个由简单线条呈现的形象，用于研究飞行员和飞行舱的空间关系、评估人体工程学质量及探索视野问题，以提高飞机的安全性。在计算机还未普及的时代，大部分参与计算机图形实践的人都是工程师和

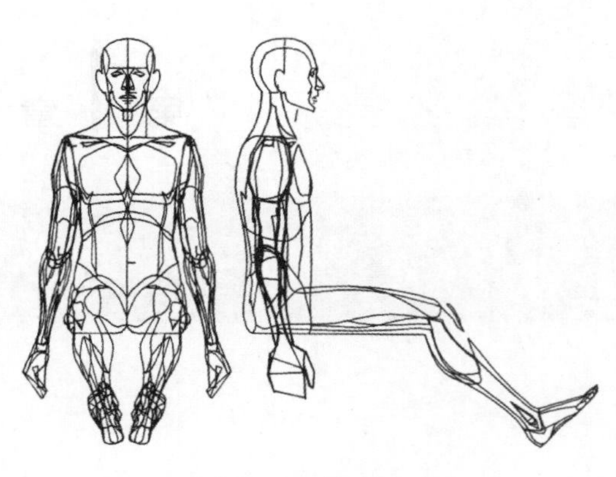
图 1-1　波音人

科学家，很少有艺术背景的人。对于艺术家来说，要想使用计算机进行创作需要学习编程技巧等，这种冷漠、机械的新创作方式和艺术形式使他们普遍难以接受。因此，20 世纪 60 年代的数字人仅仅停留在图像的形式上，对人类形象的模拟写实性还不够强。

在 20 世纪 70 年代，研究者们开始探索模拟人类行走、说话等行为方式的解决方案，并在计算机图形学领域取得了突破性的成就。与此同时，他们也开始追求计算机生成人物的“真实性”，这成了研究者们的新目标。他们开始研究如何将三维物体的网格模型、明暗关系和色彩等信息输入计算机中。例如，1976 年，理查德·赫夫伦（Richard T. Heffron）执导的电影《未来世界》（*Future World*）中就尝试用计算机生成人物角色（图 1-2），旨在创造逼真、具有真实感的数字人物，使其在电影制作中扮演角色。

在三维建模软件出现之前，人物面部网格的生成首先需要将真人的面部涂成白色，并投影上规则的网格，然后拍摄照片，使用计算机计算照片的网格交叉点位置，从而获取面部数据。这个过程为计算机生成逼真三维人物模型奠定了基础，并为后续基于三维扫描技术构建人物模型提供了基本思路。

20 世纪 80 年代，计算机在性能上有了显著的提高。计算机生成的图像在电视、电影等大众传媒中广泛传播，数字人开始以三维的形式出现，使用计算机生成数字人的初步发展阶段已经到来。1981 年，理查德·泰勒（Richard Taylor）和加里·迪莫斯（Gary Demos）制作的计算机动画作品在 Information International Inc.（Triple Ⅰ）发布，其中诞生了第一个完全彩色的三维立体计算机生成人物亚当·派沃斯（Adam Powers，抛接杂技演员）（图 1-3），它也是最早的计算机生成图像（computer generated imagery，CGI）拟人角

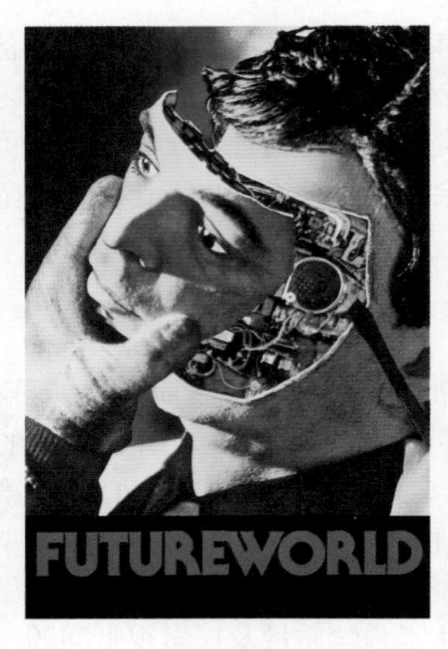

图 1-2　《未来世界》电影海报

图 1-3　亚当·派沃斯

色之一。亚当·派沃斯是一个身着黑色燕尾晚礼服、头戴黑色高顶帽的绅士。他站立在黑白相间的棋盘格地面上，巧妙地玩弄着一个立方体、一个圆锥体和一个球体。这一时期的数字人在外观呈现上取得了明显的进步。

1982年，日本动画《超时空要塞》播出，其中的女主角林明美（图1-4）被包装成演唱动画插曲的歌手，并发行了专辑，林明美也因此成为世界上第一个虚拟歌手。由于技术的限制，这一时期的虚拟形象多由手绘或真人演员进行特效化妆实现。在三维数字人的研究上，进一步改善建模和着色技术是当时重点发展方向。

图1-4 《超时空要塞》中的林明美

另外，为了追求更加逼真的效果，早在20世纪70年代，研究者们就开始探索对数字人面部表情和身体动作的模拟。除了参数化建模方法外，研究者们还运用雕塑和摄影等辅助手段来构建模型，积极探索创造更加流畅真实的动画效果。在身体动作的模拟方面，20世纪70年代末出现了动作捕捉技术，通过软硬件系统配合采集表演者的运动信息，并将这些信息与三维数字人体相关联，完成各式的运动模拟。到现在，动作捕捉技术已相当普及，不仅可以捕捉身体数据，还可以捕捉面部表情和复杂的肌肉形变。然而，研究者们发现，在数字人运动时，计算机生成的面部表情仍然显得僵硬，与真实人类表情相比存在明显差距。从20世纪80年代末期开始，研究者对人类皮肤及服装的模拟进行了研究，旨在解决柔体与刚体间相互作用引起的形变问题，以及其呈现的动态视觉效果。

进入20世纪90年代，伴随着计算机软硬件技术的迅猛发展，运算速度不断提升，价格日趋低廉，存储容量也日益扩大。计算机生成的图像分辨率大幅提高，细节呈现更加精致。于是，研究的重点逐渐转向渲染技术，计算机生成的图像实现了质的飞跃。在数字人的表现上，重点体现在对人物细节的模拟，诸如肌肤、服饰、头发等方面。由于这些模拟对计算机的运算能力要求较高，因此寻找快速有效的方法进行模拟成为当时研究的重点，例如，将皮肤的纹理细节和毛孔使用贴图技术进行处理，衣服尽量使用紧身贴合的衣服，减少服装飘动的动力学模拟，使用网格面片结合贴图进行毛发制作，使用较少的网格数量实现对头发的模拟，减轻计算机的运算压力。20世纪90年代中后期，随着计算机的普及，逐渐有许多家庭和个人拥有自己的计算机，开发者与艺术家对创作平台的需求日

图 1-5 初音未来

图 1-6 洛天依

益迫切，因此，各类 3D 制作软件如雨后春笋般出现，如 Maya、Cinema 4D 和 3ds Max 等。

20 世纪 60—90 年代，这些计算机生成的数字人通常作为虚拟演员及歌手出现，这些数字人与现实世界中的人类之间是一种被看与看的关系，没有任何肢体间的互动。20 世纪 90 年代末到 21 世纪初期，随着网络和三维技术的成熟，数字人朝着同时满足视觉逼真性、交互性和开放性方面发展，数字人步入快速发展阶段。2001 年，科学家雷・库兹韦尔（Ray Kurzweil）在 TED 大会上展示了计算机生成的具有学习能力的聊天机器人——雷蒙娜，这引发了研究者们对于智能数字人的关注。计算机生成的数字人开始尝试走出游戏、电视，融入更广泛的媒体中。不仅可以在杂志上见到它们的身影，还能在周边海报上欣赏到它们的形象。它们不再只是简单的虚拟形象，而是具备了详细的个人信息，以自身的魅力开始反向影响真实世界人类的审美和行为，无论是在娱乐界还是其他领域，数字人都有了更多的发展空间。2007 年，日本制作了虚拟偶像歌手初音未来（图 1-5），这一绑着碧绿色长马尾的二次元少女形象一经问世，就引来了人们的广泛关注和认可，成为世界上第一个使用全息投影技术举行演唱会的虚拟人类。初音未来的出现使电子音乐再度引起热潮，也刺激了电子音乐创作之外的一系列创作，如绘画、动画音乐短片（music video，MV）、角色扮演、主题餐厅等。2012 年，国内首位虚拟偶像歌手洛天依诞生（图 1-6），也同样吸引了大批忠实粉丝，发挥着自身的 IP 品牌价值。这一时期的数字人，不再以逼真的模拟现实人为主要目标，而是通过融合计算机图形学（computer graphics，CG）技术、动作捕捉技术、语音合成技术等追求更加真实、立体的形象。

近年来，随着深度学习算法的突破，数字人创作开始步入快速发展轨道，人工智能为数字人发展提供重要支撑。1950 年，阿兰・图灵提出的著名问题：计算机能够思考吗？这个关于计算机能否像人类一样思考的假设，经过一代代科学家深入探索，到现在已经逐渐变为现实。数字人开始能够实现更加自然和智能的交互。例如，通过语音识别技术和自然语言处理技术，用户可以与数字人进行对话。以 2019 年浦发银行数字员工“小浦”为例（图 1-7），其外貌、动作和面部表情已经接近真人，与用户交流时语调和说话风格自然，能够实时感知和领会用户情绪，并及时作出相应反应。此外，“小浦”还具备主动学习能力，涵盖了 134 项常见零售业务和 1150 个常见问题，以及 72 项对公业务和 126 个常见问题，同时还提供了 809 个闲聊场景。此外，“小浦”还具备其他技能，如查询天气、汇率，进行抽奖，以及提供周边餐饮、交通和购物信息等。这进一步提升了网点人工智能 AI 服务的智能水平，有助于提高服务效率和质量。

当前，数字人的发展进入了快速增长的阶段。随着 2021 年“元宇宙”概念进入大众

图 1-7 浦发银行数字员工“小浦”

视野，人们对数字人的研究热情更加高涨。3D 数字人建模技术不断突破，人物形象呈现更加精细，制作周期更短，制作和使用成本也随之降低，数字人呈现出更高的智能化和多样化发展趋势。全面实现基于人工智能的驱动或许会成为数字人发展的最终形态。但到目前为止，AI 数字人在制作门槛和成本上仍然高于传统的数字人，全面普及还存在一定难度，在呈现效果上也有待提升。2022 年年底，ChatGPT（chat generative pre-trained transformer，人工智能研究实验室 OpenAI 研发的聊天机器人模型）的火热为交互数字人的发展方向增添了更多可能性，ChatGPT 作为目前世界上参数规模最大的语言模型，能够回答连续的问题，处理更加复杂和抽象的语言文本，会承认错误，所表现出的高度灵活性刷新了人们对 AI 的认知。将 ChatGPT 与数字人相结合，能够使数字人与真人的交互能力和表现力更加接近于理想状态。

1.1.2 数字人概念的变迁

回顾计算机生成数字人的发展历程可以发现，在不同的时期，对于这些数字人的命名也有所不同。比如早期活跃在影视和动画领域的计算机生成人类被称为“人造演员”“合成演员”或者“代理演员”等。在 3D 动画领域，为了与传统手绘二维角色区别开来，这些数字人被称为“3D 角色”“3D 人类”……这些数字人各种不同的命名，往往也代表着各个领域对数字人不同的研究重点和应用方向。

数字人的思想起源于赛博格（Cyborg），1985 年，哈拉维在其赛博格宣言中将赛博格定义为无机物机器与生物体的结合体，如安装了假牙、假肢、心脏起搏器等的身体，这些身体模糊了人类与动物、有机体与机器、物质与非物质的界限。

另外，现在人们经常讨论的“虚拟数字人”一词最早源于 1989 年美国国立医学图书馆发起的“可视人计划”。2001 年，国内以“中国数字化虚拟人体的科技问题”为主题的香山科学会议第 174 次学术讨论会提出了“数字化虚拟人体”的概念。这里对数字人的研究重点主要指医疗领域的人体结构可视化，这与当今的数字人研究重点不同。

在名称定义上，人们对计算机生成的人类类别持有不同的观点。许多研究者认为，从

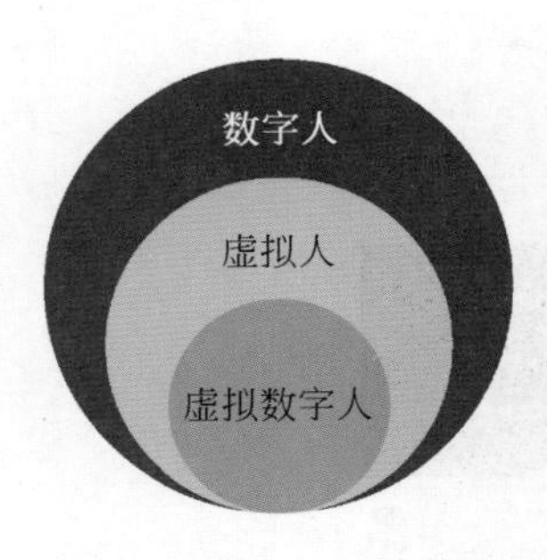

图 1-8　数字人、虚拟人和虚拟数字人之间的关系

广义来看，“数字人”“虚拟人”“虚拟数字人”三者可以看作等同的关系，即运用数字技术创造出来的、与人类形象接近的数字化人物形象（digital human，meta human）。从狭义上看，这三者也存在一定的区别，“数字人”包含“虚拟人”和“虚拟数字人”。“数字人”指运用数字技术创造出来的、与人类形象接近的人物形象，与物理世界的人物形象一致地被称为“数字孪生”。“虚拟人”是“数字人”的组成部分，包含“虚拟数字人”，是指存在于虚拟世界中，虚构的人物身份。“虚拟数字人”是最小的概念范畴，指存在于虚拟世界，具有人类特征和人类能力的数字化形象。这里更加强调通过 AI 技术“一站式”完成虚拟人的创建、驱动和内容生成，并具备感知、表达等无须人工干预的自动交互能力的数字人（图 1-8）。《2020 年虚拟数字人发展白皮书》中指出，虚拟数字人宜具备以下三方面特征：一是拥有人的外观，具有特定的相貌、性别和性格等人物特征；二是拥有人的行为，具有用语言、面部表情和肢体动作表达的能力；三是拥有人的思想，具有识别外界环境、并能与人交流互动的能力。

随着数字人生成技术的深入研究和应用场景的不断拓展，人们逐渐意识到它需要多个学科的支持和交叉融合。从 20 世纪五六十年代的计算机图形学开始，人们就研究如何用计算机生成和处理各种图像和动画。数字人的三维建模、渲染、动画等技术都是基于计算机图形学的研究成果。随着时间的推移，数字人的研究领域逐渐扩展到其他学科领域。例如，人工智能技术、机器学习、知识图谱、自然语言处理等技术可以使数字人更加智能、灵活，从而更好地与用户进行交互；社交心理学研究了人类社交行为的基本机制，数字人技术中的情感计算、情感表达等技术依赖于社交心理学的研究成果；而人机交互则是数字人技术的另一个重要基础学科，它研究人类与计算机之间的交互方式和技术；数字人中的语音识别、手势识别、视觉跟踪等技术为数字人的交互质量提供了强有力的支持。

1.2　数字人的分类

1.2.1　按表征人物数据资源和人物形象风格分类

计算机生成数字人形象，与计算机图形学领域的技术发展密切相关，呈现的形式经历了从简单的线条勾勒到现在与照片一样真实的形象，数据的表示方式也由二维空间的点、线、面，发展到由三维顶点坐标、三角面片顶点索引坐标、法向信息、纹理贴图坐标等构成的三维图形资源数据，制作方式也变得日益多样化，尤其是摄影摄像设备性能的提升和应用的普及，使纹理图片资源获取极为便捷，在数字人创作设计中，纹理图片得到了广泛的应用，极大提升了数字人形象的视觉效果。

根据表征人物数据资源的特征，可分为 2D 和 3D 两大类；在人物形象风格，又可以分为卡通、拟人、写实、超写实等风格（图 1-9）。

（1）卡通风格通常具有明亮的颜色、简化的线条和夸张的表情。角色通常具有大眼睛、夸张的表情和姿势，并且身体的比例可能会被扭曲或夸大。这种风格常常用于娱乐和幽默

(a) 卡通风格

(b) 拟人风格

(c) 写实风格

(d) 超写实风格

图 1-9 数字人按形象风格分类

的目的，能够吸引观众的注意力并传达情感或故事。它可以让角色和场景更加生动有趣，同时也可以传达一些深层次的主题和情感。

（2）拟人风格的数字人是指以人类为基础，但在外貌和特征上进行一定程度的抽象和变形的数字人。这种风格的数字人通常也有特征夸张，但夸张程度弱于卡通风格，使其看起来像人但又比真人更可爱、有趣、独特。

（3）写实风格的数字人是指以逼真的方式呈现人物形象，超写实风格的数字人通常具有高度逼真的外貌和细节，使观众很难分辨其是否为真人，需要强大的技术作为支撑。

写实和超写实风格的数字人在许多领域都有广泛的应用。例如，在电影和游戏制作中，可以使用写实风格的数字人来创建逼真的角色，使故事更加引人入胜。此外，写实风格的数字人也可以用于虚拟现实和增强现实应用中，使用户可以与逼真的虚拟人物进行互动。

1.2.2 按应用分类

数字人有广泛的应用领域，如娱乐和游戏、教育和培训、营销和品牌形象、医疗和健康等，按照数字人在应用领域中特征可分为以下三类（图 1-10）。

（1）偶像型应用：主要应用于娱乐影视行业，如电影、电视剧、动画短片、游戏和虚拟演唱会等，扮演特定角色。在故事情节中，它们能够与其他角色进行互动，甚至与真实演员实现无缝融合。角色数字人的外貌逼真、个性鲜明，能够通过精细的脸部动画和肢体语言表达人物性格和情感。通过衍生周边和商业宣传活动，打造独特的 IP 形象或社会身份，以获得大众的认同，以致发展为大众的偶像。制作这种类型的数字人需要高昂的成本。

（2）服务型应用：广泛应用于智能手机、智能音箱、智能家居等设备中，为用户提供智能化的交互式服务。它们以人类形象的虚拟角色形式出现，通过语音、文字或图像界面与用户进行交流和互动。它们不仅提供实用的服务，还提升用户体验和便利性。这种类型的数字人注重服务的质量和智能性，而并非过于关注外观造型。随着人工智能和自然语言处理技术的不断进步，虚拟助手数字人的功能和表现形式也在不断发展和改进。

（3）身份型应用：通常应用于元宇宙或虚拟现实世界之中，是真实世界中的人在虚拟世界中的化身，类似于线上会议或聊天室中的头像，除了外观形象外，数字人与真人具有同一性，代表相同的身份，它们是一种数字孪生式存在。这种类型的数字人为用户提供了完全改变自身形象的机会，用户能够根据自己的偏好来设计和装扮数字人的外貌，以全新的形象出现在虚拟世界中，展示个性和风格的独特之处。此外，身份型数字人还能实现在现实世界中难以实现的愿望和想法，为用户带来崭新的体验。

图 1-10　数字人应用分类

1.2.3　按交互模块分类

根据数字人有无交互模块，可以分为非交互型数字人和交互型数字人。

（1）非交互型数字人包括静态和动态形式，静态是不带动画的角色形象。动态形式的内容是预先制作完成的，并在呈现时以固定的方式播放，类似于视频。其中一种动态形式是基于图像空间生成的视频内容，如基于视频或图像序列创建的虚拟讲解员，这种方式不需要三维建模。另一种方式是通过三维模型生成动画视频内容，这需要进行角色设计、三维模型创建、材质和纹理制作、骨骼绑定、权重设置、动画调整、渲染和光照等环节，最后进行音视频合成完成内容设计制作。非交互型数字人是通过让观众被动接收视听觉信息的方式，达到信息传播目的。

（2）交互型数字人具备感知用户行为及产生类人动作的能力，可实现与真实世界的交互。根据驱动方式的不同，交互型数字人可分为真人驱动型数字人和智能驱动型数字人。真人驱动型数字人是通过真人来驱动数字人，其主要原理是在完成建模和关节绑定之后，利用动作捕捉采集系统或摄像头将真实人类的表情、动作等数据实时映射到数字人身上，从而产生相应的动作和表情，实现与用户的交互。此外，也可以通过语音来驱动数字人，实现实时语音对话互动。与真人驱动不同，智能驱动型数字人是利用深度学习技术，学习现实中真人的动作、表情、口型、语气等信息，通过系统自动读取并解析这些信息，根据解析结果决策数字人后续的行为，驱动人物模型生成相应的语音和动作，从而实现数字人与用户的互动。在最终的呈现过程中，需要考虑动作解算和模型渲染的实时性，以确保交互的低延迟，以满足用户对流畅体验的要求。

1.3 数字人的产业应用

在国家大力发展数字经济的背景下，各行各业都积极推进产业的数字化进程。数字人作为一项重要的数字化工具，展现出广泛的应用前景，并在多个行业中得到应用，形成有竞争力的数字人产业集群，实现技术、内容和应用的协同发展，创造全新的商业模式。未来，数字人将全面渗透到传统产业，提升各行各业的效率。数字人的产业链可划分为基础层、平台层和应用层（图 1-11）。

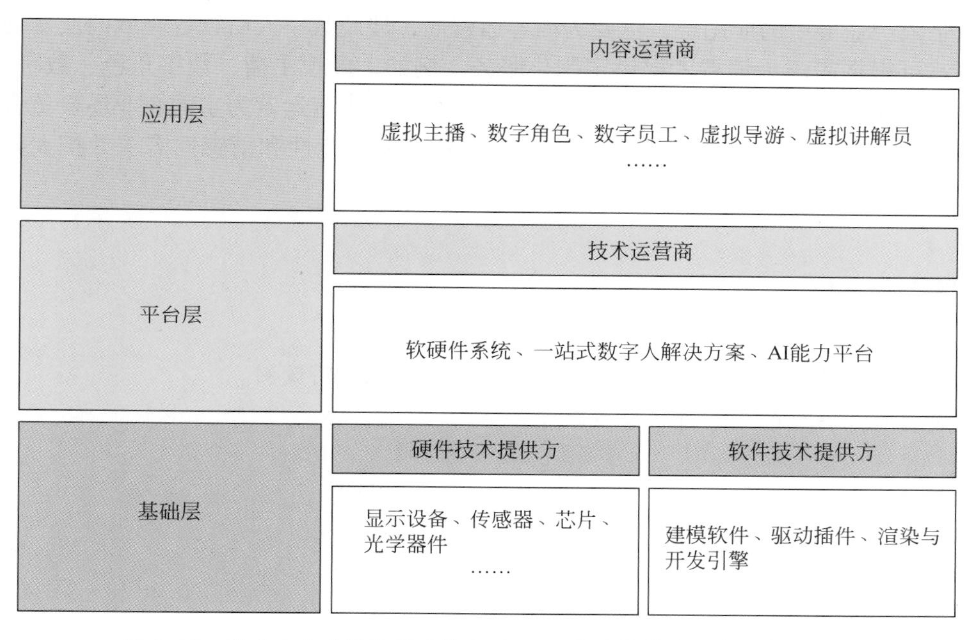

图 1-11 数字人产业链格局（摘自《2020 年虚拟数字人发展白皮书》）

1. 基础层

数字人产业链中的基础层，主要为技术提供方，是数字人技术发展的基石。基础层为数字人发展提供软硬件支持，硬件包括数据采集、模型构建、感知输入、显示输出等方面的设备、传感器、芯片等。软件包括基础建模软件、驱动插件、渲染与开发引擎等。在现阶段，数字人最终会呈现在显示设备上，因此显示设备是数字人的基本载体，包括电视、手机、投影、LED 屏、VR、裸眼 3D 屏幕等。传感器用于采集用户原始数据，如面部、肢体、手部的运动数据，常见的传感器包括 LeapMotion、Kinect 体感器、数据手套。建模软件进行数字人的身体、毛发、服装等基本的外观制作。主流渲染与开发引擎包括 Unity、Unreal Engine 等。由此可见，技术的迭代是数字人产业革命的根本原因，上游基础层为全产业链注入核心驱动力。

2. 平台层

数字人产业链中的平台层，主要为运营商，包括企业与个人，是数字人技术场景的开拓者。一方面，平台层需要与上游完成技术的融合。其中，平台层中的软硬件系统企业

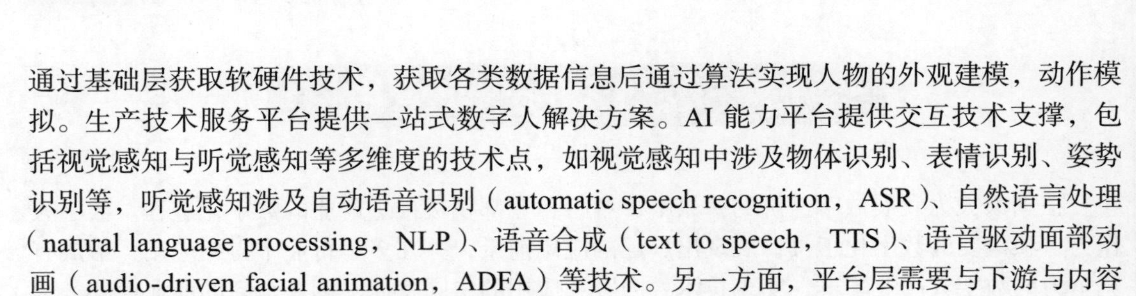

通过基础层获取软硬件技术，获取各类数据信息后通过算法实现人物的外观建模，动作模拟。生产技术服务平台提供一站式数字人解决方案。AI 能力平台提供交互技术支撑，包括视觉感知与听觉感知等多维度的技术点，如视觉感知中涉及物体识别、表情识别、姿势识别等，听觉感知涉及自动语音识别（automatic speech recognition，ASR）、自然语言处理（natural language processing，NLP）、语音合成（text to speech，TTS）、语音驱动面部动画（audio-driven facial animation，ADFA）等技术。另一方面，平台层需要与下游与内容运营者共同探索更多的应用机会和商业运营。

3. 应用层

数字人产业链中的应用层，主要为内容运营商，涉及数字人后续各领域商业变现及落地场景，可根据需求为消费者提供定制化服务。例如，虚拟主播、数字角色、数字员工、虚拟导游、虚拟讲解员、虚拟教师等商业变现路径。以内容运营为主的企业还要负责内容的产出以及 IP 的运营制作，最大限度地满足消费者的功能性和情感性需求并扩大数字人的影响力。

课后练习

1. 请结合自己的理解，在网络上找到更多的数字人应用案例。
2. 请将自己找到的案例进行分类解读。

第2章

数字人通用技术架构

本章导语

随着数字人技术的不断发展，其涵盖的领域和学科不断扩展，其能实现的功能越来越丰富，从最初只能实现数字化外观，到现在具备行为交互和智能聊天能力。然而，整个领域仍处于不断探索和发展中。本章将围绕数字人制作流程，介绍数字人制作的通用支撑技术，即建模、驱动和渲染这三个关键模块（图 2-1），以期学习者在进入本书第 3 ～ 5 章的建模部分，第 6 章和第 7 章的驱动部分，以及第 8 章的渲染导出部分前，对数字人的设计制作有一个整体性认识，方便后续的学习。

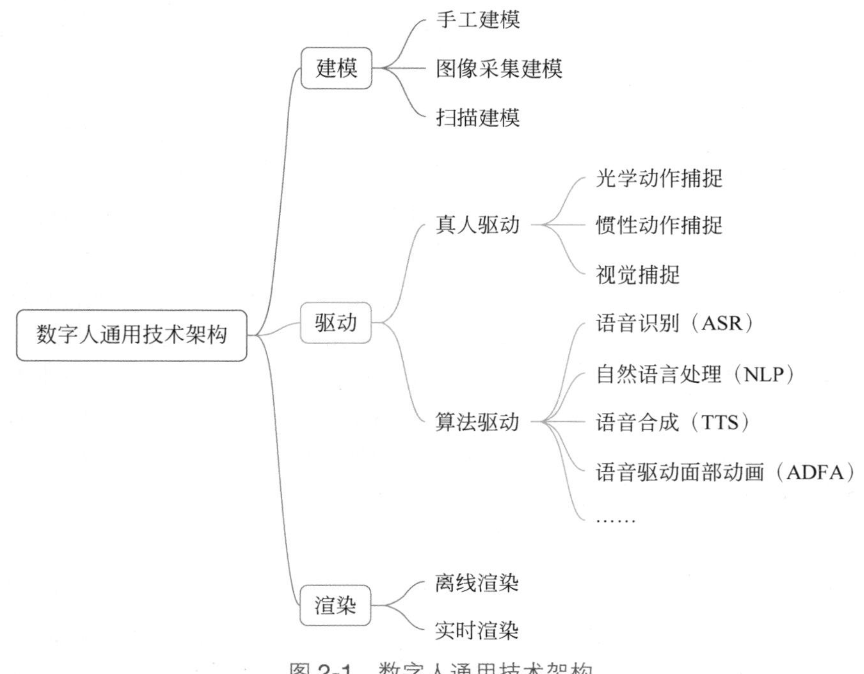

图 2-1　数字人通用技术架构

学习目标

了解数字人的通用技术架构。

图 2-1 为数字人通用技术架构图，围绕数字人设计制作流程，数字通用技术可分为建模、驱动、渲染三大模块。

2.1 建模模块

建模包括皮肤网格建模和骨骼建模，皮肤网格决定着数字人的外观造型，皮肤网格建模通常包括手工建模、图像采集建模、扫描建模等几种方式，骨骼建模包括创建骨骼和骨骼绑定。

2.1.1 皮肤网格建模

1. 手工建模

手工建模对创作者的艺术功底要求较高，首先要了解人体的结构，对人体的头部、身体、手部、关节等部位的形态和各部分的比例关系进行分析，然后将这些知识应用于模型的制作，把握形体特征。传统手工建模方法有多边形建模、曲线建模、雕刻三种流行方式。在多边形建模和曲线建模中，拓扑结构直接影响模型的外观形态和后期驱动时变形的状态，许多初学者在使用建模时由于不注意模型点线的排布，容易造成人物驱动时面部和身体的畸变与撕裂，造成呈现的效果不佳。雕刻建模适用于高精度的模型制作，建模过程像捏泥巴一样，利用推拉、切割、平滑等操作来对网格进行编辑，可以制作非常丰富的几何细节，但由于模型的点面数量多，常常在百万个三角面片以上，一般不适合有动态需求的项目，以防止运行时产生卡顿现象。

2. 图像采集建模

图像采集建模即从物体的照片或视频中采集信息来进行 3D 模型的构建，这种基于图像建模的方法，操作简单，自动化程度高，纹理颜色真实感强，对没有建模背景的普通用户非常友好。用户只需要使用手机、相机或平板电脑等移动设备对现实中的物体进行多个视角的拍摄，将拍摄好的图像素材导入相应软件中，只需要较少的设置，然后这些软件即可根据素材自动生成相应的 3D 模型，生成成本低廉，效率高。但是此种建模方式生成的 3D 细节有限，主要通过纹理信息表现真实感，对拍摄环境也有一定的需求，因此在专业的数字人创作中使用较少。例如，生成单体时需要搭建干净的背景，且与物体本身的颜色要有较大的差别，否则容易造成物体与背景的网格结构粘连。另外，如果对模型的要求较高，需要拍摄更多角度和张数的照片或更长时长的视频以获取更多的数据信息，此种建模方式虽不太适合数字人生成，但在一些简单类型物体的生成上，依然能够满足人们的需求。

3. 扫描建模

扫描建模因其可实现对复杂表面的高保真重构，是目前生成数字人最常用的方式，包括静态扫描建模技术、动态光场重建技术。其中静态扫描建模技术现在仍然处于主流地位。在早期，静态扫描建模常使用结构光扫描重建技术，扫描重建精度可达到亚毫米级，但扫描时间稍长，有时需要几分钟，对于扫描人体这类带有呼吸、运动的目标时，稳定性稍显不足，因此多用于扫描工业产品领域的静态物体。近些年，随着技术进步，利用相机阵列扫描技术建模成为主流的人物建模方式，扫描时间很短，有的甚至在毫秒级，重建精度更高，在大型电影的制作应用中已经相当普及。当前的高保真动态光场重建技术，包含人体动态三维重建和光场成像两个部分，除了可以重建人物几何模型，还可以获取人物的动态数据，服饰材质、纹理等信息，方便实时渲染真实的动态表演者模型。光场技术可以存储

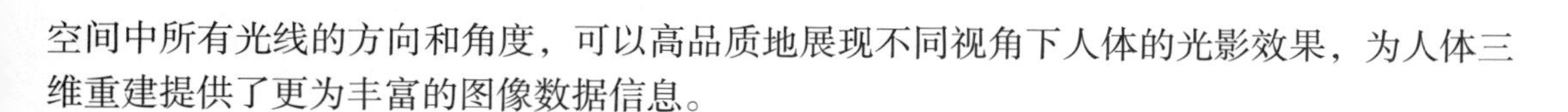

空间中所有光线的方向和角度，可以高品质地展现不同视角下人体的光影效果，为人体三维重建提供了更为丰富的图像数据信息。

2.1.2 骨骼建模

骨骼建模是数字人制作中的一个重要环节，涉及创建数字人的骨骼结构和模型，以及骨骼和皮肤网格的绑定。骨骼建模包括骨骼创建和骨骼绑定。

1. 骨骼创建

骨骼创建可以分为手工创建和计算机生成两种方式。

手工创建是指手动创建数字人的骨骼结构和模型。这个过程通常需要具备艺术和解剖学知识的专业人员，他们根据设计需求和参考资料，使用 3D 建模软件逐步创建数字人的骨骼和外形。手工建模可以提供更加精细和个性化的数字人模型，但是需要较高的技术和时间成本。

计算机生成是指使用计算机算法和技术生成数字人的骨骼结构和模型。这种方法通常基于模板或者参数化模型，通过调整参数或者使用生成算法来创建数字人的骨骼和外形。计算机生成可以提供快速和大规模的数字人制作，但是可能会缺乏个性化和细节上的精确性。

无论是手工建模还是计算机生成，骨骼创建都需要考虑数字人的骨骼结构、关节运动范围、比例和姿势等因素。一个良好的骨骼模型可以为数字人的动画和表现提供良好的基础，使数字人能够自然、流畅地做各种动作和表情。

2. 骨骼绑定

骨骼绑定是指将数字人的皮肤网格模型与骨骼系统进行连接。骨骼系统是由一系列骨骼构成的层次结构，模拟了人体的骨骼结构和关节运动。通过骨骼绑定，数字人的皮肤网格可以根据骨骼的动作进行变形和动画。

在骨骼绑定过程中，数字人的模型会被分割成不同的部分，如头、手、腿等，然后将每个部分与相应的骨骼进行绑定。绑定的方式有权重绑定和顶点绑定。权重绑定是指将每个顶点与最接近的骨骼相关联，并根据权重值确定顶点受到骨骼影响的程度。顶点绑定则是直接将顶点与骨骼进行连接，每个顶点只与一个骨骼相关联。

完成骨骼绑定后，数字人的模型就能够通过对骨骼进行动画控制来实现各种姿态和动作。这样，数字人就能够在动画中模拟真实人体的运动和表情。

骨骼绑定是数字人制作中的关键步骤，它为数字人的动画提供了基础，使得数字人能够栩栩如生地展现出各种动作和表情。

2.2 驱动技术

数字人的驱动包括真人驱动与算法驱动两种主流方式，主要完成数字人的面部动作、肢体动作的生成。

2.2.1 真人驱动

在真人驱动的方式中，数字人的面部和肢体动作是通过捕捉真人动作数据并映射到数

字人模型中实现的。动作捕捉技术按照实现方式，可以分为光学动作捕捉、惯性动作捕捉、基于计算机视觉的动作捕捉方式。

1. 光学动作捕捉

光学动作捕捉常用于影视、医疗等领域。在进行动作捕捉时，需要在人的身体上粘贴标记，通常使用能够反射红外光的marker（马克点）。

在捕捉过程中，不同位置的标记点会产生不同的发射光线，通过安装在不同位置多个摄像机来获取这些光学数据信息。然后，通过软件处理这些数据信息，计算标记点在三维空间中的位置。根据标记点与人体的位置关系，可以确定人体的运动姿势和状态，进而生成驱动数字人运动的数据。现在的光学动作捕捉技术的帧率可以达到90～120帧/s，实现毫米级的精度。这种技术能够高度还原真实动作，使数字人的表情和姿态栩栩如生。

然而，受到光线的限制，光学动作捕捉对环境要求较高，否则可能会导致数据采集丢失的问题。此外，捕捉动作的精度也与摄像头的数量有关，摄像头数量越多，捕捉精度越高，更不容易出现捕捉不到的盲区，但设备价格也越高。光学动作捕捉过程也较为烦琐，需要专业技术人员的支持来完成设备的调试和校准等工作。

2. 惯性动作捕捉

惯性动作捕捉是一种基于反向运动学原理，通过测算人体关节位置来实现动作捕捉的方式，具有灵活、便携的特点，适用于虚拟现实、游戏开发、人体运动分析等领域。常见的惯性动作捕捉设备包括动作捕捉手套、腰带、捕捉服等。这些设备集成了陀螺仪、加速度计和磁力计，通过这些传感器来测量身体的加速度和角速度，再通过算法实时解算人体主要骨骼部位的运动并将其应用到相应的数字人骨骼上。

相比于传统的光学动作捕捉系统，惯性动作捕捉不需要依赖摄像机或红外线传感器，因此可以在室内外各种环境下使用，并且可以用于移动设备或穿戴式设备上。此外，惯性动作捕捉对于快速动作和高频动作的捕捉效果也比较好。惯性动作捕捉的局限性在于它的精确度不如光学动作捕捉系统，也无法直接获取骨骼结构的信息。

3. 视觉捕捉技术

视觉捕捉技术主要是通过采集及计算深度信息来完成对动作的捕捉，是近些年才兴起的技术。这种视觉动捕方式因其简单、易用、低价、约束性小的特点，常应用于消费级市场。该类动作捕捉技术比较有代表性的产品有捕捉身体动作的Kinect体感器、捕捉手势的Leap Motion。2017年，苹果公司推出了AR开发平台工具ARKit，人们可以连接iPhone或iPad等设备，通过手机自带的深度摄像头完成基础的动作捕捉和面部捕捉。现在，有更多开发者加入视觉捕捉技术的研究之中，例如，使用OpenCV图像捕捉配合Mediapipe库来实现人体动作的检测与识别，现已能够支持人脸检测、人像分离、手势跟踪、物体颜色识别等功能。视觉捕捉技术虽检测精度还有待提高，但已经大大降低了使用门槛，随着计算机技术的进一步发展，这类低门槛的视觉捕捉方式有望成为数字人创作者的首选。

2.2.2 算法驱动

算法驱动除了面部和肢体动作的驱动外，还包括口型的驱动。算法驱动首先要通过样本数据构建动画空间，该空间能够表达模型的各种动画状态，即可生成各种姿势、表情等，这部分工作在深度学习等人工智能算法的训练阶段完成。动画空间的构建可以基于2D图像序列或视频数据，也可以基于3D网格模型数据。在使用的时候，根据输入信息，在动画空间中生成匹配的动作姿势或表情，2D动画空间算法驱动主要通过像素融合产生动画，3D动画空间算法驱动主要通过模型的blendShape形态键插值实现。通常输入信息可以是文本、语音，或者视频图像，常见情况有：① AI自动生成文本或语音，数字人通过算法产生与文本或语音匹配的嘴型、表情、肢体动作；②用户输入文本或语音，AI自动生成匹配的嘴型或表情；③输入音乐，AI自动生成相匹配的舞蹈动作或歌曲演唱。这些AI驱动的虚拟数字人所呈现的效果受到语音识别（ASR）、自然语言处理（NLP）、语音合成（TTS）、语音驱动面部动画（ADFA）等技术的综合影响。有了AI生成技术的助力，数字人内容能够满足人们对多样化和个性化的需求。由AI驱动的数字人正逐渐取代人类在角色扮演方面的地位，成为未来的主流趋势。虽然现在这些模拟大部分已经能够实现，但受到目前技术的制约和制作成本的影响，表情或动作的真实度、灵活度、精确度上仍有较大提升空间。

小贴士

什么是形态键

形态键（blendShape）常用于形状变化、运动状态比较复杂的状态，相邻区域内的顶点运动无法用骨骼运动来描述，如角色的面部动画，因此通过多个特定状态来描述这种动画，这些特定状态被称为形态键。形态键代表了典型性的姿势、动作、表情等，通过这些形态键的融合（blend），就可以产生出各种姿势、动作、表情。形态键对于模拟有机柔软部位和肌肉网格特别有用，这是因为这些形变无法通过旋转和缩放的组合来实现。

blendShape的原理很简单，就是在相邻两个网格间做插值运算，从一种形状融合到另一种形状。美术只需制作出几个顶点数量和拓扑结构相同的网格模型，无须进行烦琐的骨骼建立和权重调整工作。因此，对于模拟局部面部表情这种动作而言，这一方法更加便捷高效，既节省时间又省力。

2.3 渲染技术

数字人的模型构建和动作模拟问题得到解决后，渲染技术成为决定数字人呈现效果真实程度和整体氛围感的关键因素。渲染技术是指将三维场景或模型转化为二维图像的过程，主要包括光照模型、材质和纹理、几何处理、阴影和反射、抗锯齿等，这些技术的综合应用可以实现逼真的图像渲染效果。随着计算机硬件的不断发展和算法的改进，渲染技术在视觉效果和交互体验方面不断取得突破，为用户带来更加沉浸式和逼真的视觉体验。

2.3.1 渲染方式

离线渲染和实时渲染是数字人制作和动画领域中常用的两种渲染方式，这两种方式都是对场景的模型进行处理，根据模型的空间位置、表面属性、光照情况等计算其最终在屏幕上呈现的效果。

离线渲染是指在制作数字人或动画时，先将场景、光照、材质等信息预先计算好，并生成高质量的图像或视频。这个过程通常需要较长的时间，涉及复杂的光线追踪和全局光照计算。离线渲染可以产生非常逼真的效果，这是因为它可以考虑到光线的传播、反射、折射等物理效应。离线渲染常用于电影、电视和广告等需要高质量视觉效果的项目中。

实时渲染则是指在制作数字人或动画时，即时计算并渲染图像或视频。实时渲染的优势在于能够实时呈现交互式的场景，如电子游戏和虚拟现实应用。实时渲染通常使用较简化的光照模型和近似算法，以保证实时性能。尽管实时渲染的质量可能不如离线渲染，但它能够提供即时的反馈和交互性，使用户能够在实时环境中进行探索和互动。

离线渲染和实时渲染在数字人制作中各有优势，选择哪种方式取决于具体的需求和应用场景。有些项目可能需要高度逼真的效果，可以选择离线渲染；而对于需要实时交互和反馈的应用，则更适合使用实时渲染。

2.3.2 渲染技术对比

真实感和非真实感渲染技术，即 PBR（physically based rendering）渲染技术和 NPR（non-photorealistic rendering）渲染技术，是数字人制作和动画领域中常用的两种渲染技术。

PBR 渲染技术是一种基于物理原理的渲染方法，旨在模拟真实世界中光线的物理行为。它使用准确的光线追踪和全局光照计算，考虑光的传播、反射、折射等物理效应，以达到逼真的视觉效果。PBR 渲染技术使用基于物理的材质模型，通过设置如金属度（metallic）、粗糙度（roughness）等参数，模拟材质的真实外观。PBR 渲染技术通常用于需要高度逼真的视觉效果的项目，如电影、电视和游戏等。

NPR 渲染技术是一种非真实感渲染方法，旨在创造出非真实世界的艺术风格和效果。与 PBR 渲染技术不同，NPR 渲染技术不追求逼真的光照和材质模拟，而是注重表现出艺术家的个性和创意。NPR 渲染技术可以通过使用简化的光照模型、线条描边、着色器效果等手段，创造出油画、水彩、水墨、卡通风格（三渲二）等不同的艺术风格。NPR 渲染技术常用于动画电影、游戏、插画等需要独特艺术风格的项目中。

PBR 渲染技术和 NPR 渲染技术在数字人制作中各有优势，选择哪种技术取决于具体的需求和所追求的效果。如果需要逼真的外观和真实感，可以选择 PBR 渲染技术；而如果追求独特的艺术风格和非真实感效果，可以选择 NPR 渲染。

小贴士

什么叫三渲二

三渲二也叫卡通渲染（cel shading/toon shading），是一种非真实感渲染。这项技术通过在三维物体的基本外观上呈现出较为平面的颜色及轮廓，使物体在拥有三维透视的同时，也能呈现二维效果，通常用于模仿漫画书或卡通的风格。三渲二技术的应用，减轻了画师的工作负担，缩短了制作周期，相较于传统的手绘动画制作，在镜头运动上也更加的自由，便于修改。

小贴士

在各类软件中材质渲染常用的参数名称及含义见表 2-1。

表 2-1 各类软件中常用材质渲染常用参数的名称及含义

名　　称	含　　义
漫反射（diffuse）	漫反射是指曲面在所有方向上均匀散射光线的特性。它决定材质表面吸收多少光和反射多少光。在渲染中，材质的漫反射组件负责曲面的整体颜色和亮度
反射（reflection/specular）	反射指的是物体表面反射的光量，用于在镜子和玻璃等表面上产生逼真的反射。反射贴图用于定义物体表面上的反射量，常使用灰度图像，其中白色代表全反射，黑色代表无反射
金属度（metalness）	金属度是基于物理的渲染（PBR）工作流的一个参数，用于定义物体表面的金属性质。金属度图用于定义表面上的金属度，常使用灰度图像，其中白色表示全金属性，黑色表示无金属性
光泽度（glossiness）	光泽度是基于物理的渲染（PBR）工作流的一个参数，用于定义物体表面的平滑度。光泽度贴图用于定义表面上的光泽度，常使用灰度图像，其中白色表示完全光泽度，黑色表示没有光泽度
粗糙度（roughness）	粗糙度是基于物理的渲染（PBR）工作流的一个参数，用于定义物体表面的粗糙度。粗糙度图用于定义表面上的粗糙度量。常使用灰度图像，其中白色表示完全粗糙度，黑色表示没有粗糙度
法线（normal）	法线是垂直于物体表面的向量，在 3D 建模中用于描绘多边形表面的方向。对于立体表面而言，法线也是有方向的：由立体的内部指向外部的是法线正方向，反过来的是法线负方向。法线贴图是一张带有颜色的凹凸贴图，由红绿蓝三种颜色构造而成。使用法线贴图可以为模型增加很多细节，但模型本身并不会发生改变，法线贴图其实是一张伪凹凸贴图，并不是一张真正的凹凸贴图
置换（displacement/height）	置换是一种通过改变几何体本身来增加表面细节的技术。置换贴图用于为物体创建高度数据，常使用灰度图像，它根据每个像素的亮度改变物体的几何形状。白色像素比黑色像素更能改变表面的高度
凹凸（bump）	凹凸贴图是在 3D 模型的表面上创建深度和纹理的错觉，常使用灰度图像，白色像素表示最高点，黑色像素表示最低点
环境光遮蔽（ambient occlusion，AO）	在 3D 计算机图形学、建模和动画中，环境光遮蔽是一种着色和渲染技术，基于真实环境中到达物体特定部的光量，计算场景中每个点对环境光照的暴露程度，用于创建更逼真的 3D 物体和整个场景的图像

课后练习

请结合自己的理解，在网络上找到制作数字人常用的建模、驱动、渲染工具，并尝试从不同的方面进行对比，分析不同工具的优点和缺点。

第3章

数字人模型生成与处理

本章导语

对于初学者而言，零基础进行数字人的模型制作有一定难度，学习成本较高，想要快速掌握数字人创作流程，利用现有资源进行创作不失为一种有效途径。本章面向完全零基础或有初步了解的学习者，有针对性地推荐几种常用的数字人模型生成与处理工具，并进行主要功能的操作教学，结合提供的数字人基础模型，帮助学习者快速上手，旨在简化创作流程，让学习者减轻学习负担。

学习目标

- 了解数字人的常用建模工具。
- 掌握 C4D 建模软件的常用工具。
- 掌握人体建模方法，学会使用 C4D 各类工具进行人体建模，理解人体各部分的网格分布规律。
- 掌握在 C4D 中进行 UV 网格拆分的方法并学会绘制简单的基础纹理。

3.1 人物建模工具介绍

本书中使用到的数字人模型创作工具主要分为两个部分：简易人物建模工具和 3D 模型处理软件。

3.1.1 简易人物建模工具

当前行业内流行的人物建模工具有以下几种。

1. Ready Player Me

Ready Player Me 是一个在线 3D 捏人网站，目前可以免费使用。用户可以在注册后，创建和管理自己的虚拟卡通形象，可以使用自己拍摄的照片作为基础生成自己的虚拟卡通形象，也可以在线手动捏人，捏人的自定义选项包括肤色、服饰、发型、眼睛形状及瞳孔颜色、眉毛、妆容和饰品等（图 3-1）。另外，Ready Player Me 中生成的人物形象模型支持导

出 .glb 格式文件，并且自带贴图与骨骼，可以导入其他 3D 软件中使用，并且可以集成到多种开发环境，支持多种平台，对于 Unity 和 Unreal Engine 还提供了用于快速集成的 SDK。

图 3-1 Ready Player Me 界面

2. Character Creator

Character Creator 是 Reallusion 推出的一款 3D 人物设计软件（图 3-2），功能丰富，支持 3D 角色的生成、动画模拟、渲染等，可以帮助用户快速进行写实型的人物创作。软件预制库中带有基础的标准模型与几套服装、毛发等，如需要更多的预制素材，则需要另外付费才能下载。Character Creator 在人物面部与身形的调整上提供多项调整参数，在预制库的基础上还可以进一步优化，如身高、胖瘦、胸部、腰部、手、腿和脚等。在面部的生成和编辑上，可以捏出比较真实的人脸，可以调整头骨、眼睛、眉毛、耳朵、鼻子、脸颊、下巴、牙齿和口腔等，结合 Headshot 插件可以上传自定义图像，生成出比较真实的人物面部形象。

图 3-2 Character Creator 界面

3. Daz Studio

Daz Studio 是一款非常专业的 3D 人物动画制作软件（图 3-3），可以快速创建自定义场景和角色，Daz Studio 在数字人物的创作上主要是配合官方的 Daz 商城和第三方商城中数量庞大的模型库来实现，即使用户没有建模、渲染等基础，也可以使用 Daz Studio 在较短的时间内创作出自己的作品。Daz Studio 在人物脸型和身形上同样具有丰富的参数可以调节，大部分的功能通过参数滑块很容易进行调整。在完成人物外形调整后，还可以摆出自己想要的姿势，再配合丰富的资产库即可达到不错的效果。

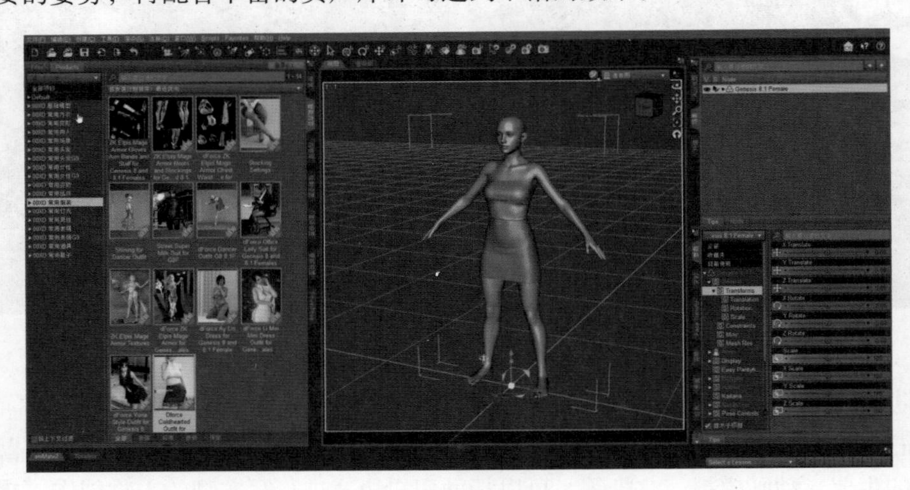

图 3-3　Daz Studio 界面

4. MetaHuman

MetaHuman 是一个低门槛、快速创建高保真数字人的工具（图 3-4）。用户只需要从某张感兴趣的人脸照片开始，可以非常容易地生成写实的人物模型。可以直接调整面部特征，如肤色等，也可从预设的身体类型、发型、服饰中进行选择。在 MetaHuman 中还可以使用扫描获得的现实世界中数据，模拟真实的人类。在角色制作完成后，角色会包含完整且参数丰富的绑定数据，并可以直接在虚幻引擎或者 Maya 中制作传统动画和动作捕捉动画，还包括网格、骨架、面部装配、动画控件和材质等数据，方便用户进行进一步编辑和细化。

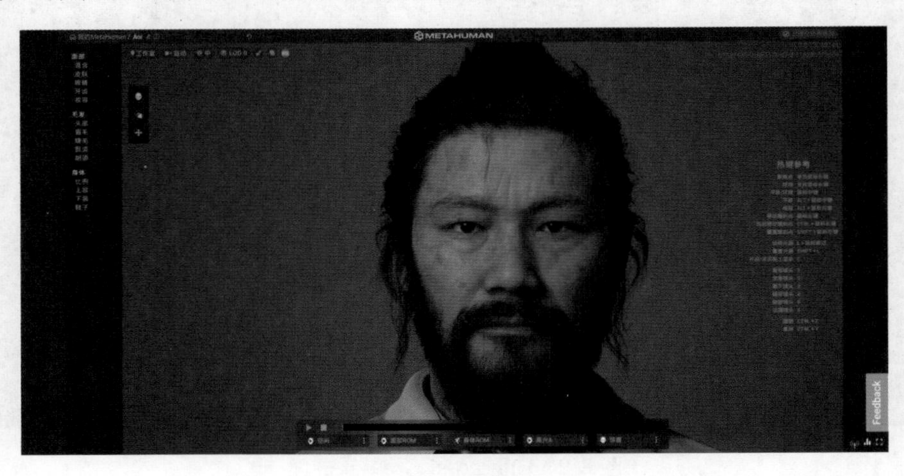

图 3-4　MetaHuman 界面

3.1.2 模型处理工具

在本书的建模学习中，使用最多的软件就是 CINEMA 4D，简称 C4D。C4D 由德国 Maxon 公司开发，是一款使用便捷且集建模、动画、渲染于一体的综合性 3D 设计软件。C4D 在 20 世纪 90 年代就已经诞生，直到 21 世纪，国内才开始慢慢普及。C4D 凭借强大的功能和极其友好的用户界面，广泛应用于平面设计、视频包装、工业设计、动画、游戏等领域。C4D 稳定性好，集成度高，并且运动图形模块也是其他设计软件所无法比拟的。相较于其他三维软件，C4D 被广泛认为是最容易学习和使用的三维软件，对于初学者来说更易建立信心且坚持下去，因此在本书的学习中将多次使用，版本为 C4D R23。

1. 基本界面介绍

C4D 操作界面的基本构成如图 3-5 所示。

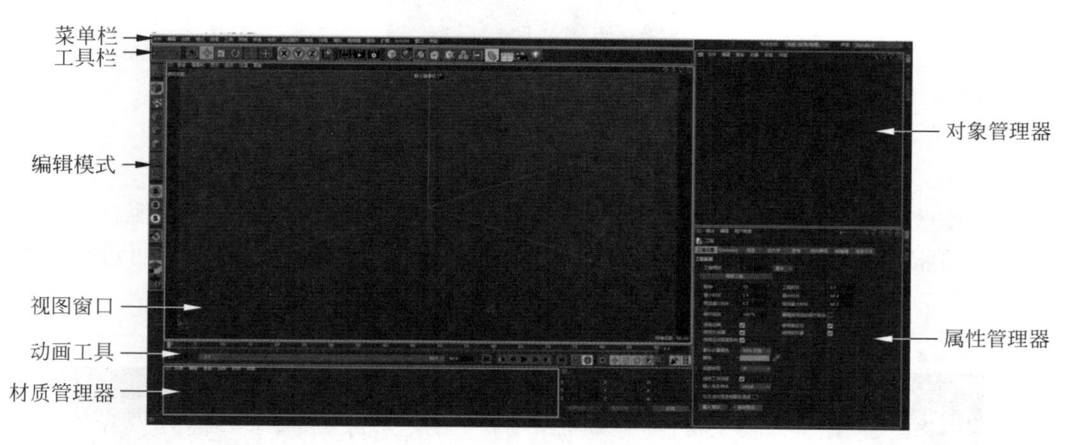

图 3-5　C4D 操作界面

2. 视图操作

常用的视图操作快捷键如下。

- 旋转视图：Alt+ 鼠标左键 /3+ 鼠标左键。
- 平移视图：Alt+ 鼠标中键 /1+ 鼠标左键。
- 缩放视图：Alt+ 鼠标右键 /2+ 鼠标左键。

3. “文件”菜单

“文件”菜单（图 3-6）除了常用的新建项目、打开项目、保存项目、另存项目为、导出外，还有两个非常重要的功能：增量保存和保存工程（包含资源）。使用增量保存时，系统会保存当前的文件，并按顺序自动为文件名添加好序号。保存工程（包含资源），可以将场景中的资源与贴图等文件打包保存，方便与其他人员交接文件，避免有素材丢失。

4. 系统设置

系统设置在“编辑”菜单中，单击“编辑”→“设置”打开系统设置页面。其中修改语言、自动保存、增加撤销步数这几项在项目制作开始前，需要根据自己的习惯设置好参数，方便用户在制作过程中使用习惯的语言、自动备份文件防止丢失、撤回更多历史操作。

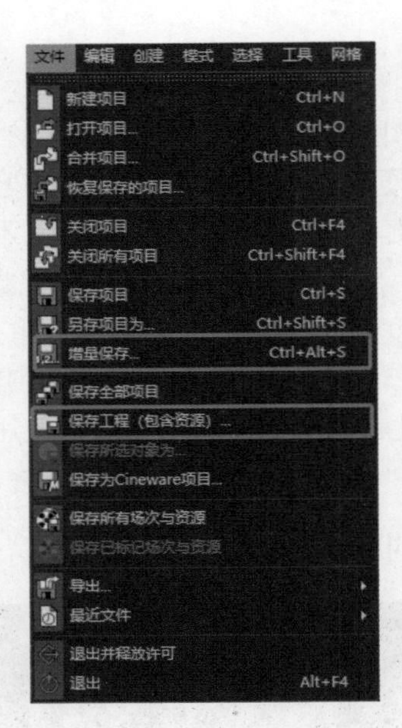

图 3-6 “文件”管理菜单

（1）修改语言。单击“用户界面”→“语言”可进行语言的选择，C4D 默认语言为英语，用户可根据自己的使用习惯切换语言使用，其他语言包在 C4D 安装时可进行选择性下载（图 3-7）。

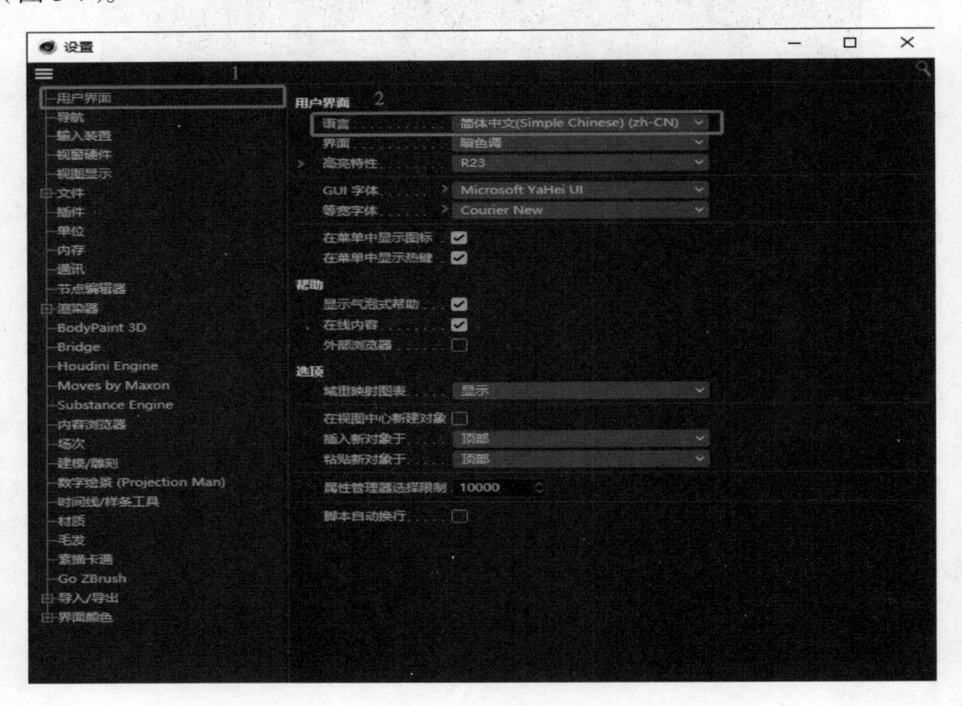

图 3-7 修改语言

（2）自动保存。将自动保存功能打开可以有效避免在创作时软件崩溃造成文件突然丢失的情况，设置方法如图 3-8 所示。

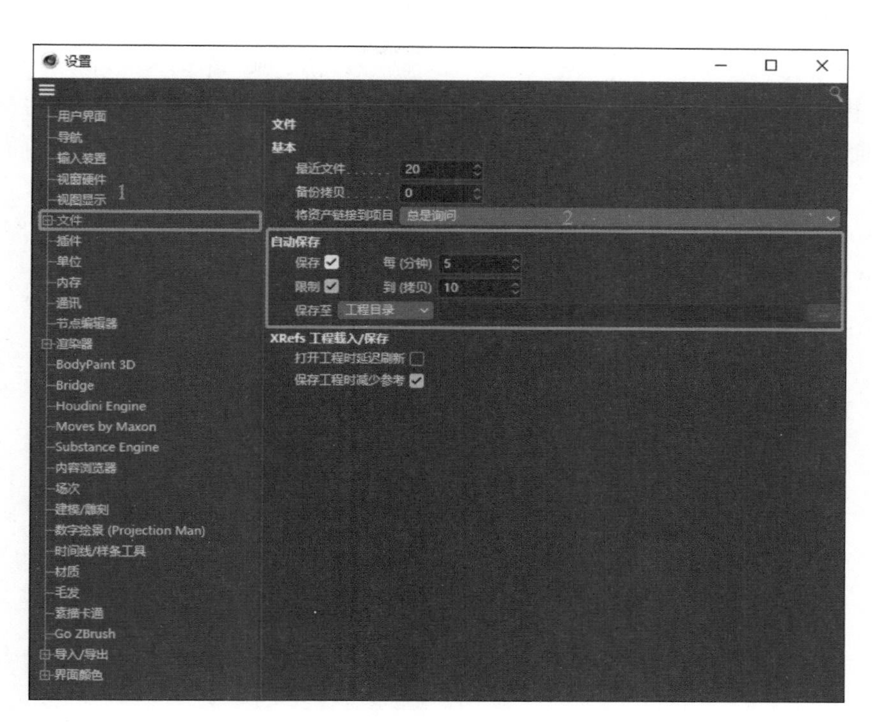

图 3-8 设置自动保存

（3）增加撤销步数。在进行操作时用户难免会遇到回退情况，撤销已经完成的一些操作。根据实际操作情况，可以将撤销深度值设置大一些，允许用户撤回更多操作。设置方法如图 3-9 所示。但撤销深度值越大，占用的内存资源越多。

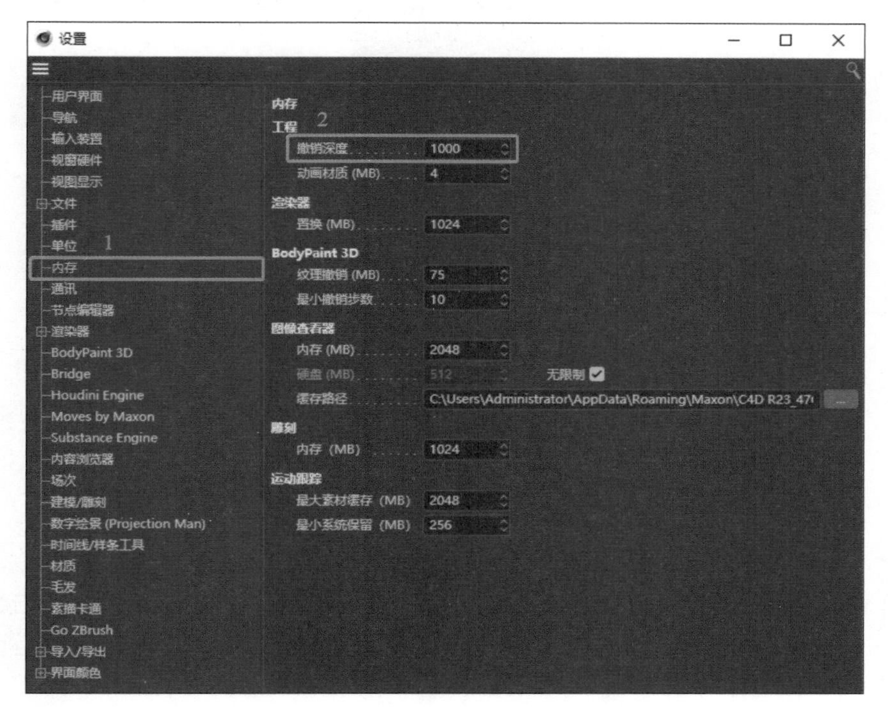

图 3-9 设置撤销深度

5. 工具栏

C4D 上方的工具栏（图 3-10）中包含了 C4D 的命令和功能，用户还可以自己定义主菜单中的命令和功能，例如，添加不在主菜单中的命令和功能，或添加安装的插件中的命令和功能。

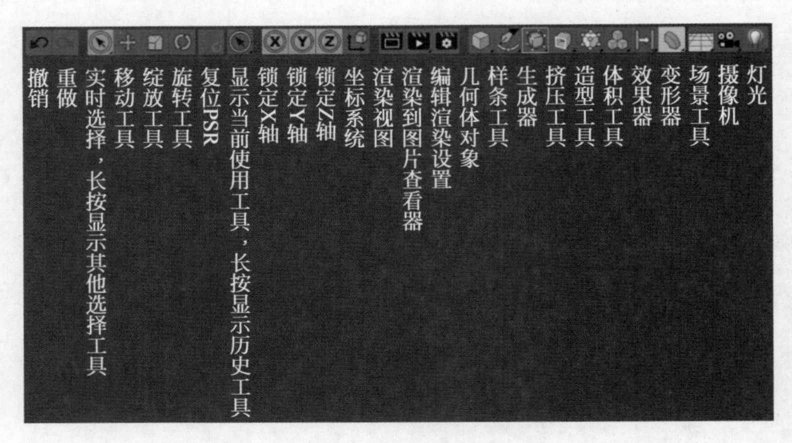

图 3-10　工具栏

6. 编辑模式菜单

编辑模式菜单中的大部分命令和功能需要将 C4D 中的标准化模型转为可编辑对象后使用，转为可编辑对象后的模型可以进行纹理、点、线、面、轴心、显示的编辑，改变模型的外观形态（图 3-11）。

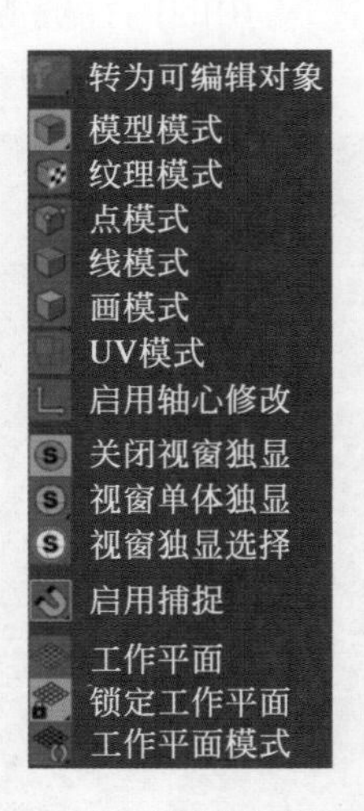

图 3-11　编辑模式菜单

7. 模型修改工具

当模型转换为可编辑多边形后，切换点、线、面编辑模式时，在模型上右击会弹出快捷菜单，可以调出许多方便修改模型的工具。如图 3-12 所示，快捷菜单右侧是调用工具的快捷键，这些工具在创作时可以大大提高效率，方便实现想要的效果。

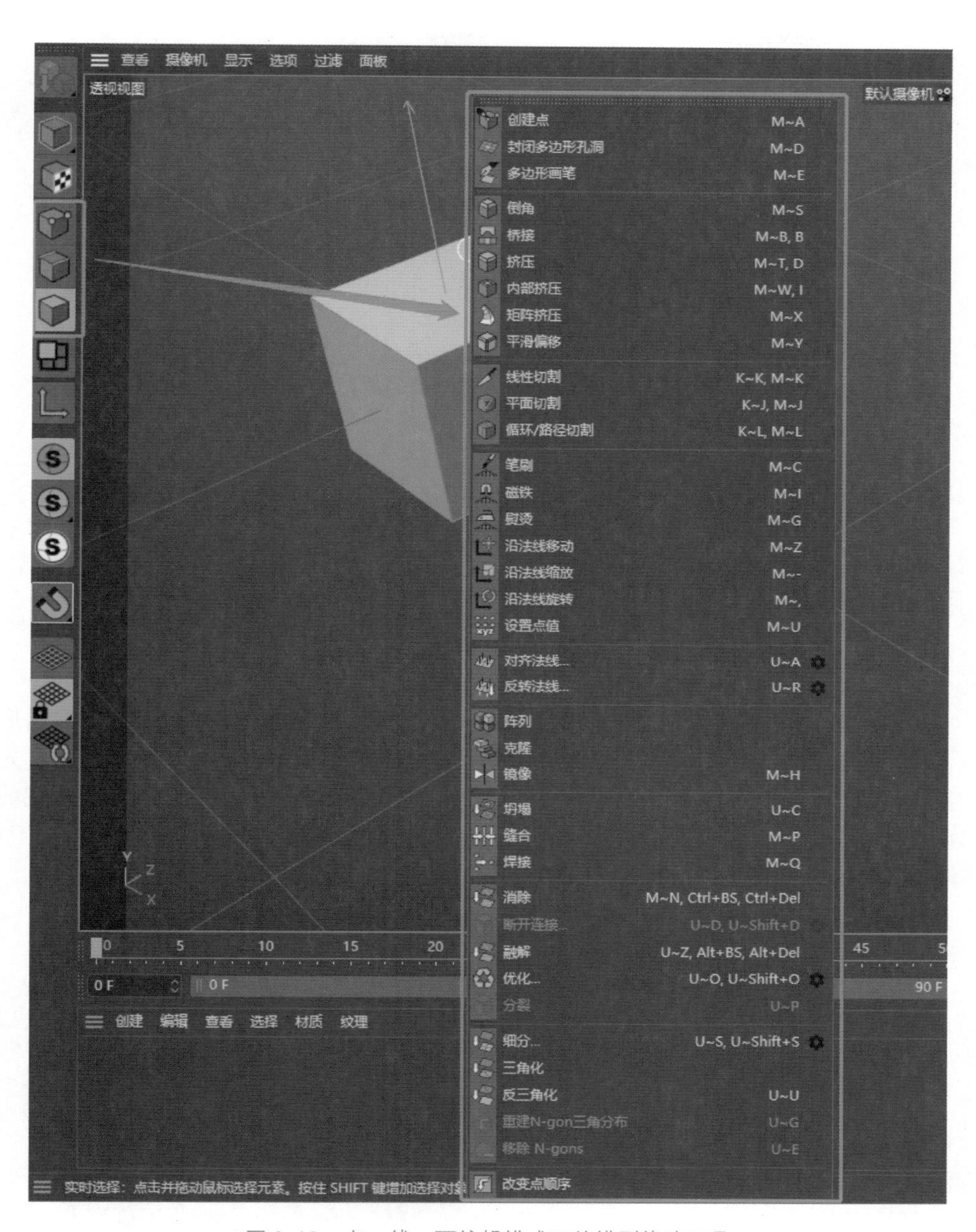

图 3-12　点、线、面编辑模式下的模型修改工具

3.2　数字人基础建模

本节将介绍人物头部与身体等建模流程，从一个标准形体开始，使用尽量少的多边形来创造头部、身体及其关联部分模型。模型网格分布仅提供一种基础示例，学习者应根据自己的模型特点来调整形状及布线。

3.2.1 头部建模

（1）新建一个球体，保持标准类型，分段改为 12（图 3-13），完成后将球体转换为可编辑多边形。

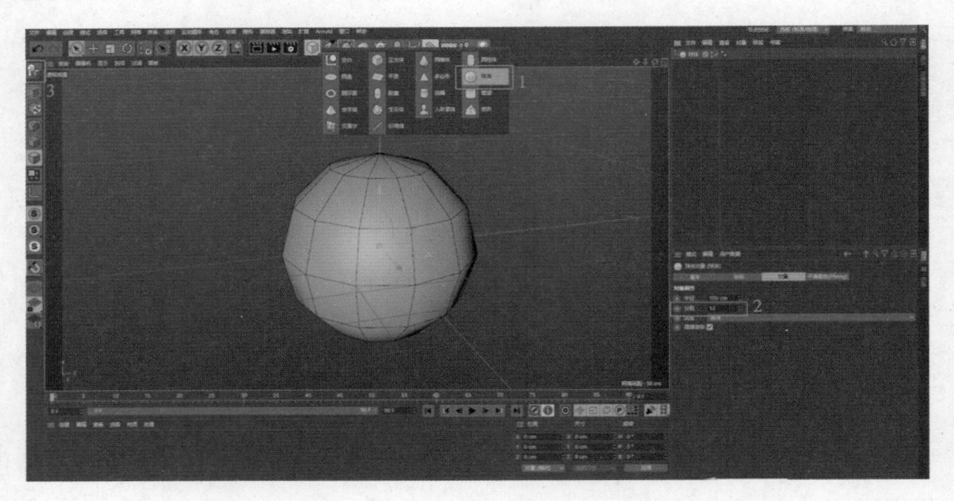

图 3-13　新建球体

（2）选中球体，切换至“面模式”，选中球形上方和下方的一圈放射面（在多边形网格中，一个点连接了 4 条以上的边，这个点被称为极点）删除。在视图空白处右击，先使用“封闭多边形孔洞”工具将头顶空洞填充，再选择“线性切割”工具选择需要连接的两端的点进行连接，每次切割完成后按 Esc 键退出切割。最后，选择“循环 / 路径切割”工具，将球体增加 3 圈横向切割线（图 3-14）。

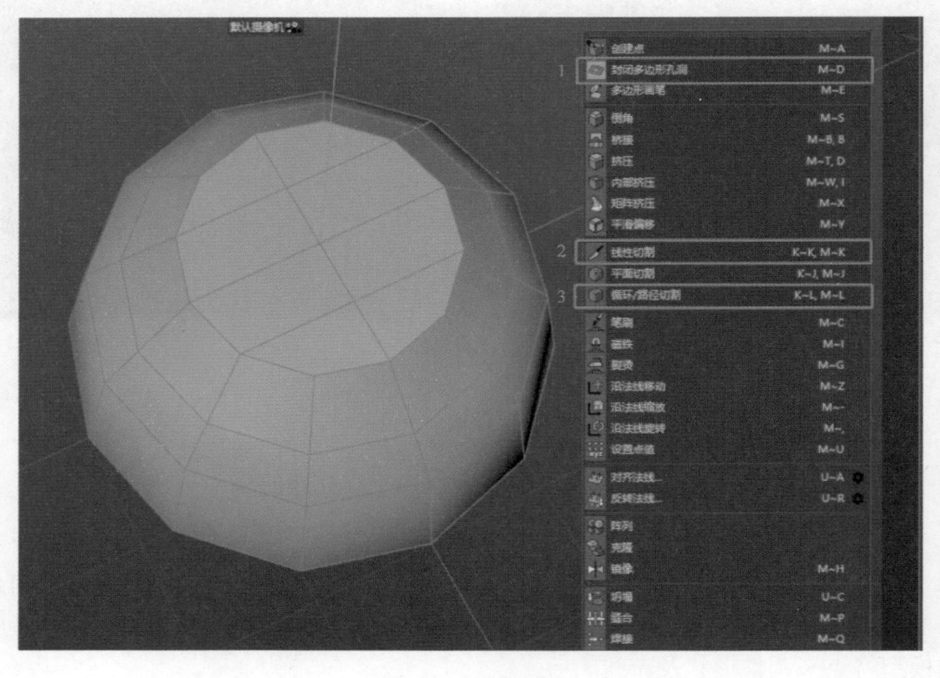

图 3-14　编辑球体

（3）将视图切换到侧视图，使用工具栏中的“选择”“缩放”“旋转”工具，切换“点”“线”“面”模式，将球体的形状调整为一个大致的头型（图 3-15）。

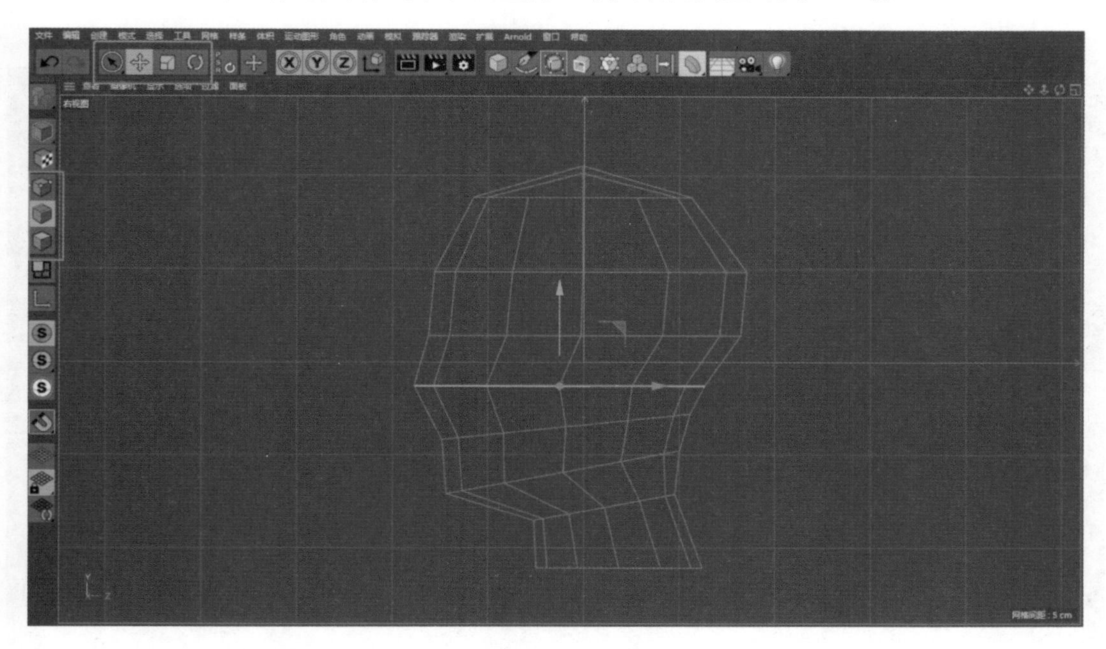

图 3-15 调整形状

注意

缩放时可以整体缩放或某一个单向的轴缩放。另外，头顶的点抬升时，下方环形缺失的点可以使用“线性切割”工具添加缺失的线段，右下方属性管理器中找到“选项”，勾选“仅可见”，避免使用“线性切割”工具时切坏背面的面（图 3-16）。

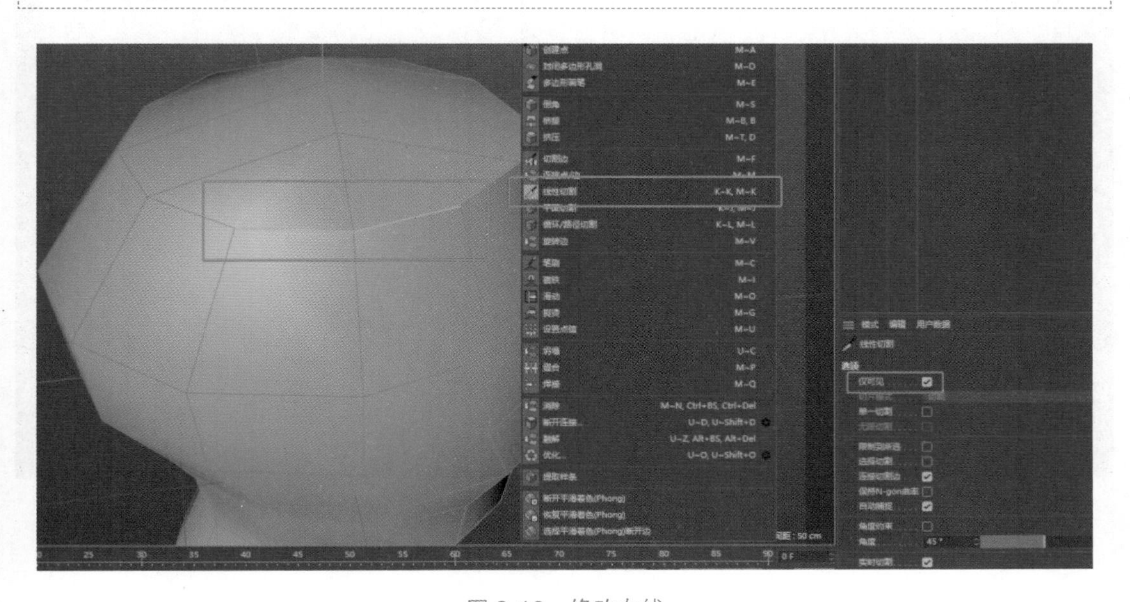

图 3-16 修改布线

（4）将人头形状进行进一步调整（图 3-17）。模型要保持在世界坐标中心（0，0，0），模型的轴心在人头的中轴线上，选中一半的面删除，只留下一半面部，后期方便使用“对称”工具。

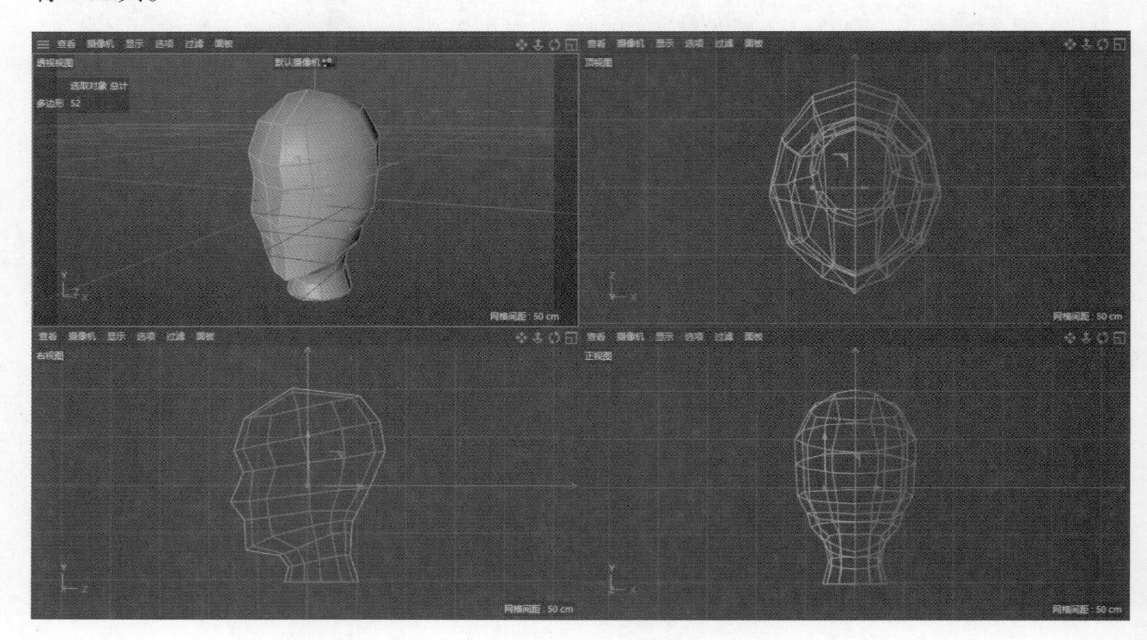

图 3-17　调整头型

（5）选中眼睛位置附近的两个点，右击，选择“滑动”工具调整点的位置（图 3-18）。

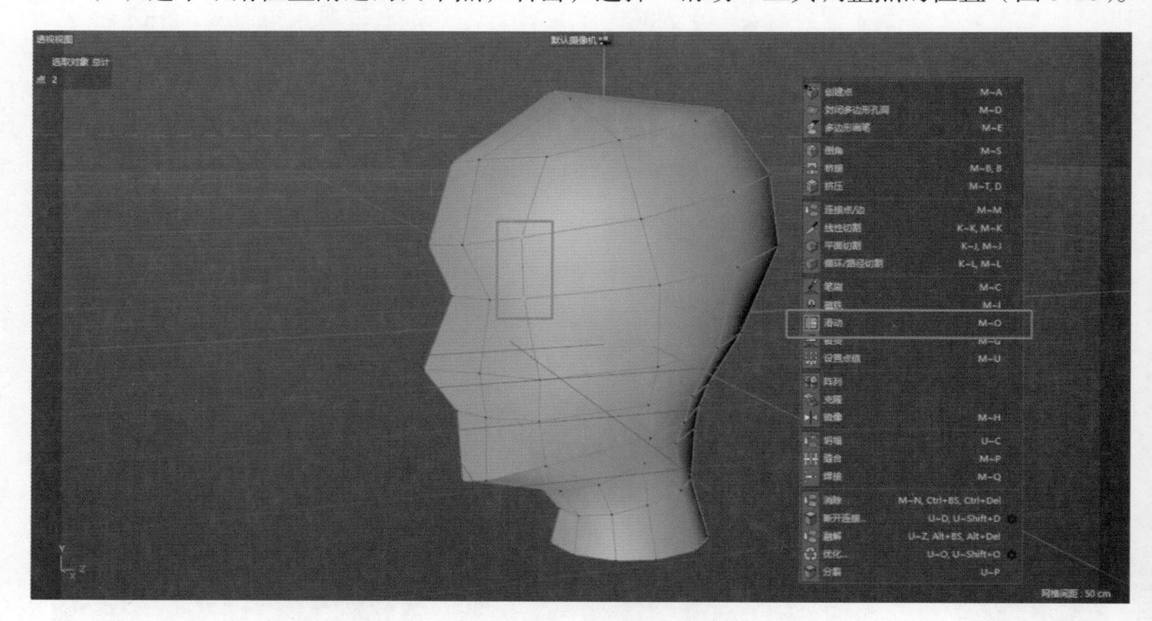

图 3-18　调整眼周的点

（6）使用“线性切割”工具画出眼眶和鼻梁，并调整整体的形状（图 3-19）。

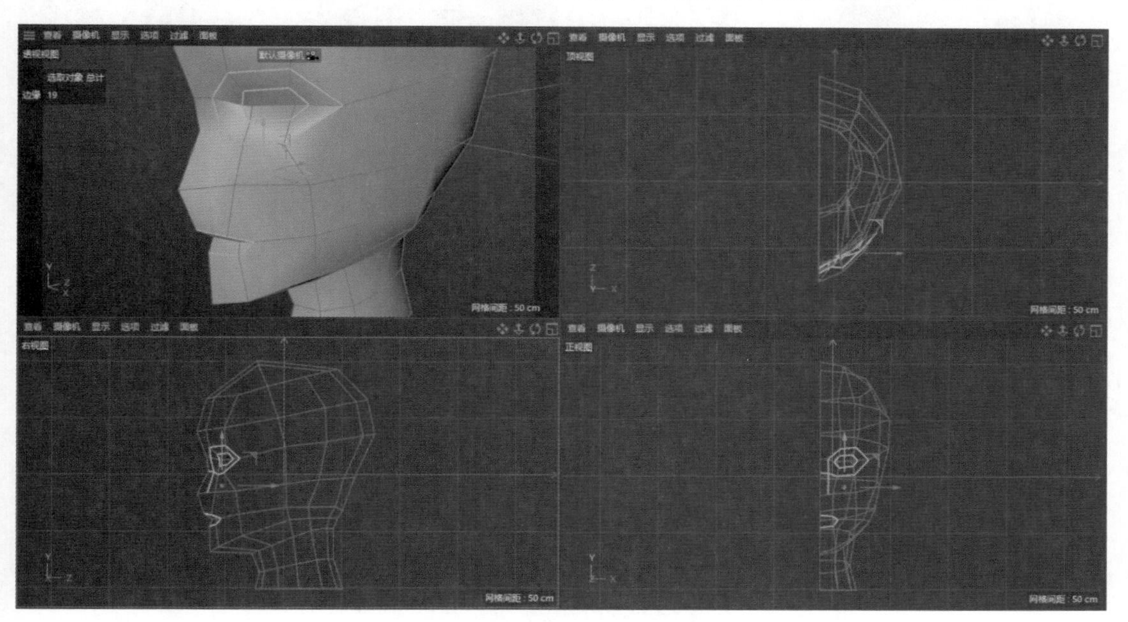

图 3-19 制作眼眶与嘴部

（7）制作鼻子和耳朵的大致形状。选择鼻子位置和耳朵附近的面，使用“挤压”工具挤出厚度（图 3-20），注意要将对称平面上多挤出的面删除，鼻子的对称点位置归 0。耳朵多余的点使用“焊接”工具合并。最后调整耳朵和鼻子的形状（图 3-21）。

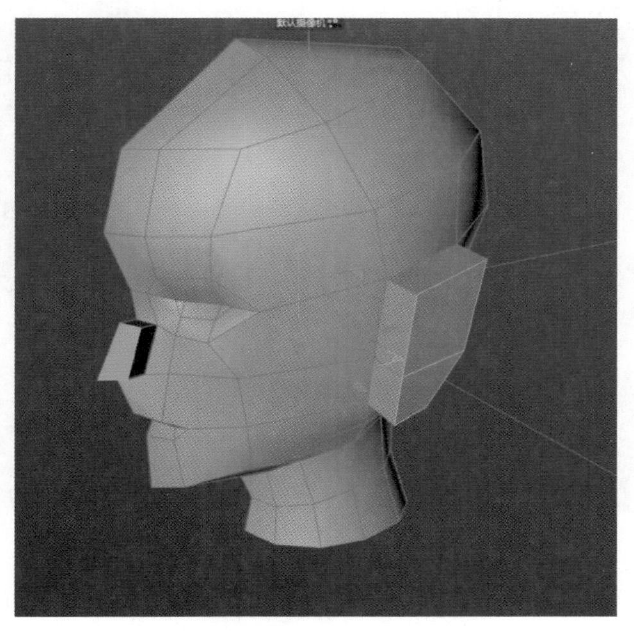

图 3-20 挤出耳朵与鼻子

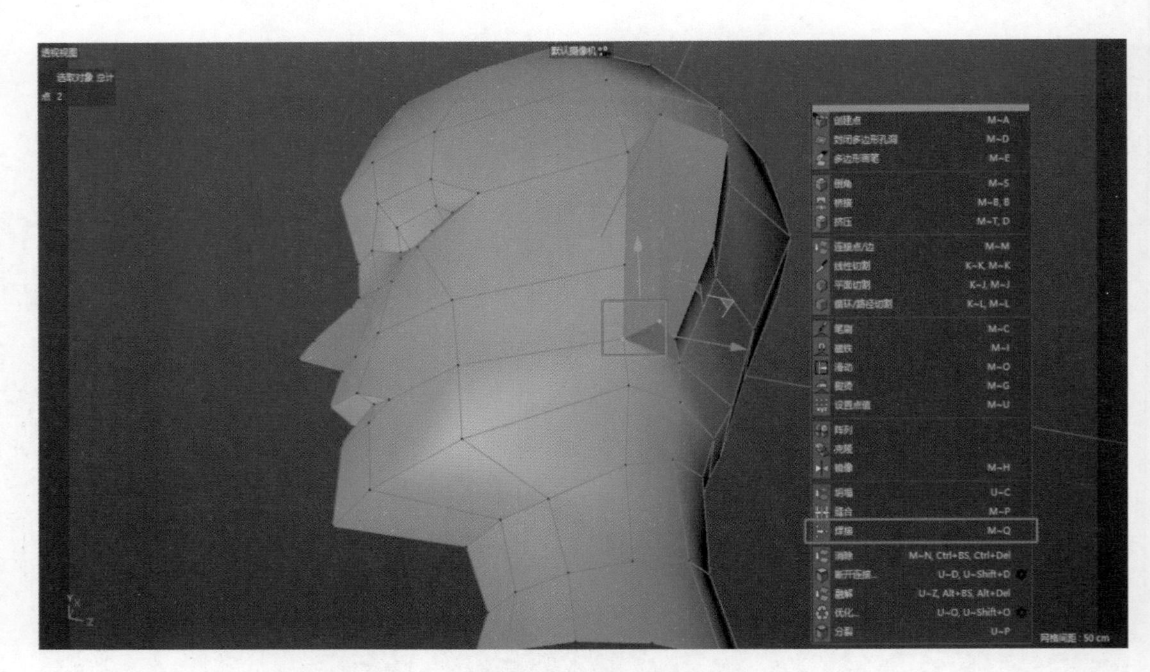

图 3-21　调整耳朵与鼻子的形状

（8）使用“消除”工具删除多余线条（图 3-22）。

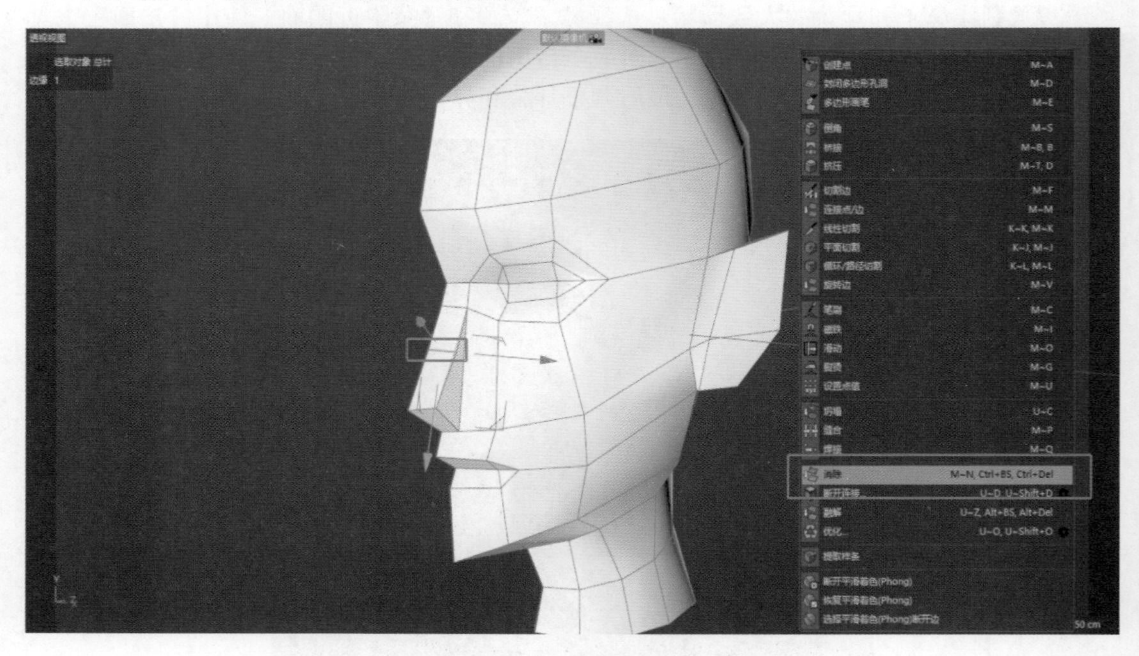

图 3-22　删除多余线条

（9）使用“线性切割”工具在鼻梁处增加线条（图 3-23），并删除两个三角面，使用“封闭多边形孔洞”填充，此时鼻梁处变为四边面，增加鼻子的细节（图 3-24）。

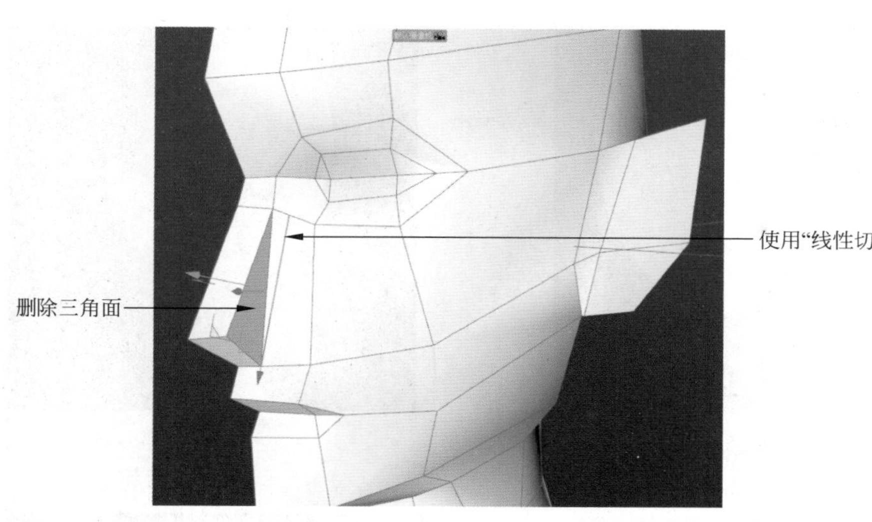

图 3-23　鼻梁处增加线条

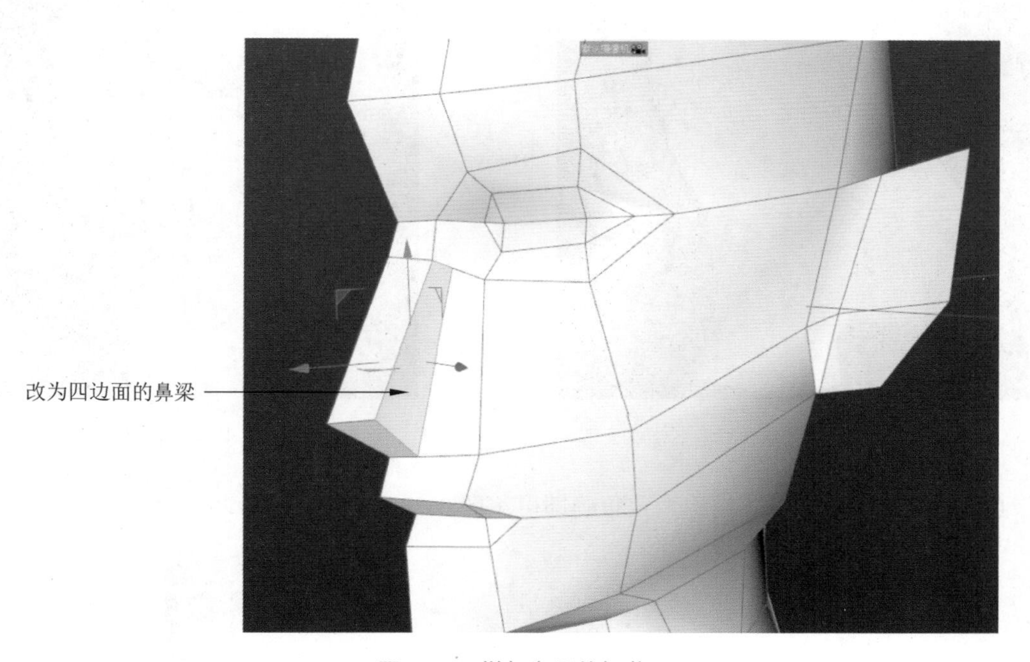

图 3-24　增加鼻子的细节

（10）继续使用“线性切割”工具沿眼眶切割出循环面（图 3-25）。切割完成后整体调整面部形状。

（11）将眼洞上的面删除，并继续结合“线性切割”“消除”“封闭多边形孔洞”等多种工具修改面部网格走向，需要耐心地认真观察，继续增加面部细节（图 3-26）。

（12）给眼睛、鼻子、口腔继续增加细节，并继续增加循环面（图 3-27）。

（13）在嘴唇部位增加一圈卡线，头顶、耳侧等位置增加细节，开始制作耳朵轮廓（图 3-28）。

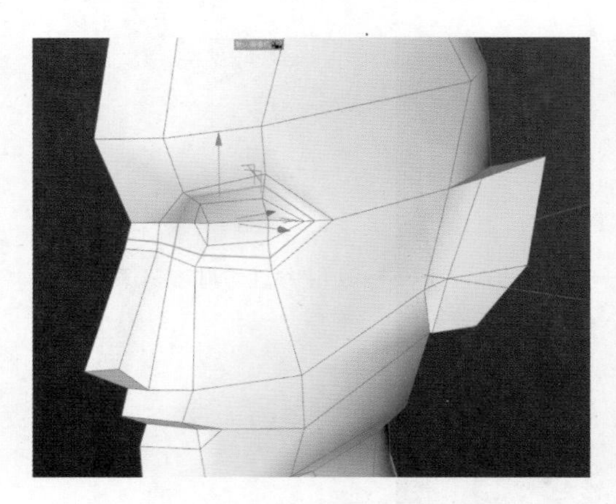

图 3-25　眼睛周围制作循环面

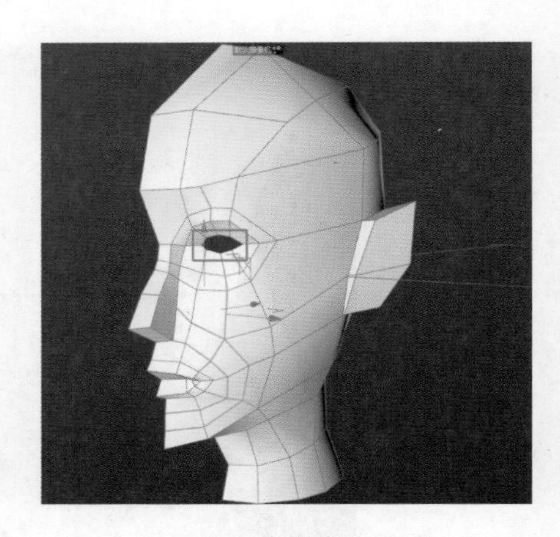

图 3-26　调整面部细节

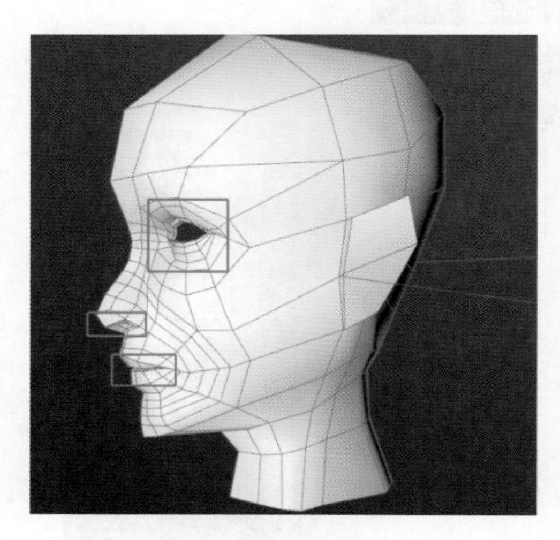

图 3-27　增加细节与循环面

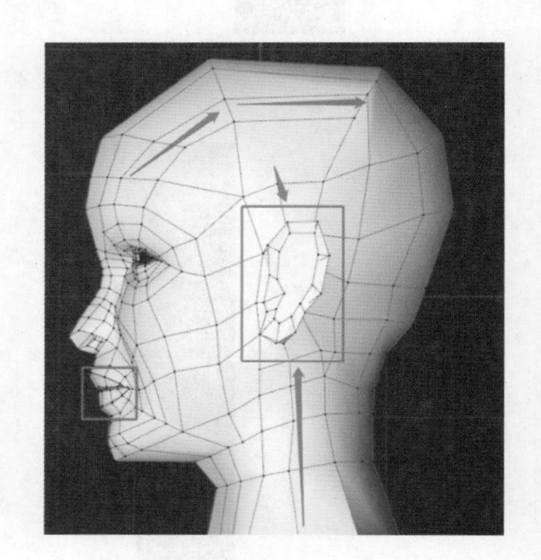

图 3-28　增加卡线并制作耳朵轮廓

（14）增加耳朵细节，结构大致正确即可（图 3-29）。

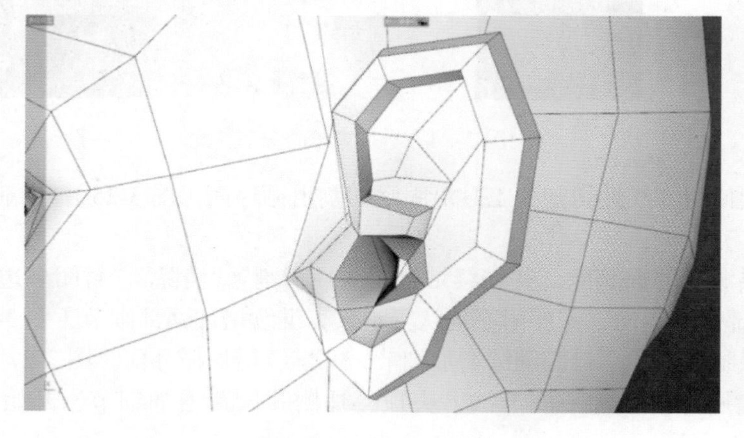

图 3-29　增加耳朵细节

（15）制作口腔，选中空腔内的边，按住 Ctrl 键进行拖曳可增加新的面（图 3-30）。

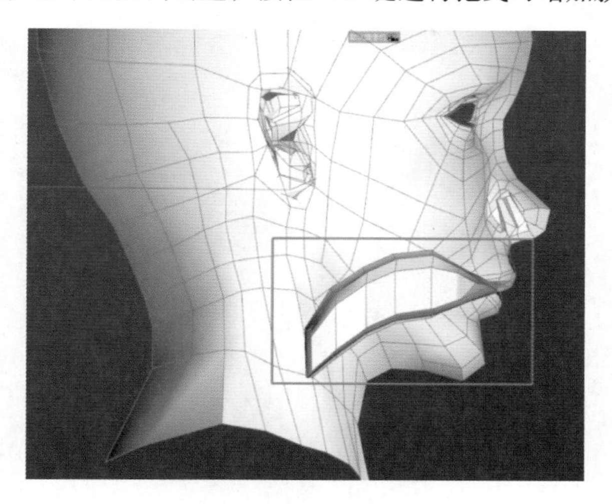

图 3-30　制作口腔

（16）将整个头部进行细化，可以使用“雕刻”工具整体调整，选择“网格”→“笔刷”→选择某个笔刷（图 3-31），使用这些雕刻工具继续调整头部细节（图 3-32）。

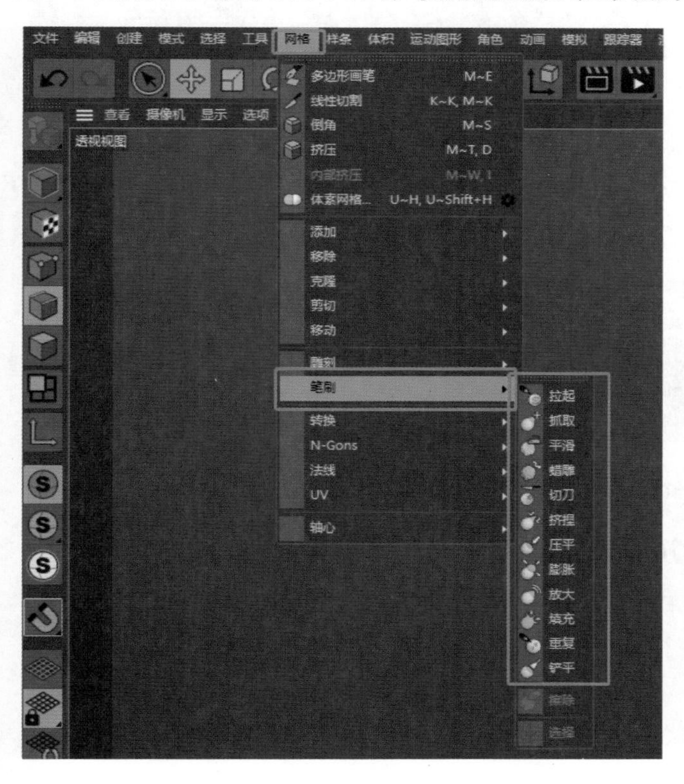

图 3-31　“雕刻”工具

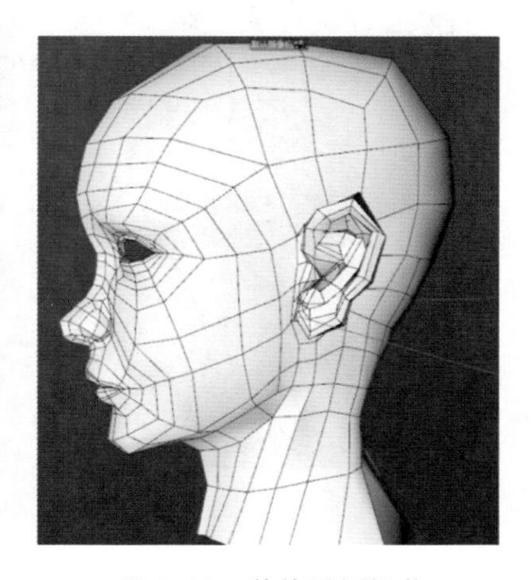

图 3-32　整体雕刻细节

（17）使用雕刻工具后，选中模型应该在中轴线上的点，将 X 轴的位置和尺寸设置为 0，使偏离的点回到中轴线（图 3-33）。

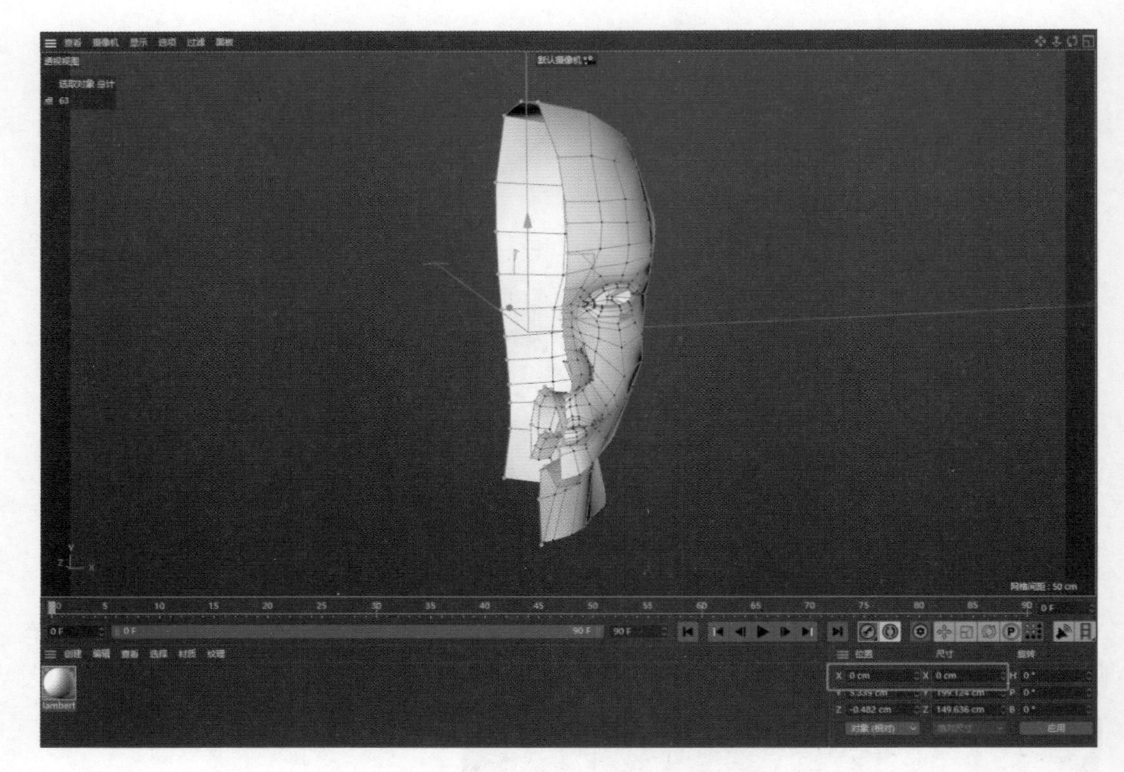

图 3-33　修改点位

（18）完成后在工具栏中找到“对称”和“细分曲面”工具，将模型作为对称的子级，对称作为细分曲面的子级，并在属性管理器中降低细分数量，选择“对象”，将“编辑器细分”和“渲染器细分”改为“1”，即可看到头部建模效果（图 3-34）。

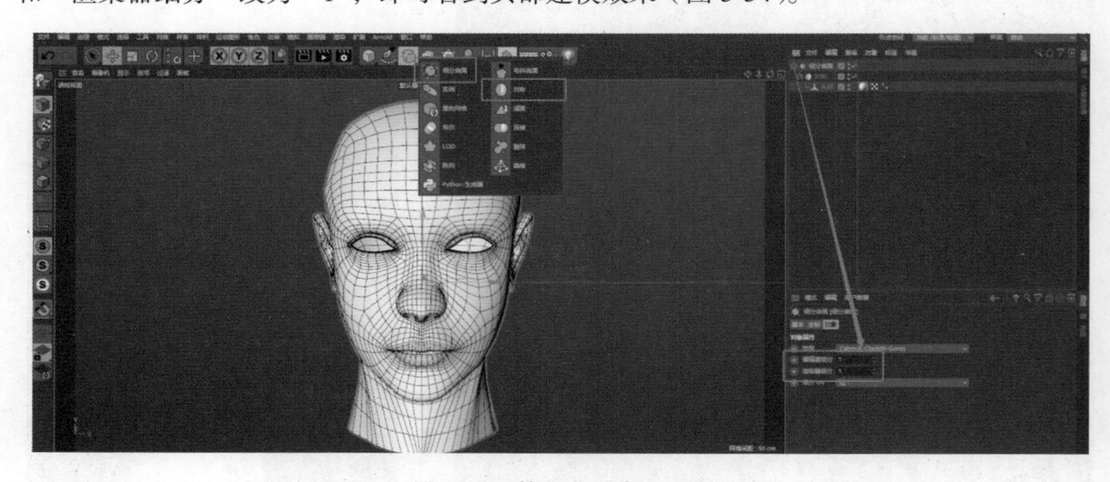

图 3-34　使用“对称”工具

3.2.2　身体建模

在本小节中将提供一些身体建模步骤参考，通过对身体的网格的构建，熟悉 C4D 的

常用功能，以便学习者能在未来使用这些常用的工具进行自由创作。

1. 躯干及四肢制作

（1）在适合的视角场景中导入人体参考图（图 3-35），方便建模时调整比例与结构，新手推荐将三视图在相对应的视图分别导入，方便参考。假如没有参考图，则要求创作者对人体结构有深入的理解。

将参考图拖入视图，选择右下属性管理器的“模式”→“背景”，调整参考图的尺寸（图 3-36）、透明度等，将人物中轴线放到世界坐标中心上，方便后续建模使用“对称”工具。

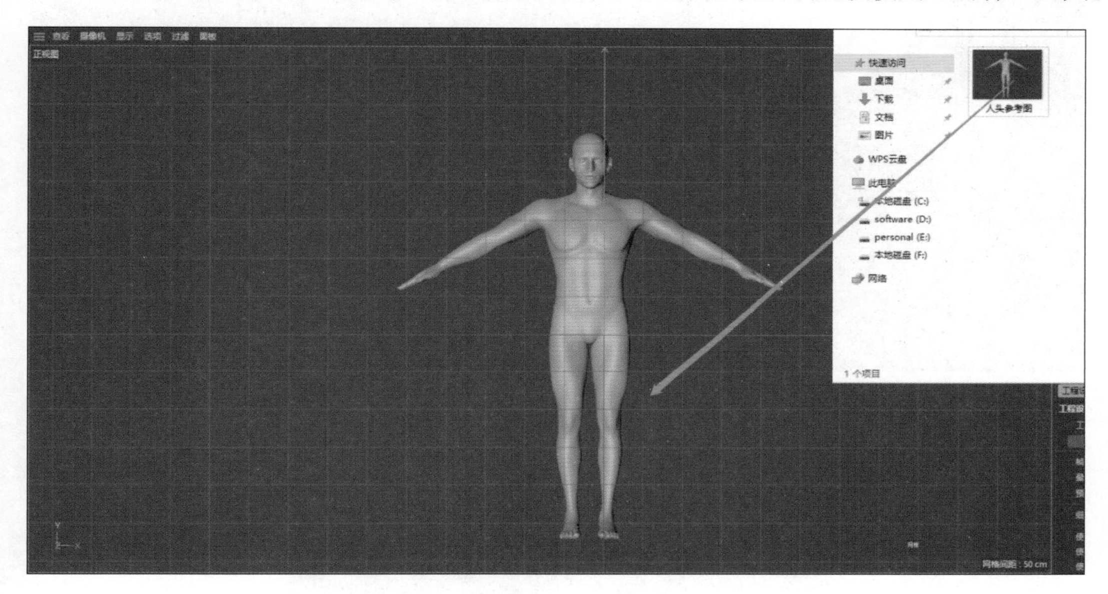

图 3-35　导入参考图

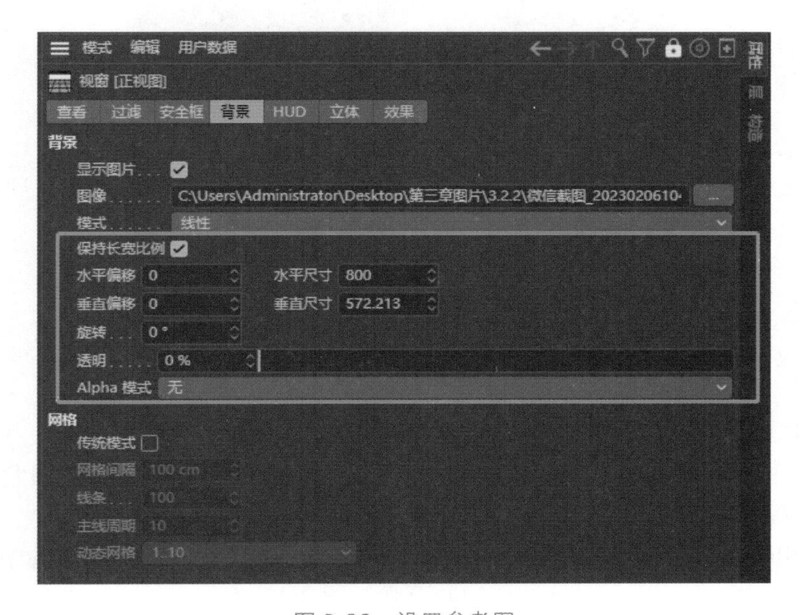

图 3-36　设置参考图

（2）新建一个分段 *XYZ*（4×6×2）的立方体并转换为可编辑多边形，将立方体放到胸腔和腹腔位置（不要偏离中线），注意将立方体的顶部和底部先删除（图 3-37）。

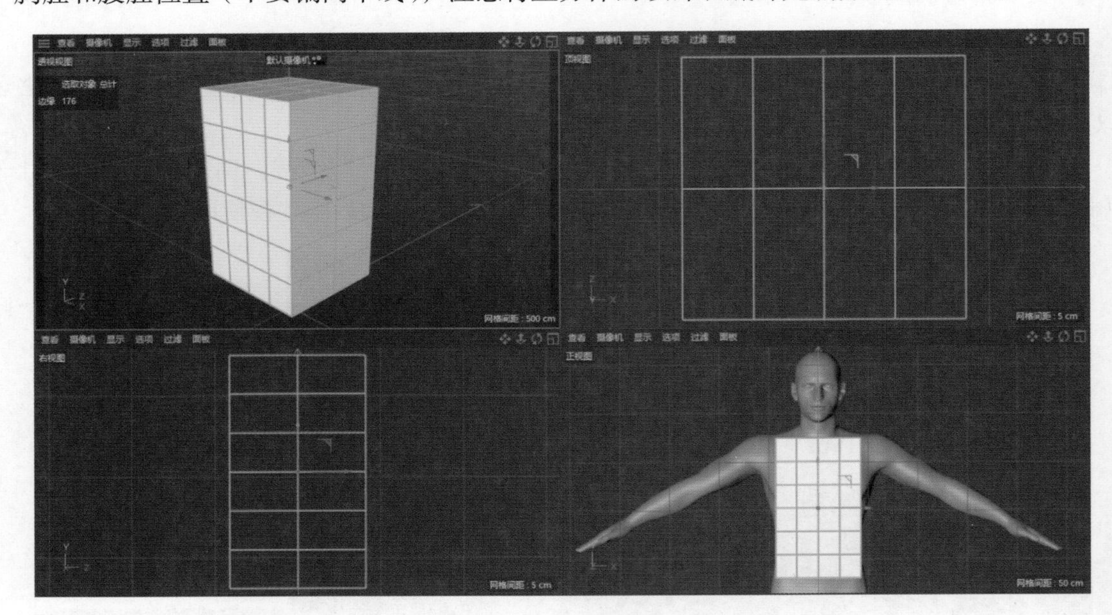

图 3-37　新建立方体并调整

（3）混合使用“移动”“旋转”“缩放”等工具与点、线、面模式，将立方体形状调整为身体躯干大体形状，并将身体的一半删除（图 3-38）。

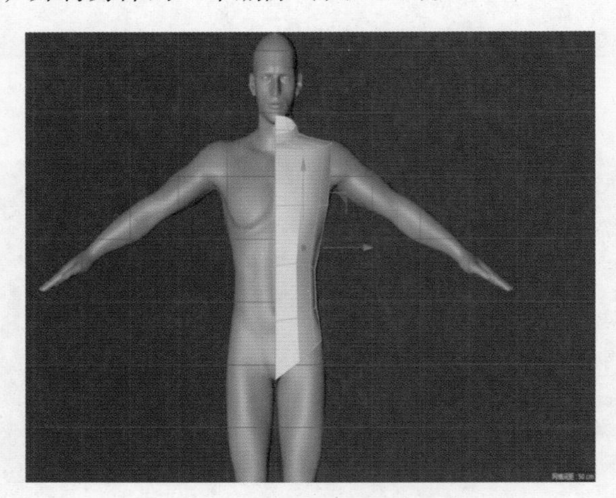

图 3-38　制作躯干

（4）制作人物的腿部（图 3-39）。切换为线模式，选中胯部一圈外轮廓线，按住 Ctrl 键，选中 *Y* 轴向下拖动添加新的面，注意使用“桥接”工具和“线性切割”工具将腿内部缺失的面补齐，完成后调整人体结构（图 3-40）。

（5）使用同样的方法将胳膊补齐，注意要先把肩膀处的横截面删除再选中肩膀处外轮廓增加面数（图 3-41），最后整体调整四肢形状（图 3-42）。

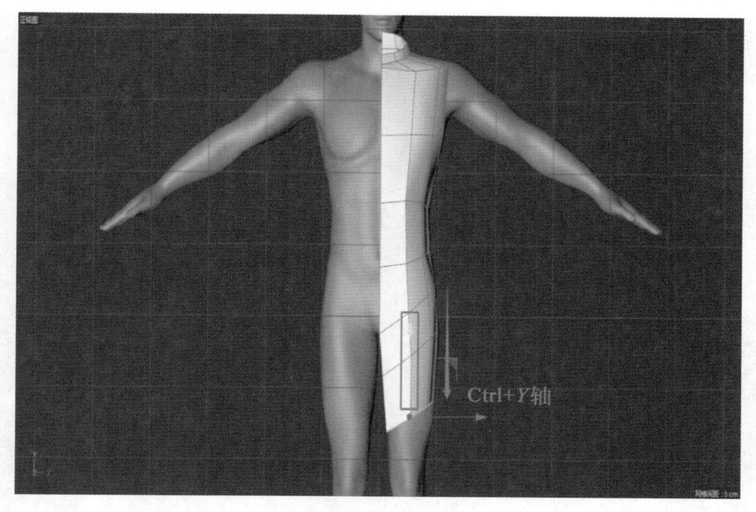

图 3-39 制作腿部

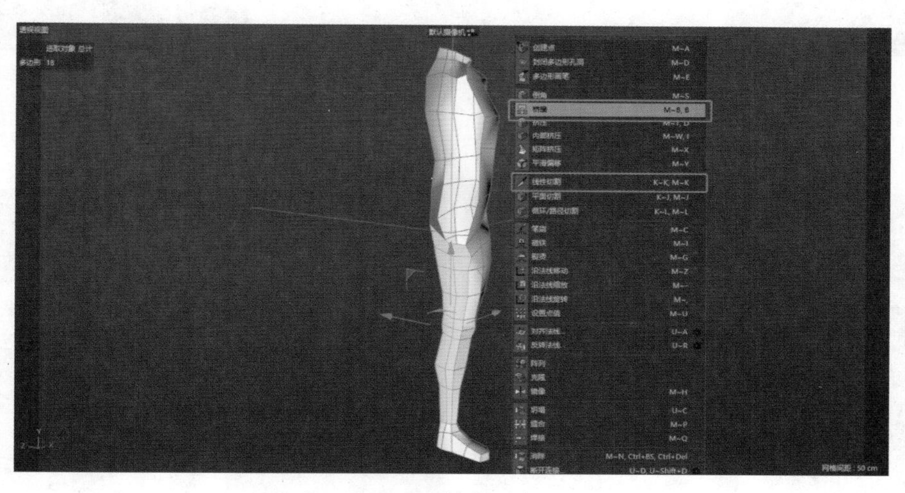

图 3-40 补齐缺失面

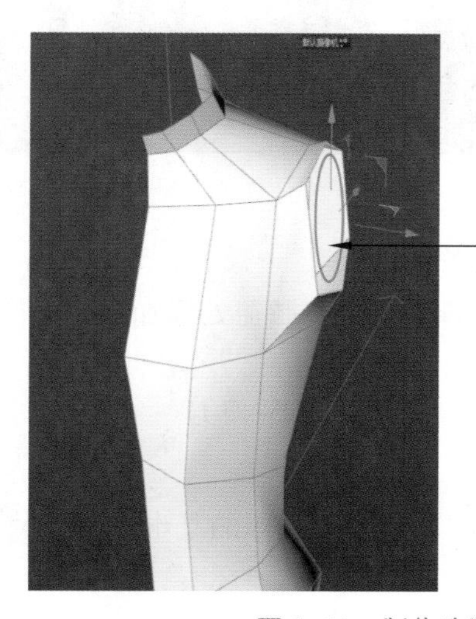

图 3-41 制作胳膊

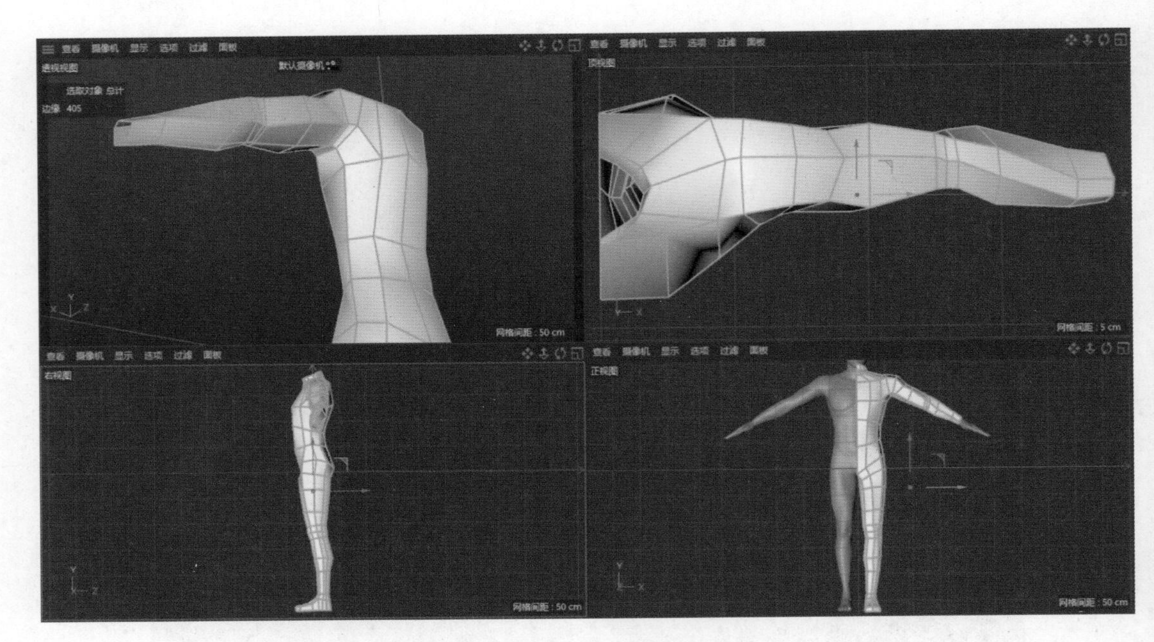

图 3-42　整体调整四肢形状

（6）为躯干增加细节（参考图 3-43 中橙色线条）。

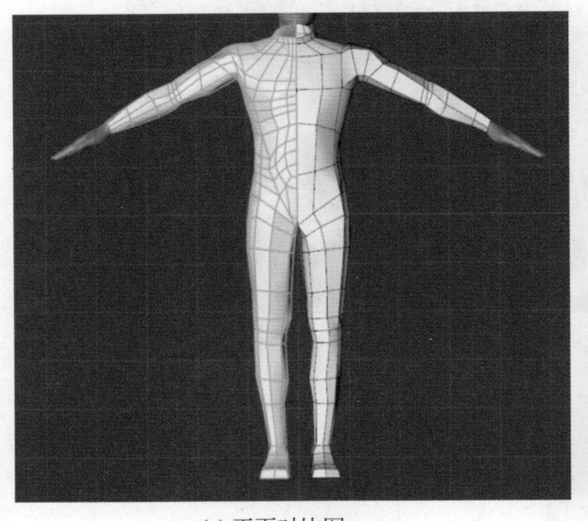

(a) 正面对比图

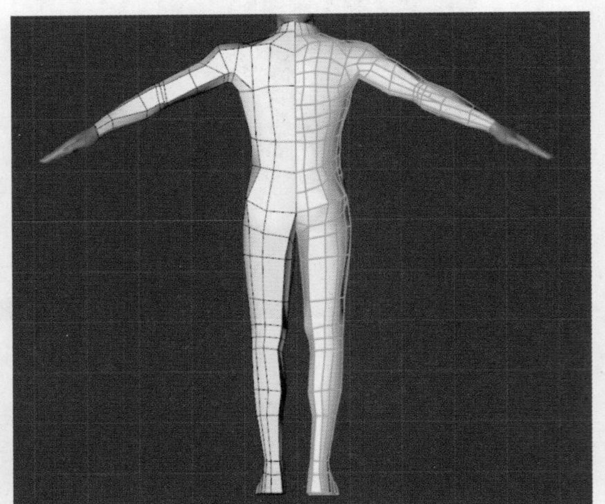

(b) 背面对比图

图 3-43　增加细节

（7）进一步增加细节，在颈部、臀部、肘部、膝盖处增加循环面（参考图 3-44 中橙色线条）。

（8）完成后可使用“对称”工具查看效果（图 3-45）。

2. 手部建模

（1）新建 *XYZ*（2 × 5 × 1）的立方体对象作为手部的基本构建形状（图 3-46）。

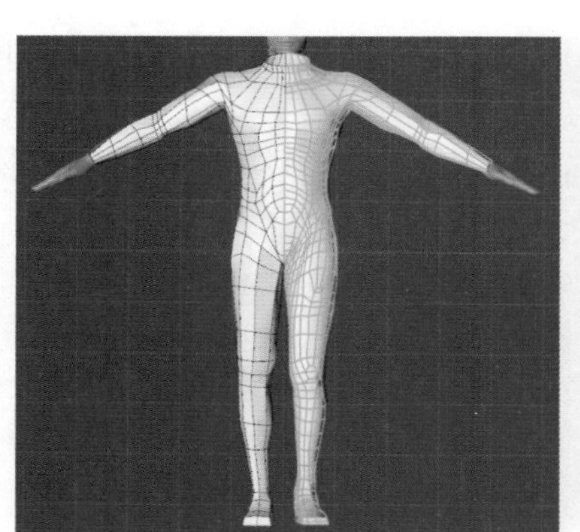

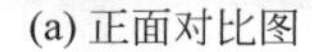

(a) 正面对比图

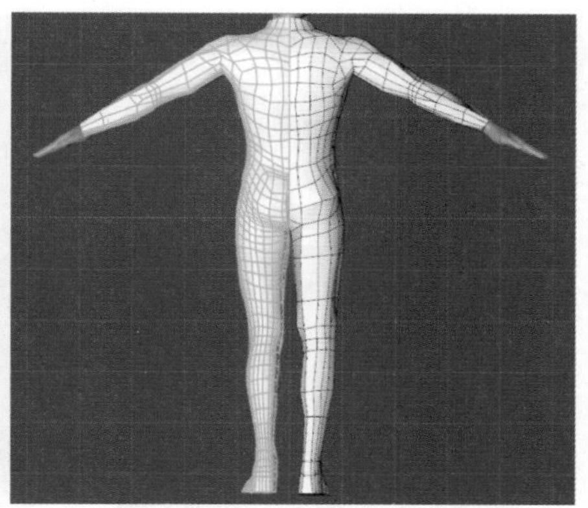

(b) 背面对比图

图 3-44 增加循环面

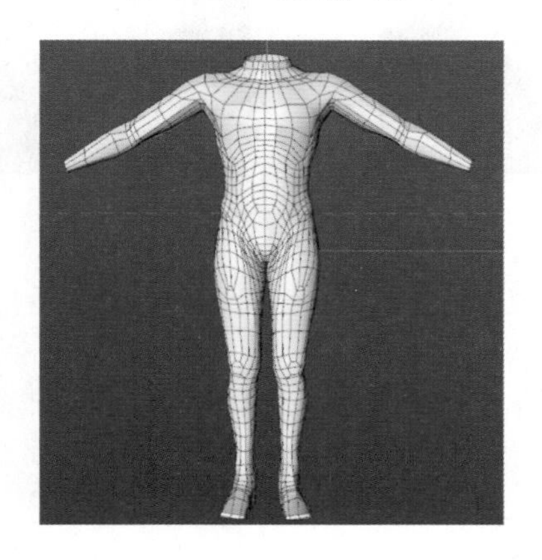

图 3-45 使用“对称”工具查看效果

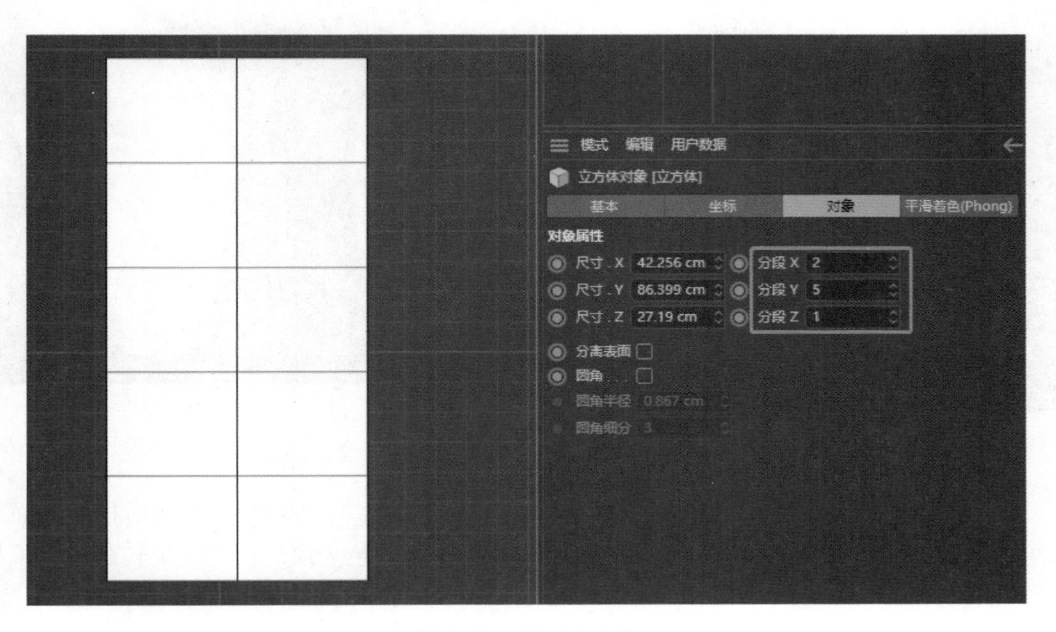

图 3-46 新建立方体

（2）转换为可编辑多边形后调整立方体的形状，做出手的大体形状，删除虎口位置的面（图 3-47）。

（3）选中虎口位置的线，按住 Ctrl 键，拖动轴，复制出新的面做出大拇指关节（图 3-48）。

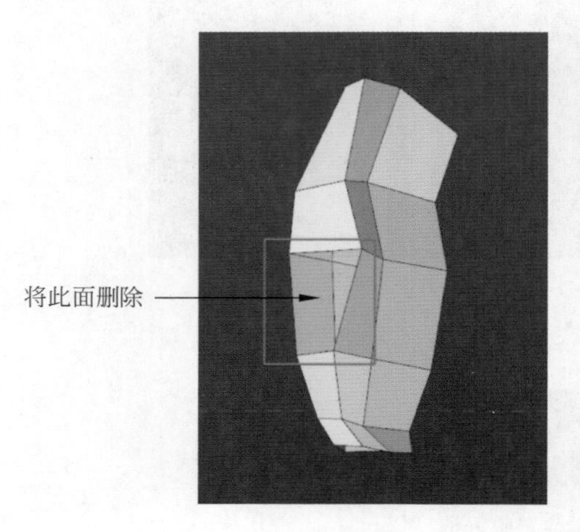

图 3-47　做出手形

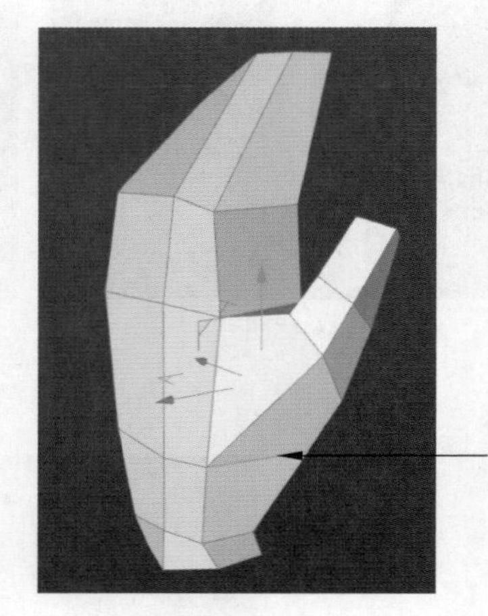

图 3-48　制作大拇指

（4）使用“循环 / 路径切割”工具分出手指并分出手指缝隙，将指缝处的面删除（图 3-49）。

（5）使用“焊接”工具将多余的点合并成一个点，修改手心与手背关节转折处的布线，注意手正反面焊接点的区别（图 3-50）。

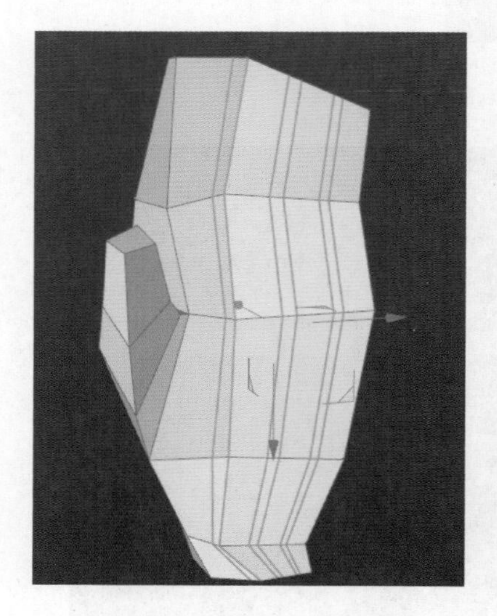

图 3-49　分出手指缝隙

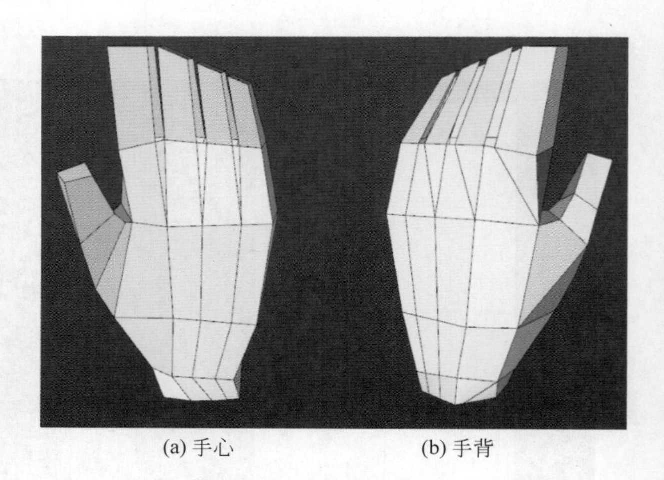

(a) 手心　　(b) 手背

图 3-50　修改手心与手背的布线

（6）将指缝上的面删除后使用“桥接”工具连接正确（图 3-51），完成后切换到面模式全选所有的面，检查法线方向是否正确，橙色为正，蓝色为反。使用“反转法线”工具将蓝色的法线反转（图 3-52）。

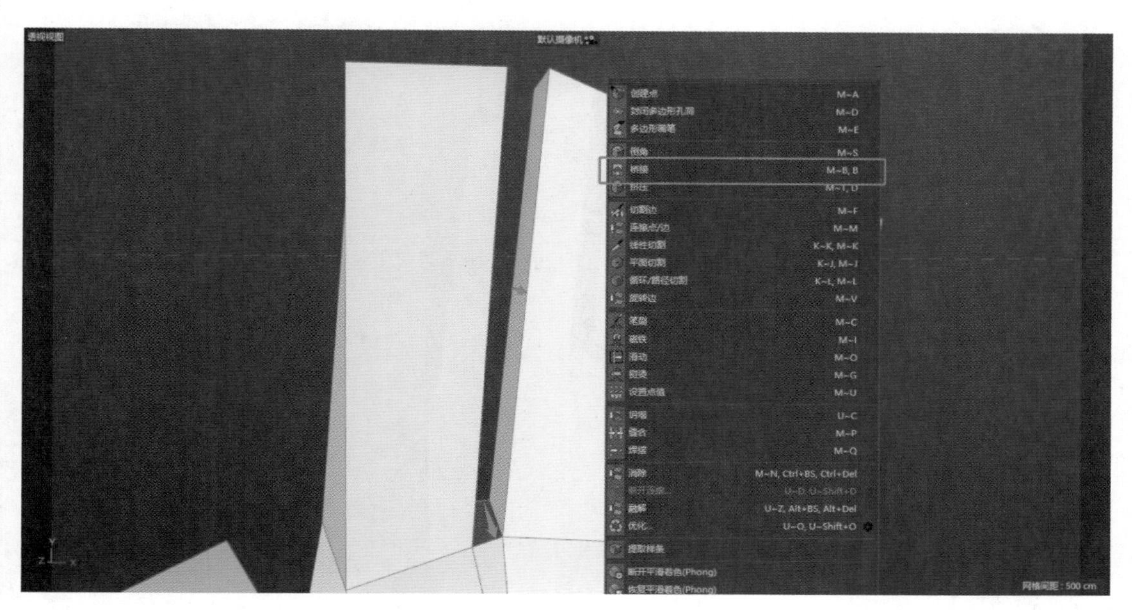

图 3-51 使用“桥接”工具

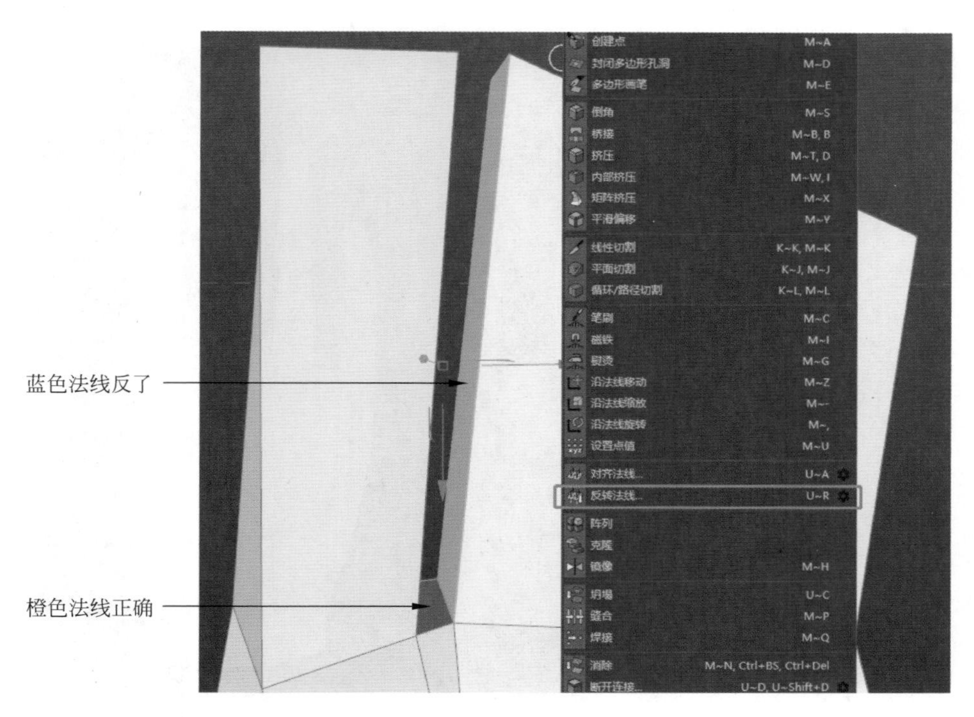

图 3-52 检查法线方向

（7）使用“循环 / 路径切割”工具将手指关节分出（图 3-53）。

（8）做出关节转折，整体调整手部的形状（图 3-54）。

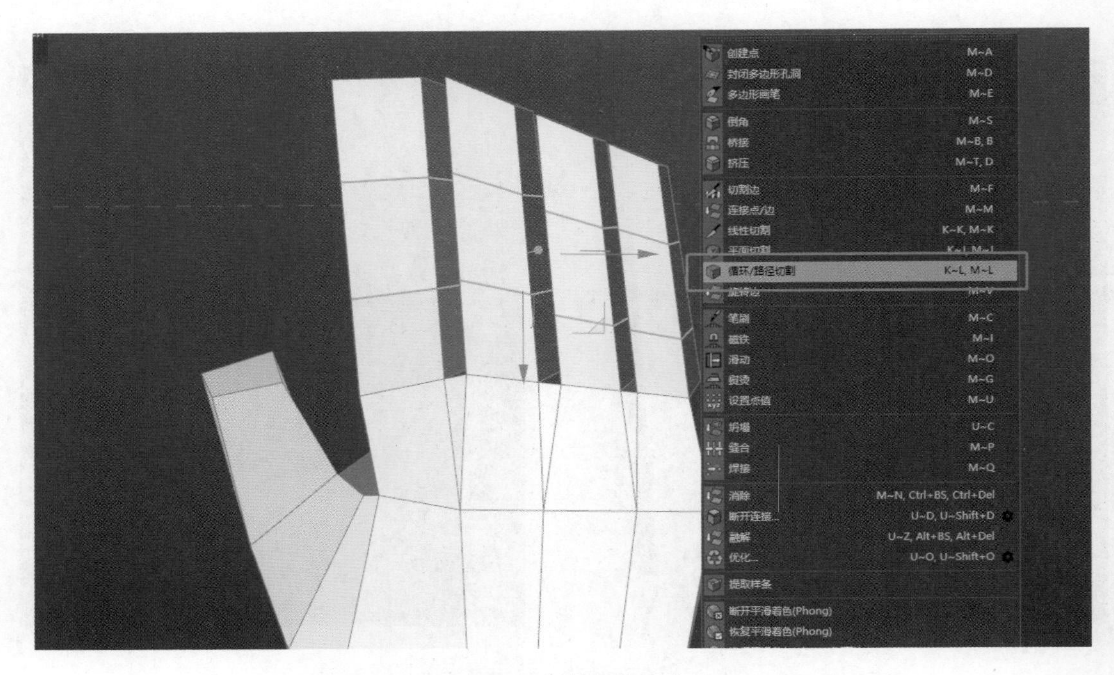

图 3-53　制作手指关节

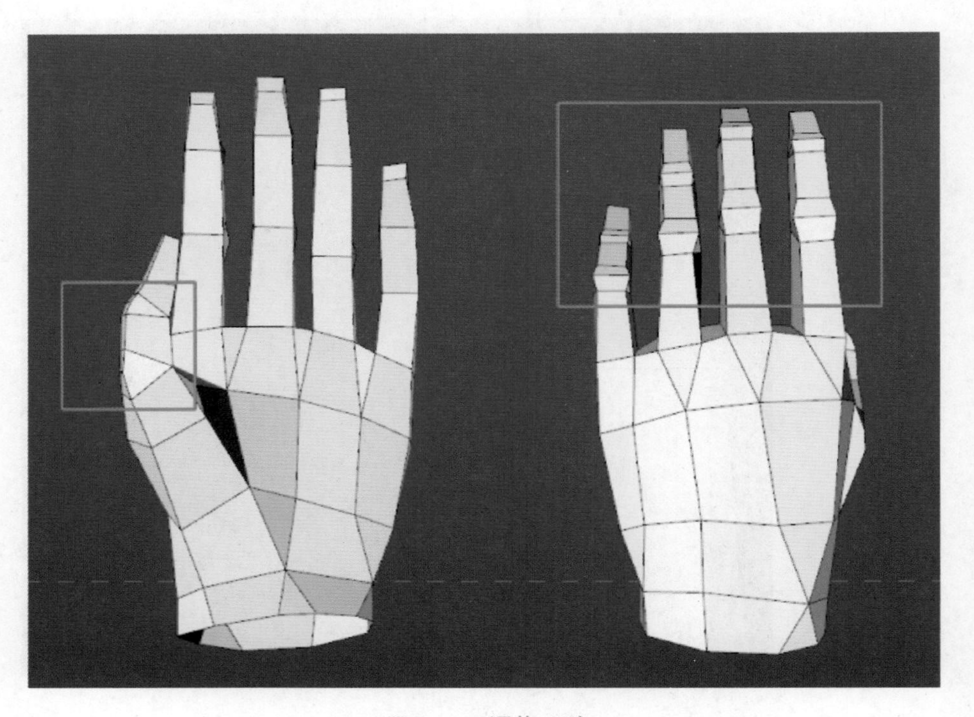

图 3-54　调整手型

（9）手部制作完成后将身体与手合并成一个整体。在对象管理器中选中两个对象，右击，在弹出的菜单中选择“连接对象 + 删除”命令（图 3-55）。

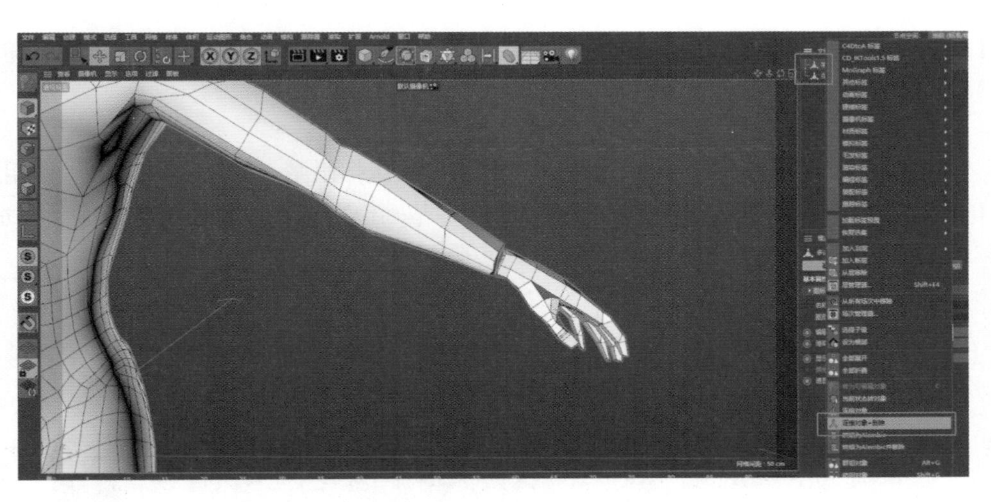

图 3-55 将手与身体合并

（10）切换到线模式，使用“桥接”工具将与身体与手桥接到一起（图 3-56）。如果手腕两段横截面的线数量不同，需要适当修改布线，使两者能接上。

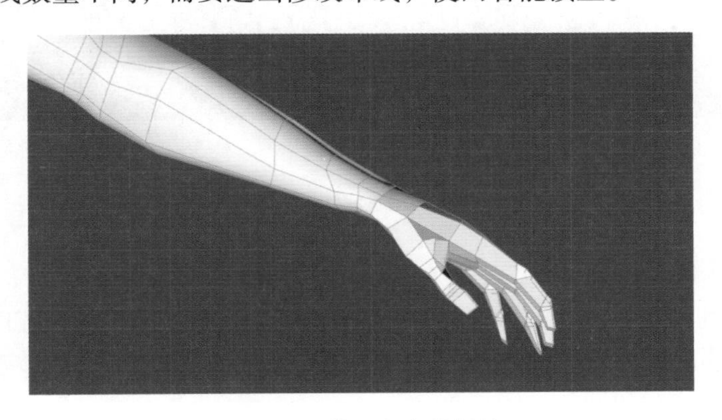

图 3-56 将手与身体桥接

（11）完成后使用“对称”工具和“细分曲面”工具（一级即可）查看效果（图 3-57）。

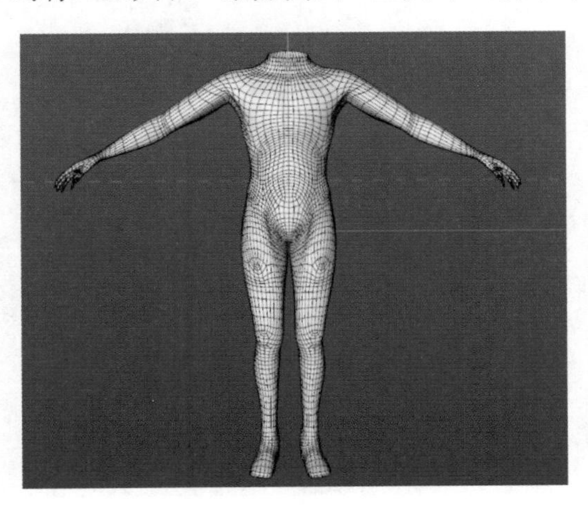

图 3-57 查看效果

（12）头部的连接方式与手部相同，这里不再赘述。

3.2.3　头部关联部分的网格分布

当头部和身体制作完成后就是关联部分的制作，包括眼睛、牙齿、舌头等。使用立方体、球体等作为制作的基础模型，为了方便操作，基础模型的多边形网格数量应当尽量少，在本小节中将结合具体网格分布案例，进行详细介绍。

1. 眼睛的网格分布

在对模型精度要求较低的情况下，可以直接使用球体；对于较高精度的模型，眼睛鼓出的房水部分也应该在模型网格上体现出来（图 3-58）。

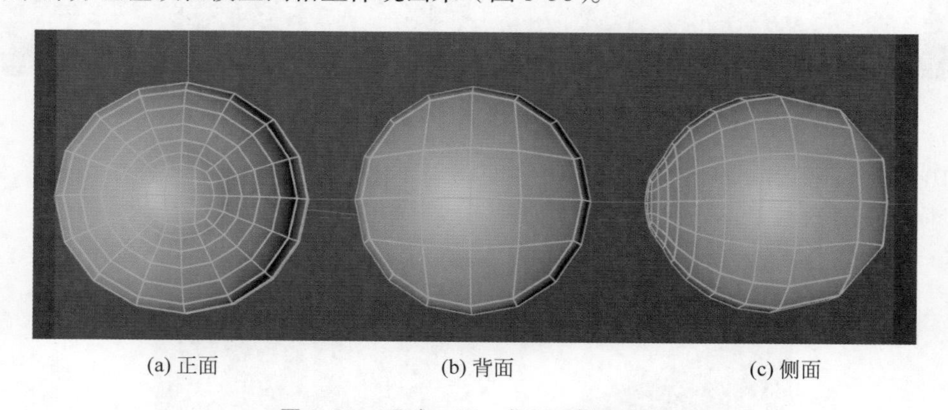

(a) 正面　　(b) 背面　　(c) 侧面

图 3-58　眼球正面、背面、侧面布线

2. 舌头的网格分布

舌头的建模可以从一个立方体开始，通过增加分段，使用“雕刻”工具等，做出舌头的形状。由于舌头具有对称性，建议只制作一半，再使用“对称”工具完成制作整个舌头的模型，这样方便修改和调整（图 3-59）。

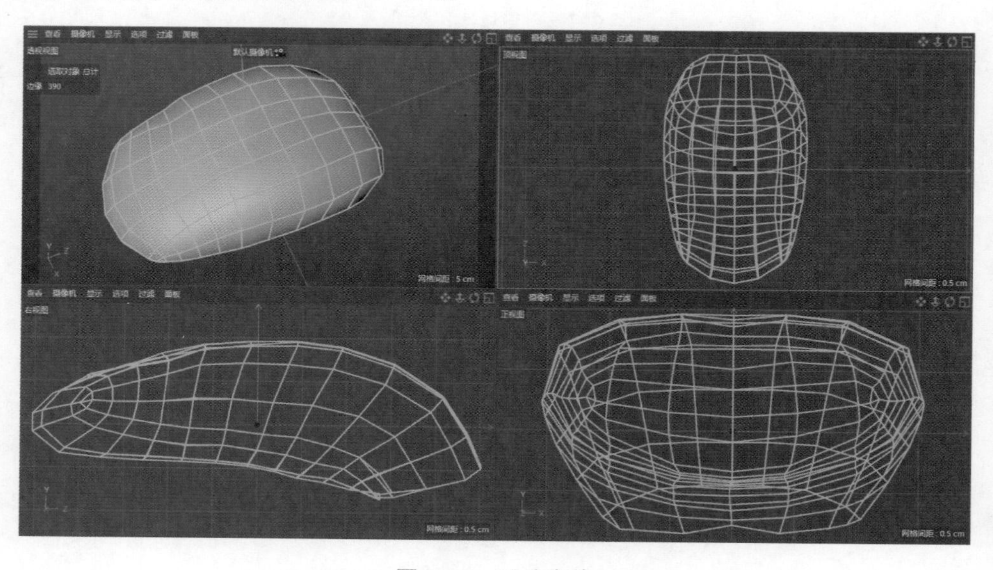

图 3-59　舌头布线

3. 牙齿与牙龈的网格分布

牙齿与牙龈也可以使用立方体进行变形制作。现实中人的牙齿有 28 ～ 32 颗，可以根据需要进行增减。另外，通常情况下也需要制作上下牙床，并将牙齿镶嵌在牙龈内（图 3-60）。

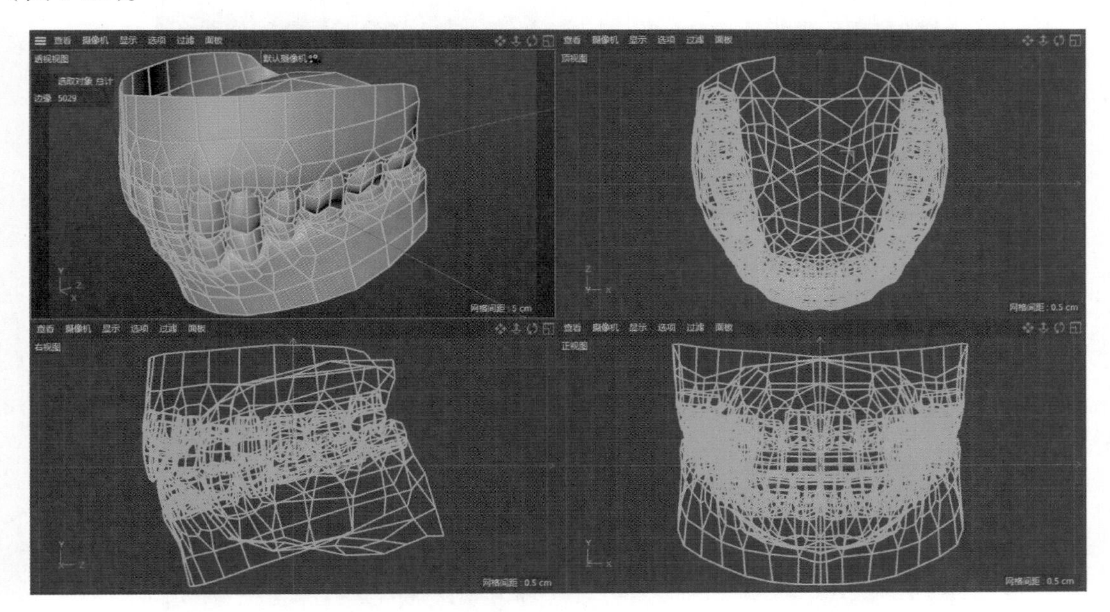

图 3-60　牙齿与牙龈布线

3.3　数字人的 UV 网格拆分与纹理绘制

在一些结构比较复杂的模型上，需要制作一些贴图并准确地映射到模型上。因为绘制的贴图是在一个二维平面上，而模型位于三维空间，所以需要将模型的三维点坐标信息（*x*，*y*，*z*）映射到二维平面的 UV 坐标上（U—水平方向，V—垂直方向），以方便后续的贴图绘制。本节将介绍如何在 C4D 中进行 UV 网格拆分并绘制贴图。

3.3.1　C4D 中 UV 网格拆分

（1）将模型导入 C4D，打开 UV 布局，界面选择 BP-UV Edit，使用 UV 编辑布局将 UV 相关工具直接显示在界面上，方便制作（图 3-61）。

（2）在对象管理器中选择目标模型，双击 UV 标签（图 3-62），可在左边“纹理 UV 编辑器”中查看当前 UV。

（3）如果当前选择的模型没有 UV 标签或想删除掉原有标签重新添加，可以在对象管理器中选中相应模型对象，右击，选择“材质标签”→“从投射设置 UVW”（图 3-63）。

（4）切换到面模式，选择模型所有面，在界面左下方选择“投射”→“前沿”，可以在纹理 UV 编辑器中看到当前视角投射出的网格形态（图 3-64）。

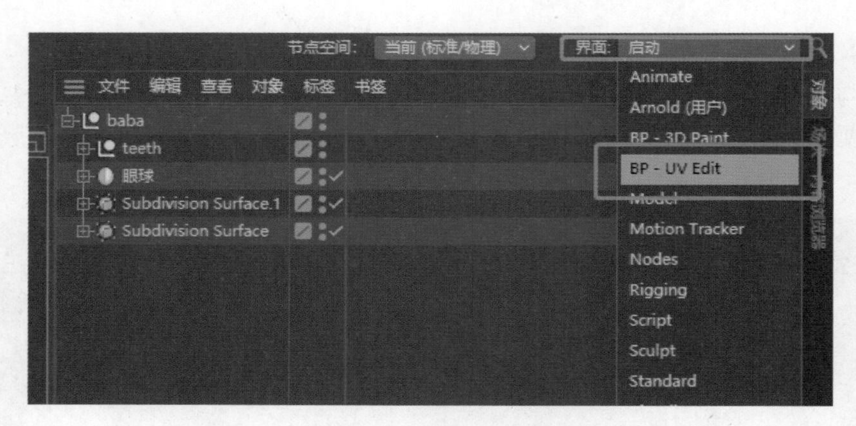

图 3-61 打开 UV 布局

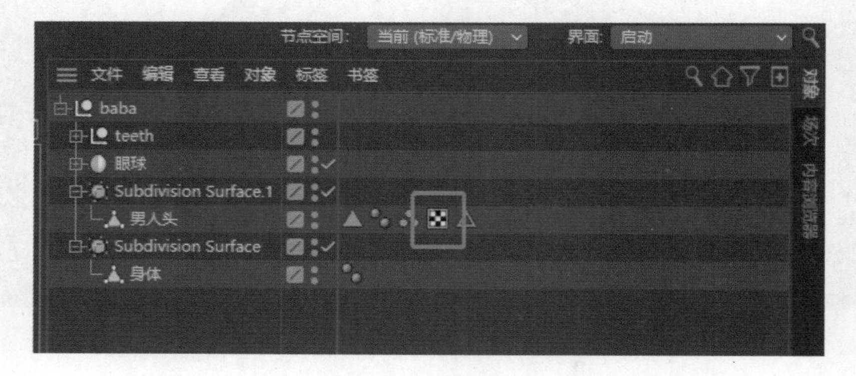

图 3-62 双击 UV 标签

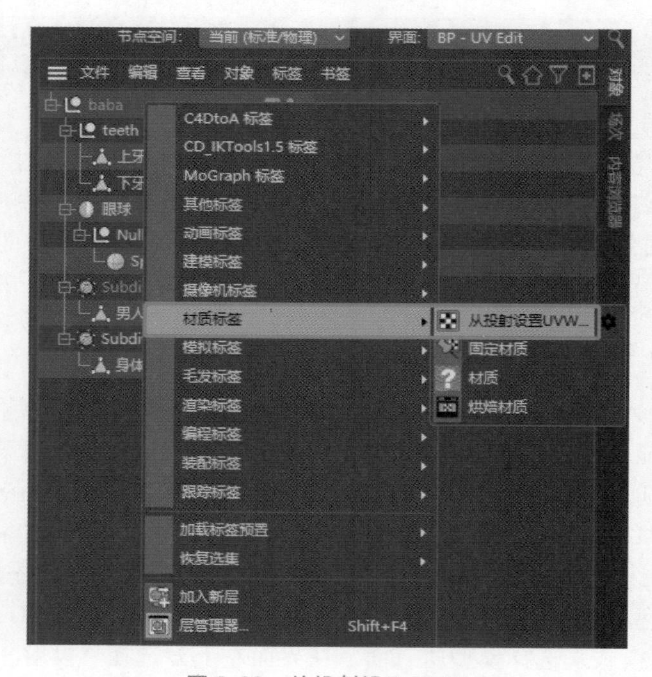

图 3-63 从投射设置 UVW

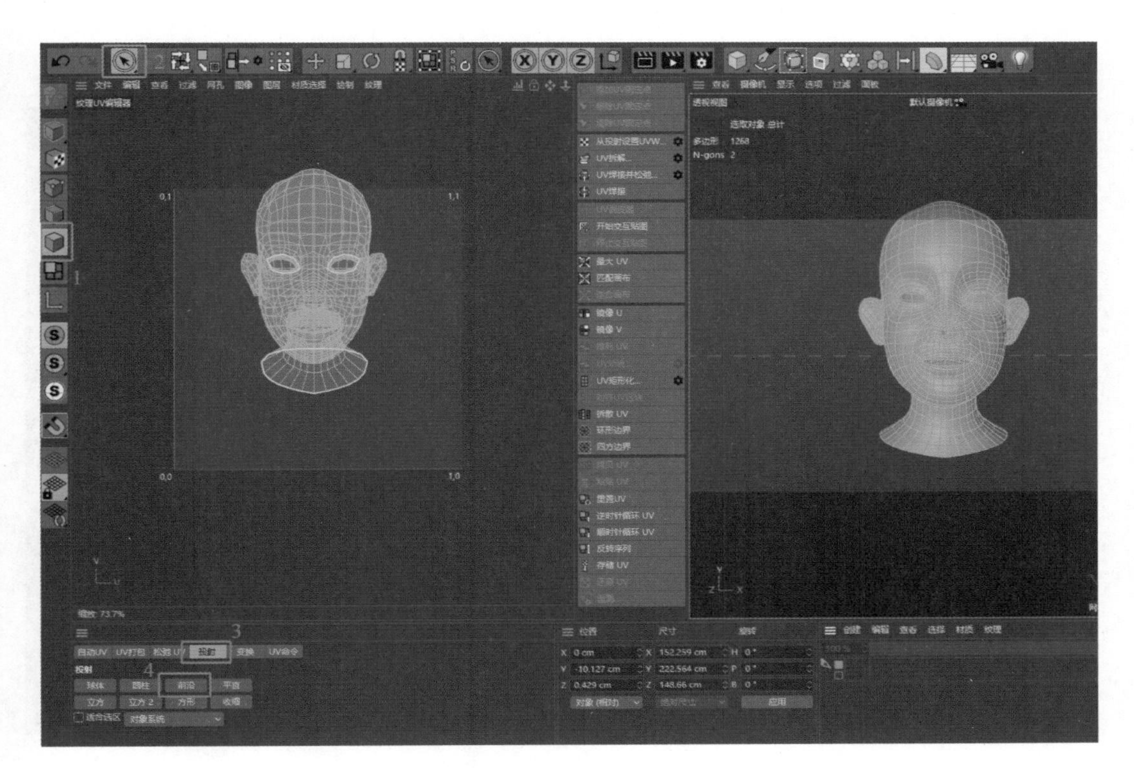

图 3-64 前沿投射模式

（5）切换到线模式，使用“选择”工具选择分割线，按住 Shift 键加选，按住 Ctrl 键减选（可以根据线的特点选择不同的选择工具），然后选择“UV 拆解”命令。注意要先拆复杂部位，例如，人头部分先将耳朵拆分出来（图 3-65）。

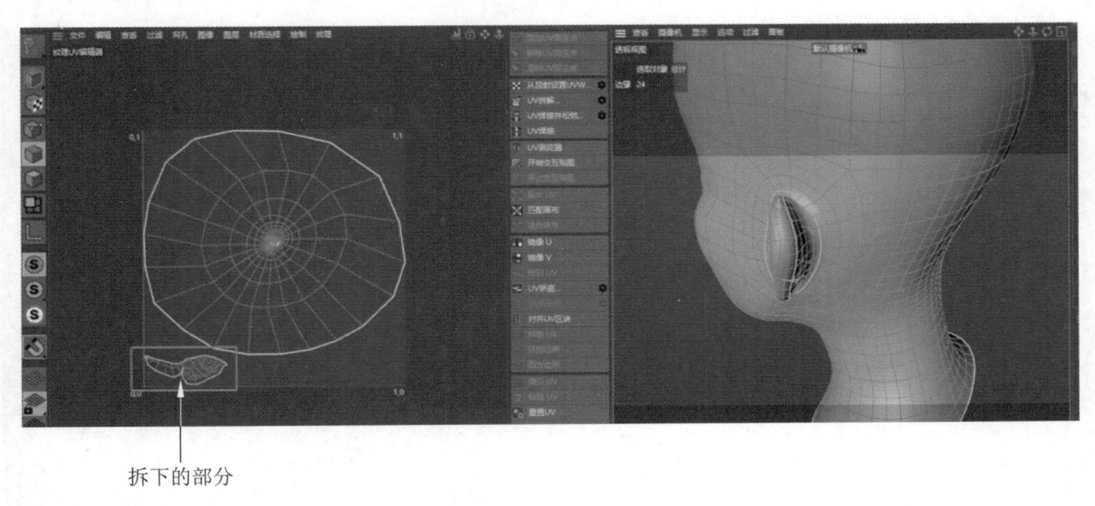

图 3-65 拆分耳朵

（6）为避免干扰后续拆分，可以切换到面模式，选择拆下来的部分，使用“UV 变换”工具调整大小和位置，然后再使用“隐藏显示”工具隐藏（长按可切换显示模式，只有面模式下可以使用），如图 3-66 所示。

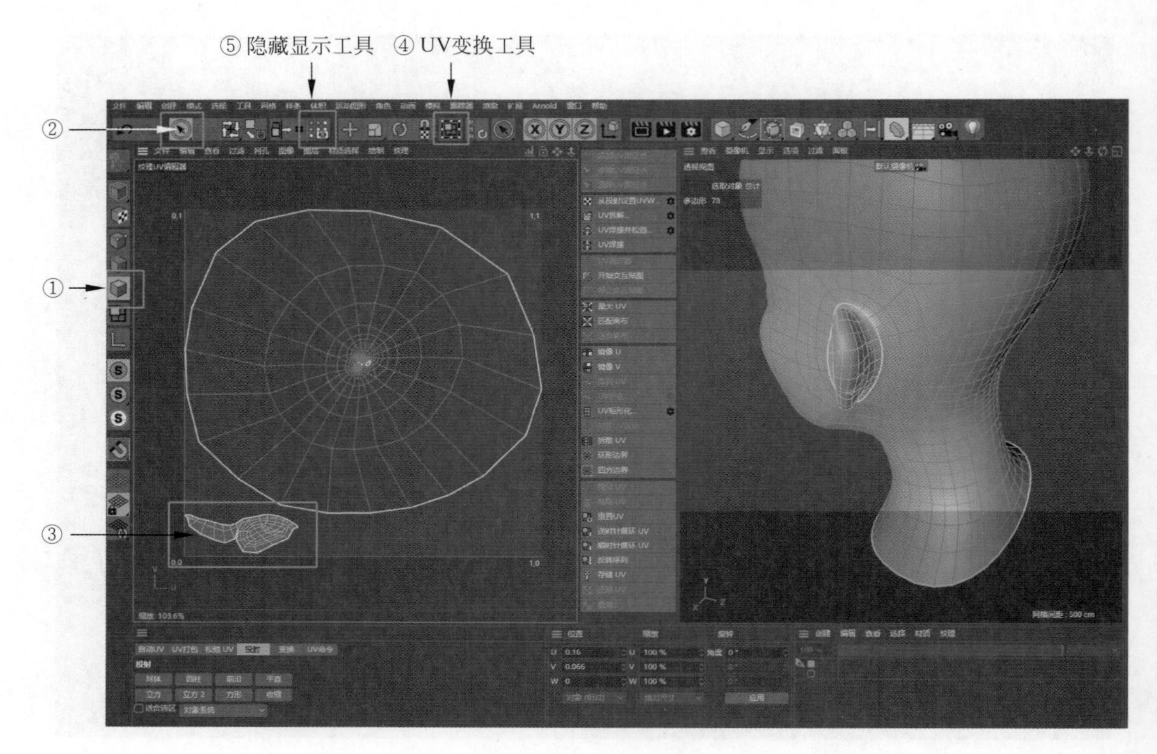

图 3-66　隐藏局部

（7）人脸部分的拆解要尽量保持直立，方便后续画贴图。首先选择头部后侧对称线位置，将头部展开（图 3-67）。

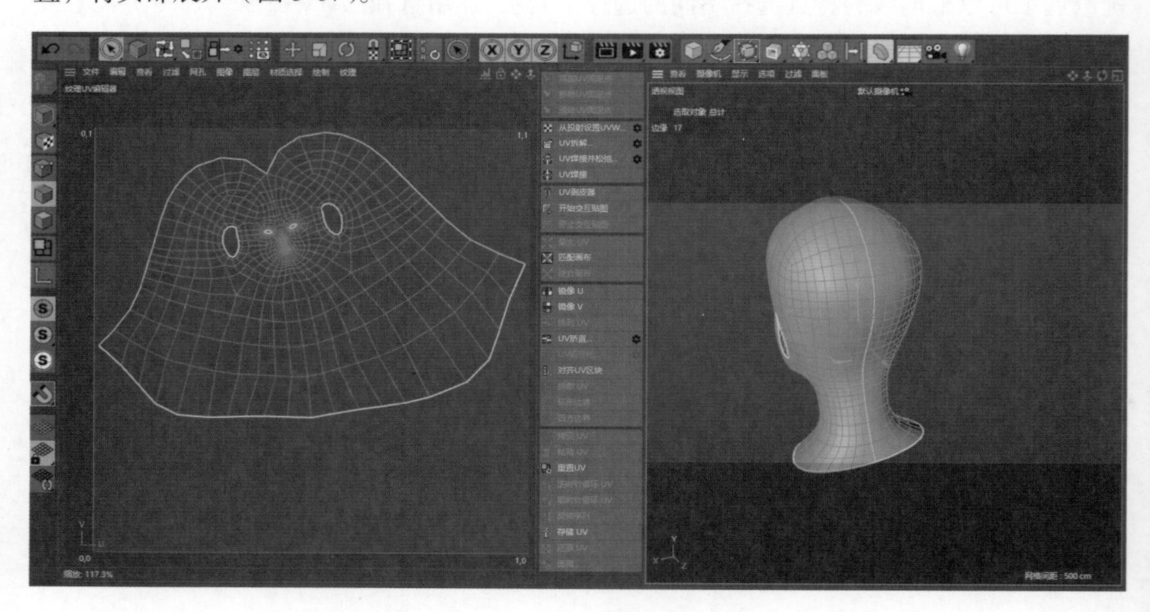

图 3-67　展开头部

（8）切换到线模式，选择人的中轴线→“对齐 UV 区块”→“UV 矫直”，此时中线变直，但位置偏移，可以使用“移动”工具拖曳调整，并保证点与点之间没有重叠（图 3-68）。

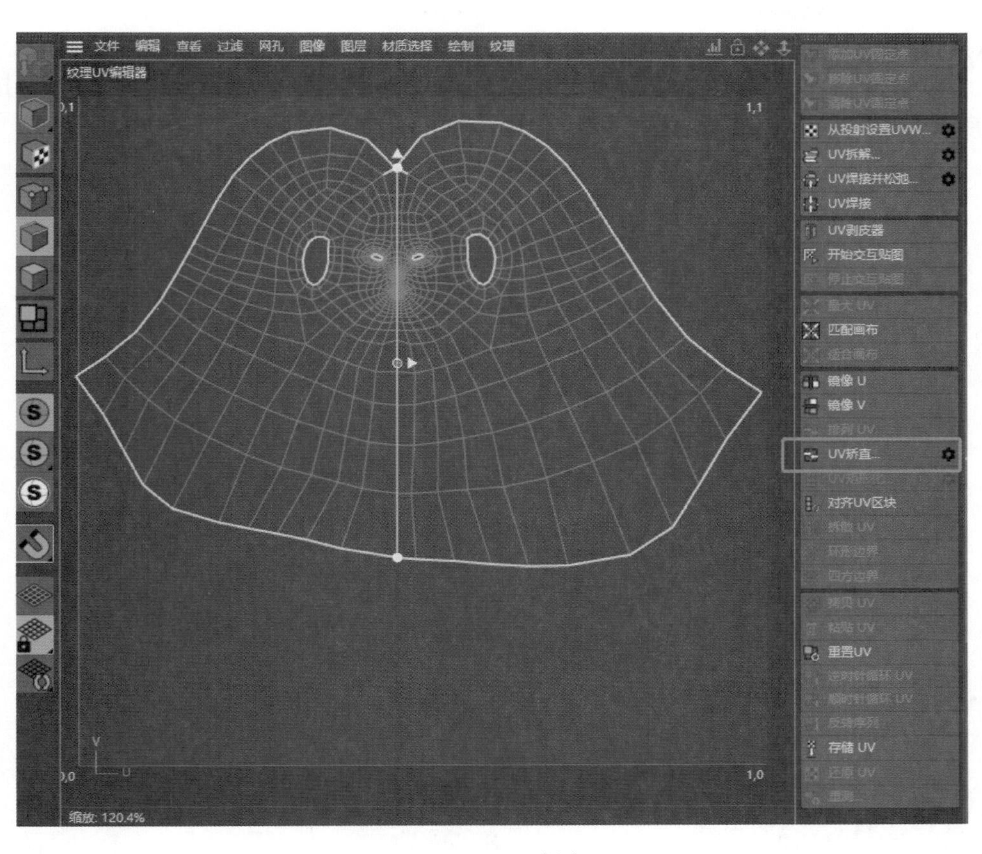

图 3-68　UV 矫直

（9）中轴线调整后，发现模型出现破损时（白色加粗线为模型边缘），可以切换为点模式，选中分裂的点，使用“焊接”工具再次连接起来，避免模型产生空洞（图 3-69）。

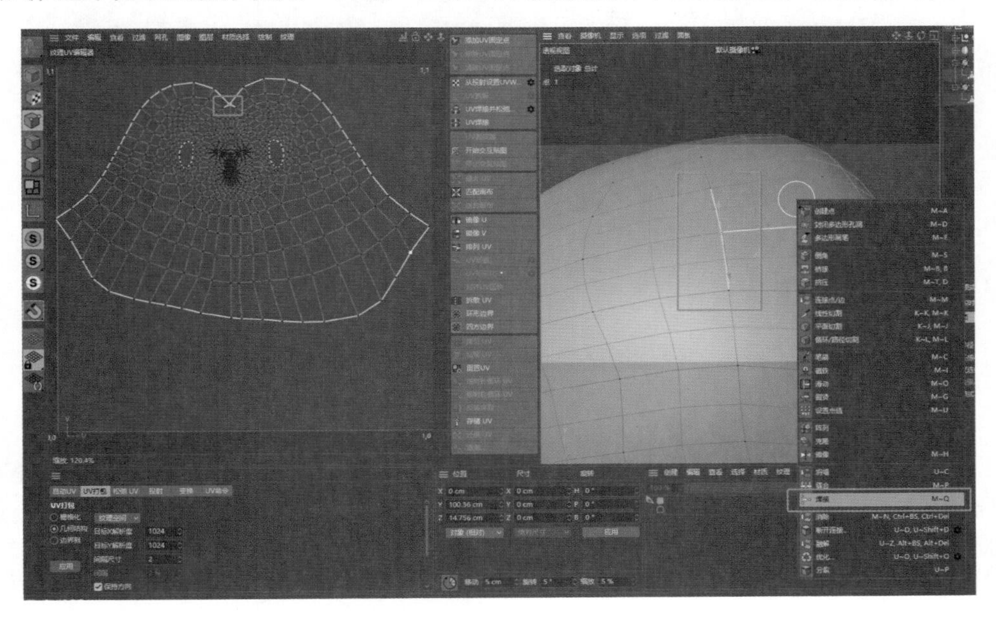

图 3-69　焊接分裂的点

（10）回到线模式，中轴线点亮，按住 Shift 键再次切换到点模式，此时中轴线上点被点亮，然后选择左下管理器中的“变换”选项，将 X 轴的缩放改为 0，单击“应用”按钮，保证所有的点对齐（图 3-70）。

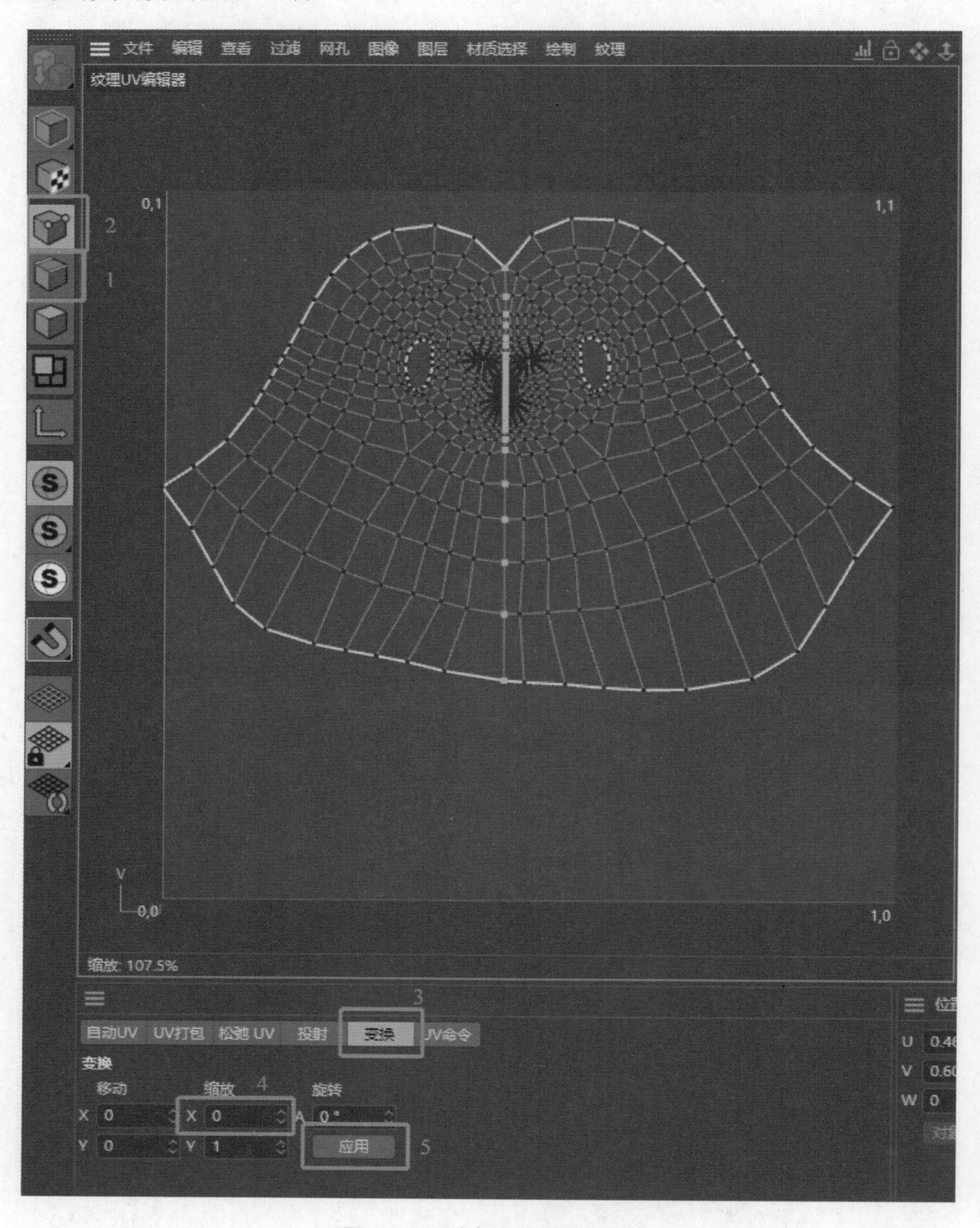

图 3-70　对齐中轴线上的点

（11）要想头部的 UV 对称，在点模式下选择“添加 UV 固定点”命令，选择左下管理器中的“松弛 UV”选项，取消勾选“固定边界点”并勾选“固定点选集”→选择 LSCM 模式→单击“应用”按钮，可以看到头部的网格此时已经对称（图 3-71）。

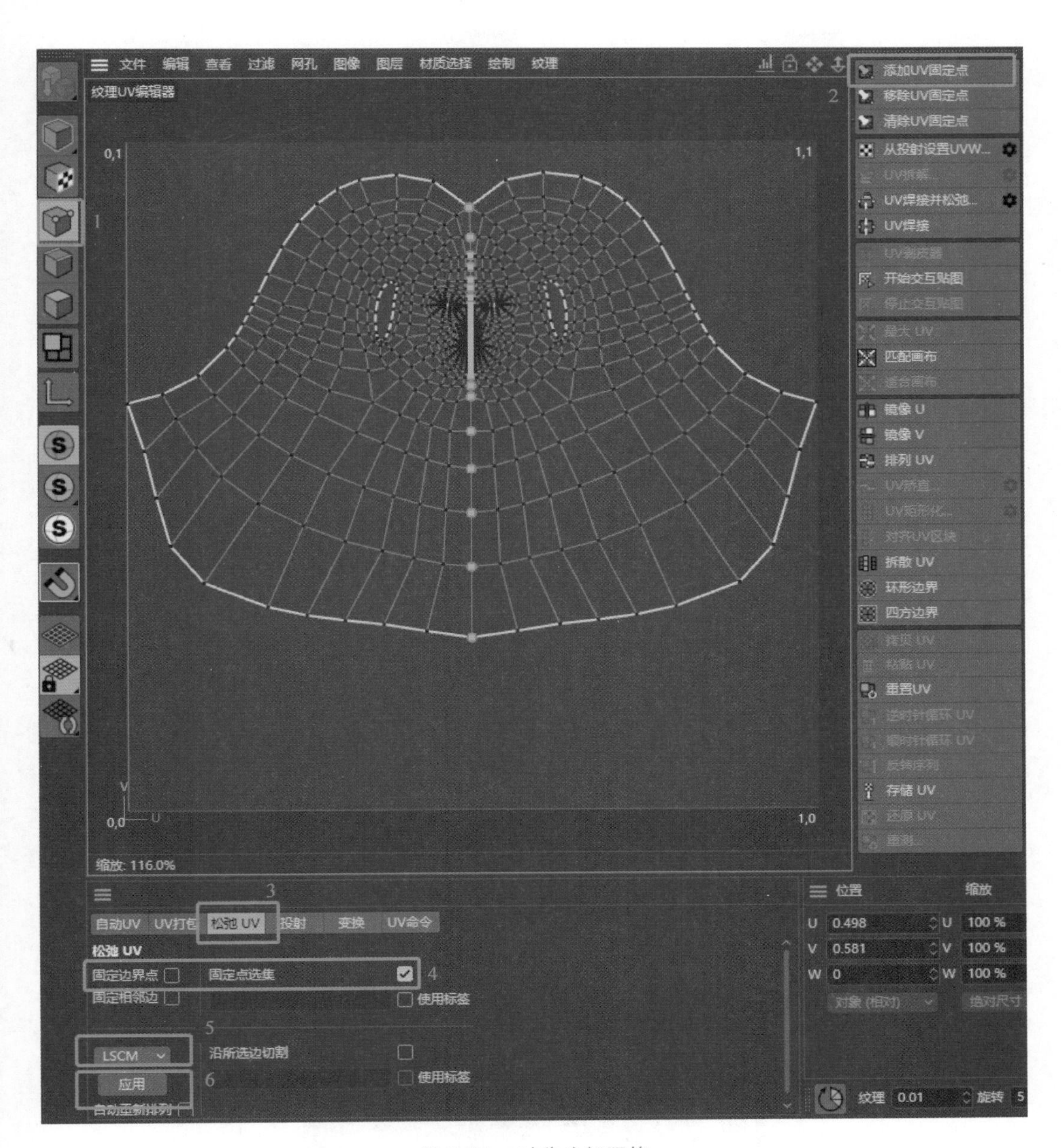

图 3-71　对称头部网格

（12）选择左下管理器中的“UV 打包”→“几何结构”→“保持方向”，单击“应用”按钮。此时网格被放置在合适位置（图 3-72）。

（13）完成后选择“清除固定点”命令，再将之前隐藏的部位显示出来，完成 UV 拆解（图 3-73）。

（14）在拆解身体其他部位时采用上述同样的方法，对于袖子、裤腿、前胸等可以拆成直筒形的部位，在拆解后使用“UV 矩形化”“命令”平整 UV 网格（图 3-74）。

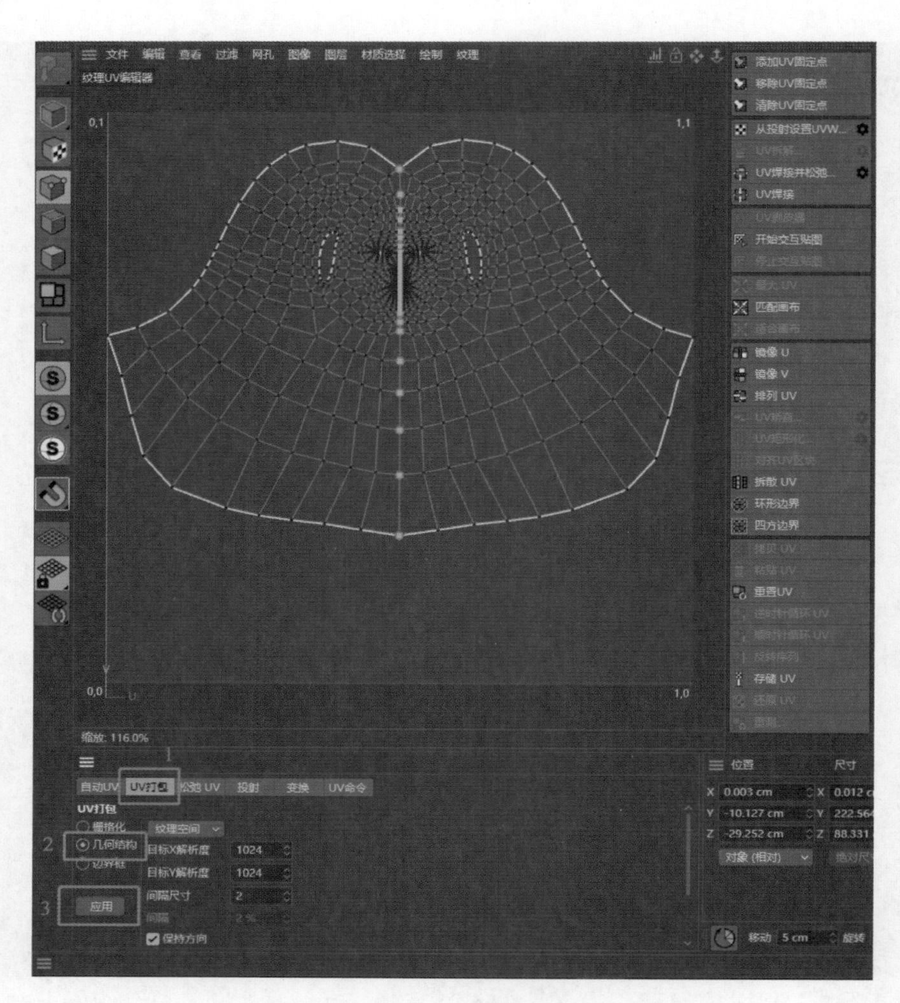

图 3-72　排列网格位置

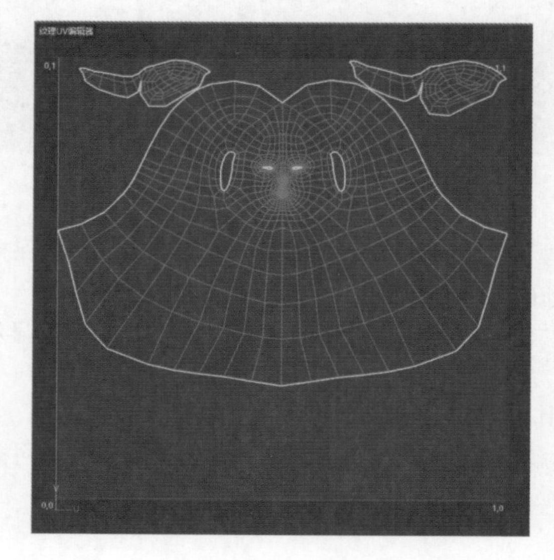

图 3-73　显示所有网格

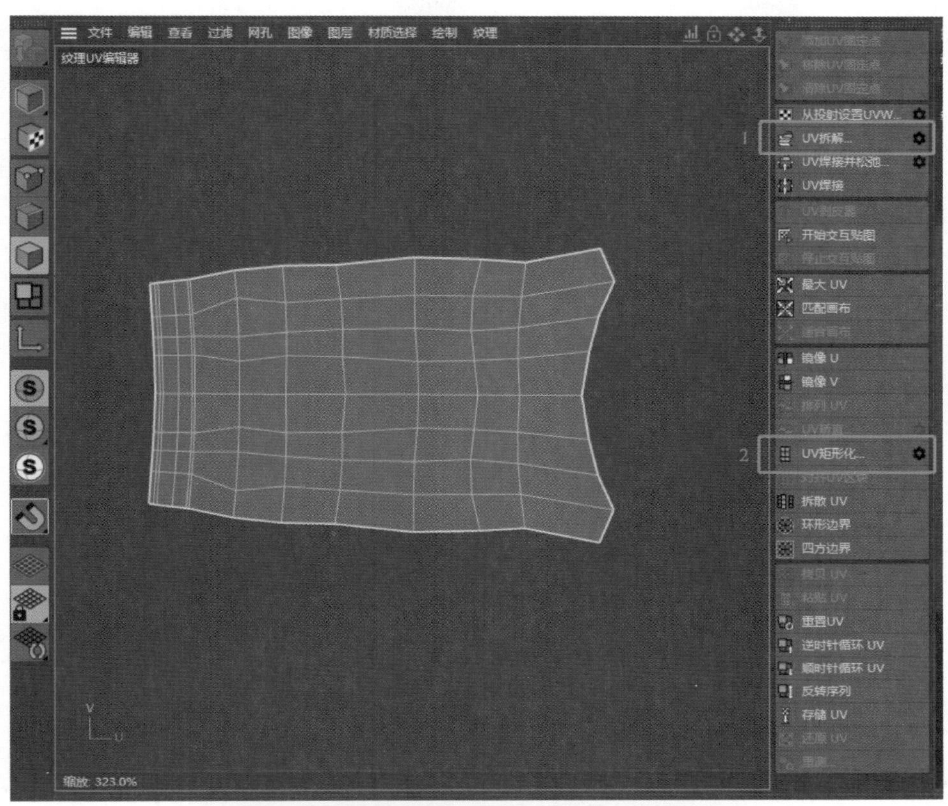

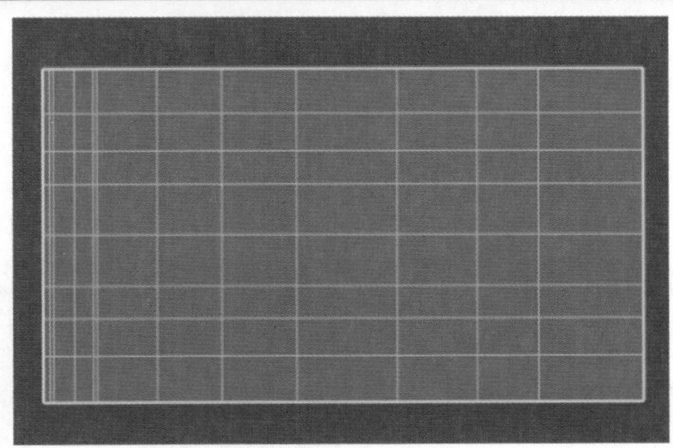

图 3-74 平整 UV 网格

小贴士

1. 拆 UV 原则

（1）UV 的分割线放在摄像机看不到或一些看不出分割痕迹的结构线上，如裤缝线等。

（2）尽可能提高 UV 的空间利用率，UV 纹理图尽量填满，不留空隙。

（3）拆下的 UV 不能超出 UV 纹理空间。

（4）UV 各部分不能有重叠。

（5）尽量减少拆分的数量，能连到一起的连到一起。

（6）UV 有反正，要检查网格的法线的正反，正面为橙色，反面为蓝色。

2. 选择工具

在 C4D 中，除了顶部工具栏中常用的选择工具，在菜单中还有许多便捷易用的选择工具，帮助用户提高效率。

（1）工具栏中的选择工具，如图 3-75 所示。

（2）菜单中其他的选择工具，如图 3-76 所示。

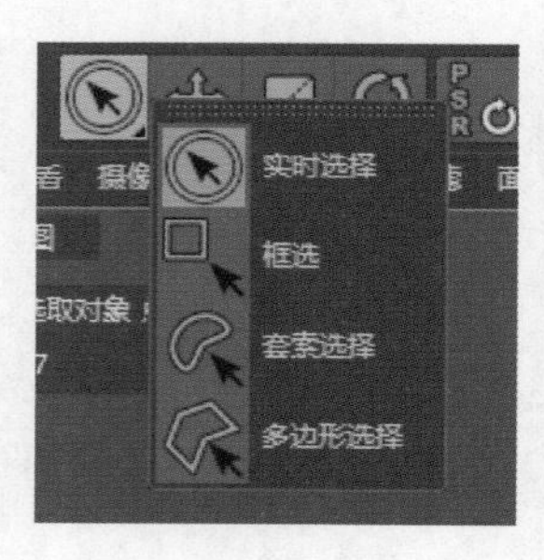

图 3-75　选择工具

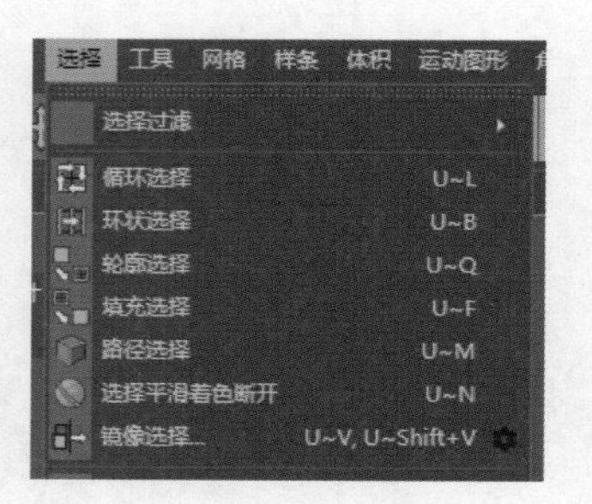

图 3-76　其他的选择工具

3.3.2　纹理导出与绘制

本小节通过制作简单的人头像介绍如何导出和绘制 UV 贴图，需要用到 C4D 和 Photoshop 两个软件。

（1）在 C4D 中准备好已经拆好 UV 的模型。可按 Shift 键，双击“UVW 标签”快速查看 UV（图 3-77）。

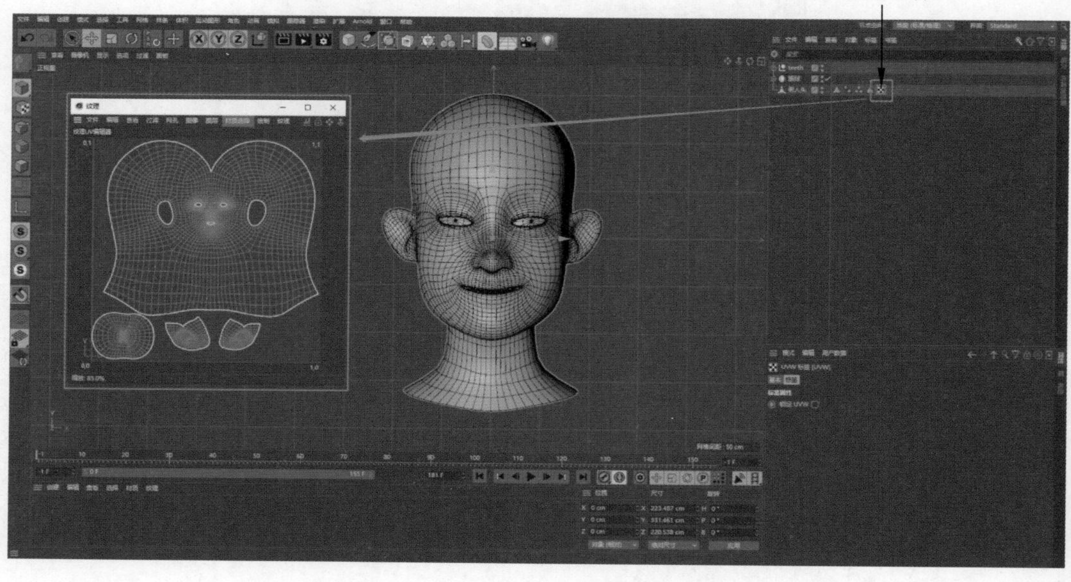

图 3-77　快速查看 UV

（2）在材质面板空白处双击新建材质球（图 3-78），双击材质球，进入“材质编辑器”对话框，勾选“颜色”复选框（图 3-79）。

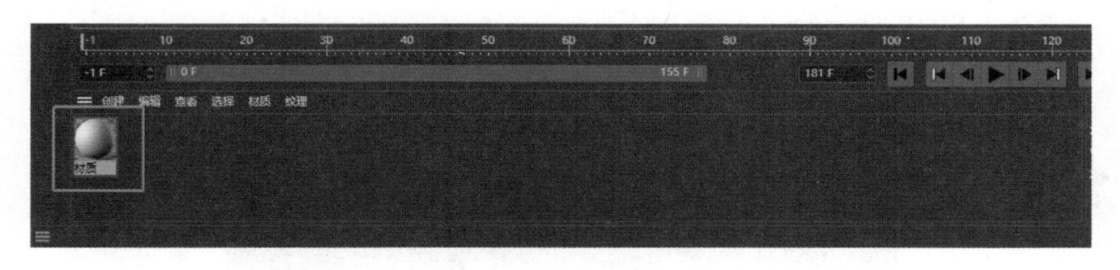

图 3-78　新建材质球

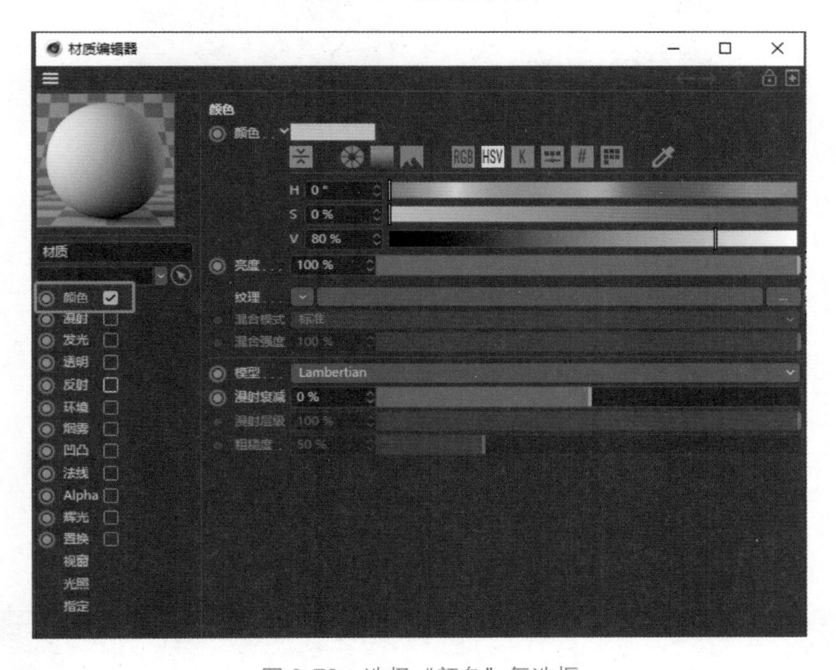

图 3-79　选择“颜色”复选框

（3）选择右侧参数中纹理旁的箭头，选择“创建纹理”命令（图 3-80）。

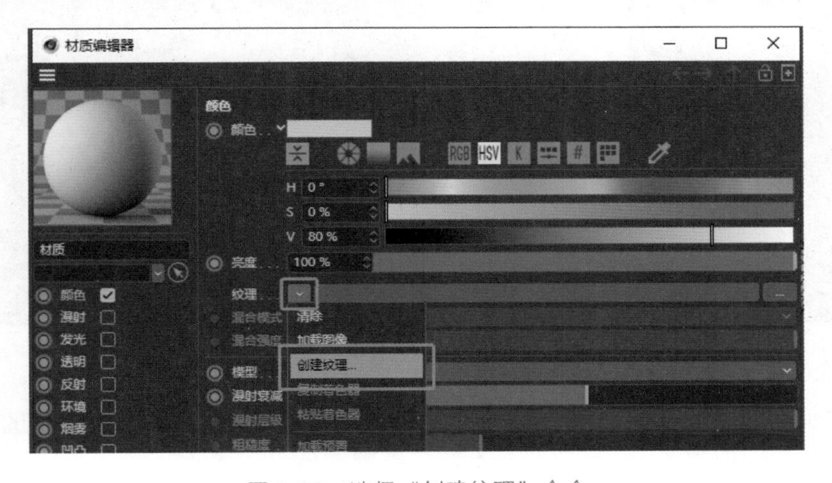

图 3-80　选择“创建纹理”命令

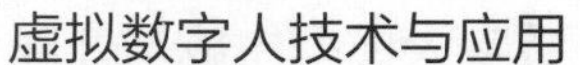

（4）设置纹理参数，修改名称、纹理的宽度和高度，通常情况下应设置为 2 的幂次方，便于系统利用 MipMap 技术实现 GPU 渲染加速。分辨率默认为 72 即可，无须修改。纹理底色在下方 H、S、V 项中修改（图 3-81）。

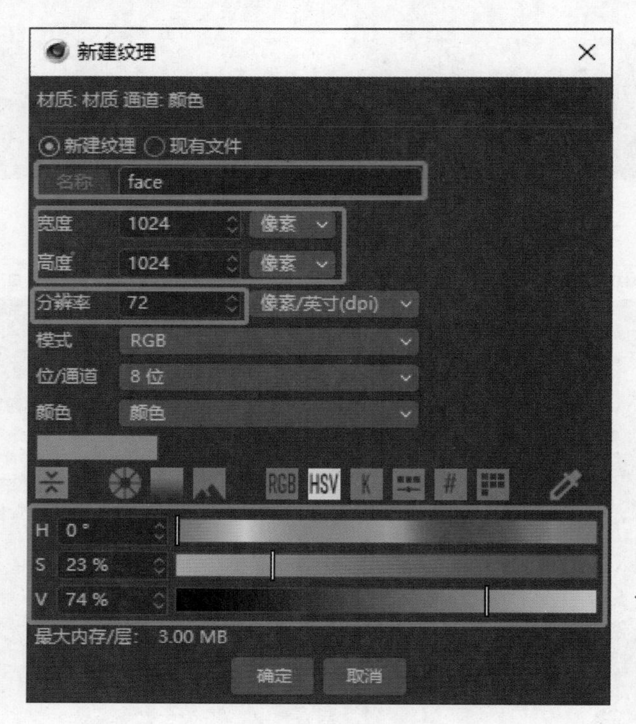

图 3-81 新建纹理

（5）切换到 BP-UV Edit 布局（图 3-82）。

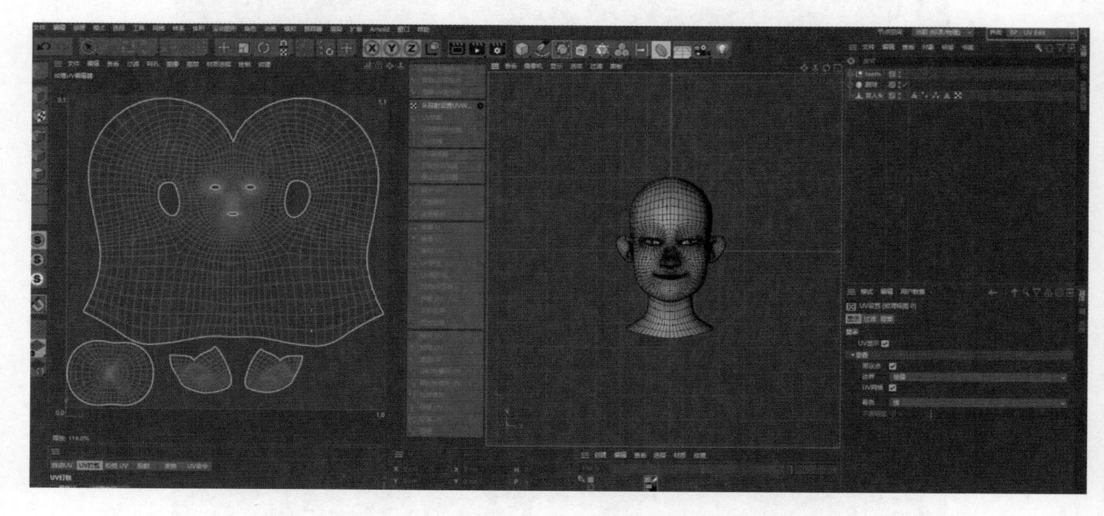

图 3-82 切换布局

（6）将材质球拖曳到模型上，赋给模型材质（图 3-83），并将材质球上的叉号关闭，关闭后，左侧的纹理 UV 编辑器将自动加载好纹理底色。

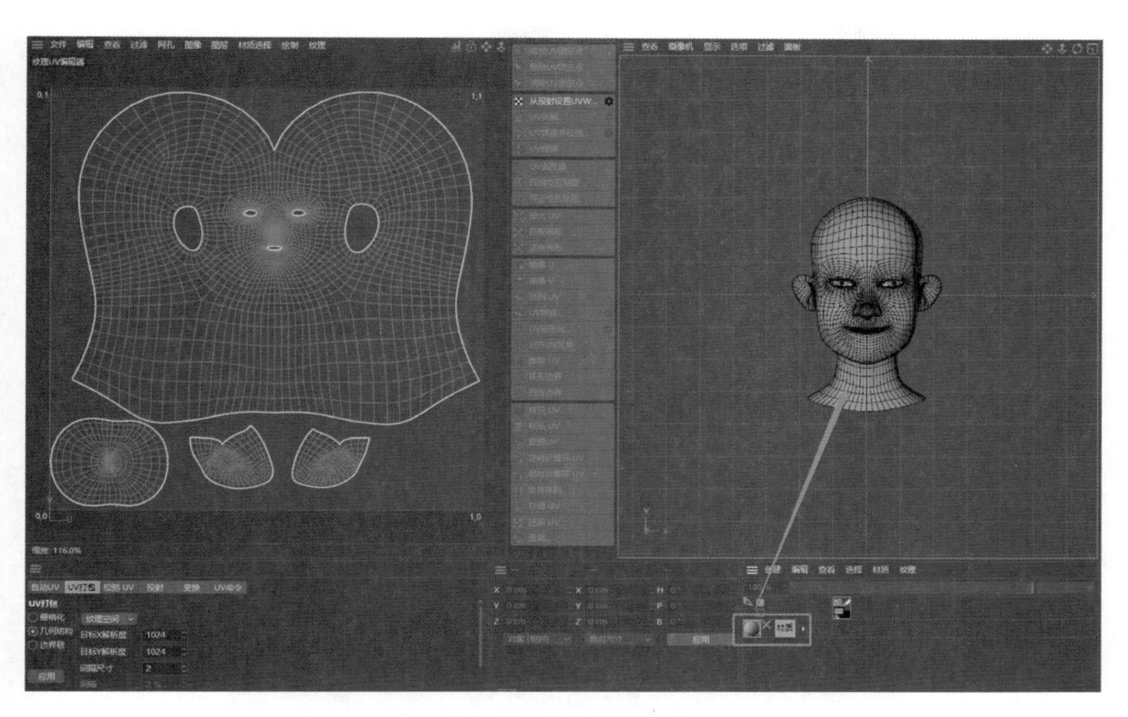

图 3-83　赋予模型材质

（7）单击材质球上的颜色，可设置笔刷的颜色，设置完成可以在模型的关键位置用笔刷做记号，如眉毛、眼角、鼻翼、嘴角等（图 3-84）。

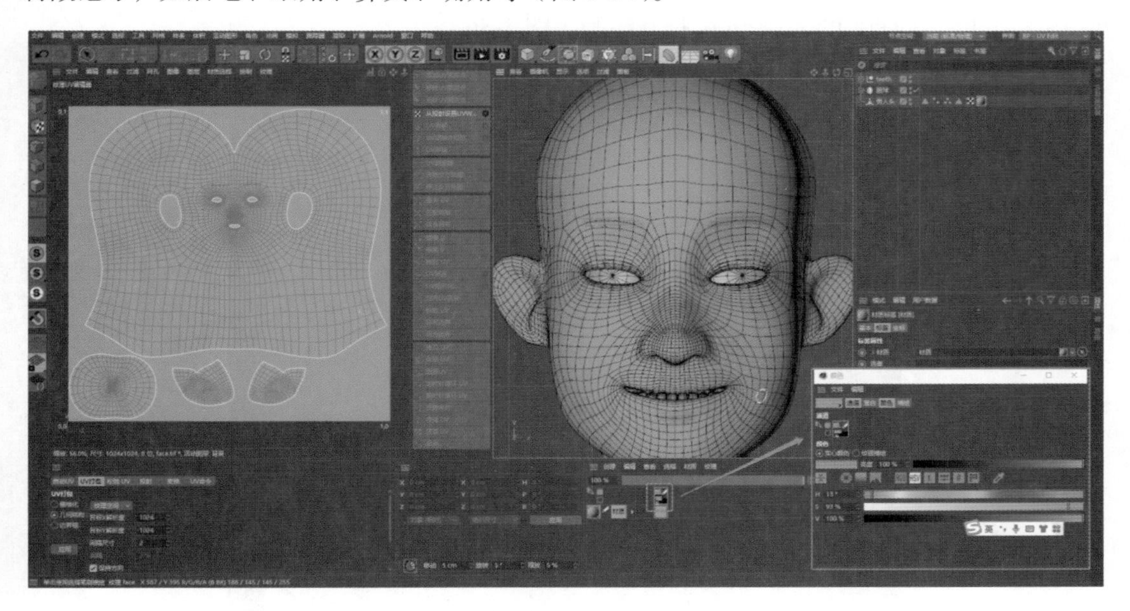

图 3-84　在关键位置做记号

（8）在纹理 UV 编辑器菜单中找到“图层”菜单，选择“创建 UV 网格层”命令，将新建一层 UV 网格参考图层（图 3-85）。

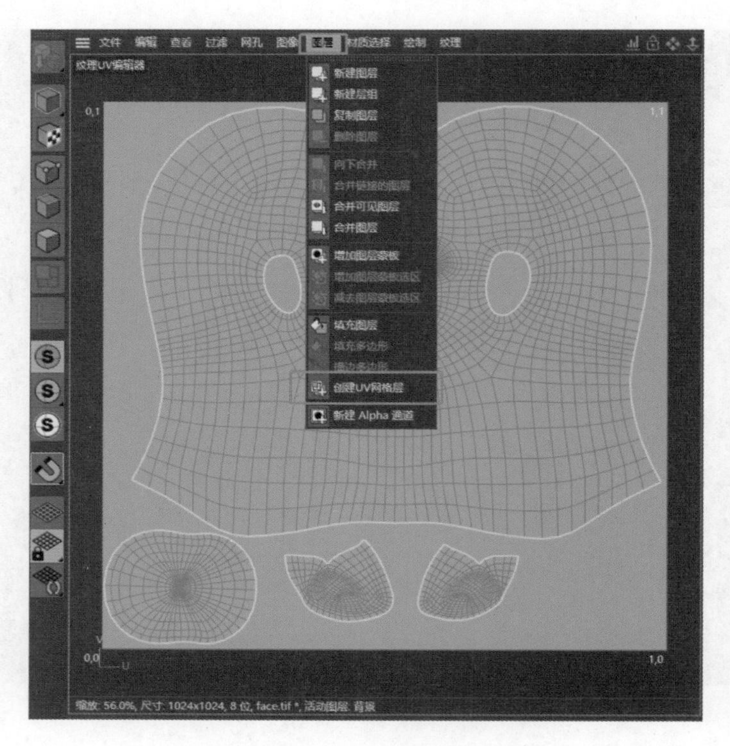

图 3-85　创建 UV 网格层

（9）在“纹理 UV 编辑器”菜单中找到“文件”菜单，选择“另存纹理为”命令，导出 PSD 格式，方便在 Photoshop 中打开绘制（图 3-86）。

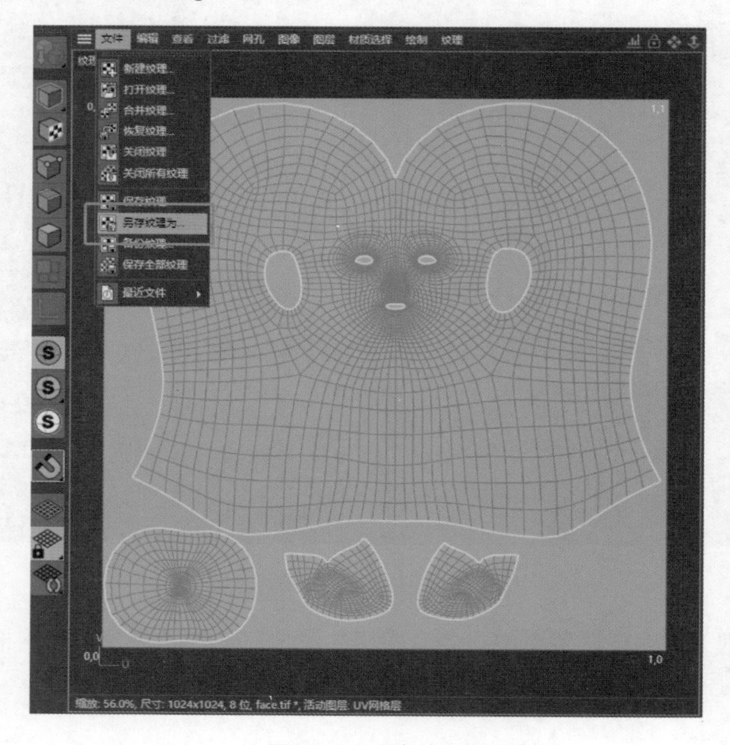

图 3-86　另存纹理

（10）按 Ctrl+S 组合键保存文件后关闭 C4D，打开 Photoshop，再打开导出的 PSD 文件，可以看到有网格与自己绘制的图层（图 3-87）。

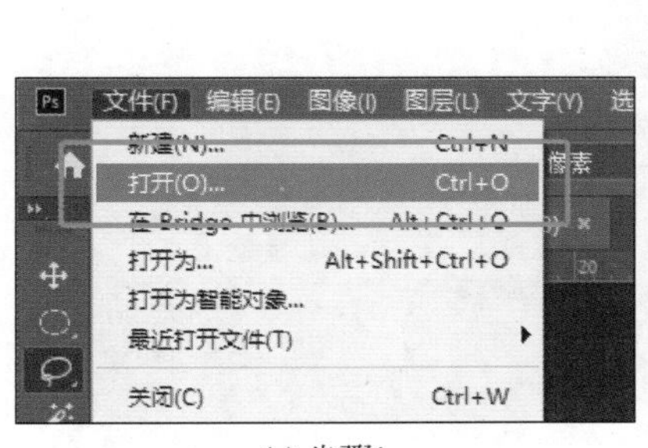

(a) 步骤1

(b) 步骤2

图 3-87　将文件导入 Photoshop

（11）选择“画笔”工具，根据参考网格绘制头部，绘制时，颜色可以超出网格范围，绘制完成后将底色和参考网格图层关闭，导出纹理，JPG、PNG 等常用格式均可（图 3-88）。

图 3-88　绘制纹理

（12）重新打开 C4D，双击材质球，打开“材质编辑器”对话框，在“颜色”选项卡下的“纹理”中找到纹理所在位置，导入新绘制的纹理贴图（图 3-89）。

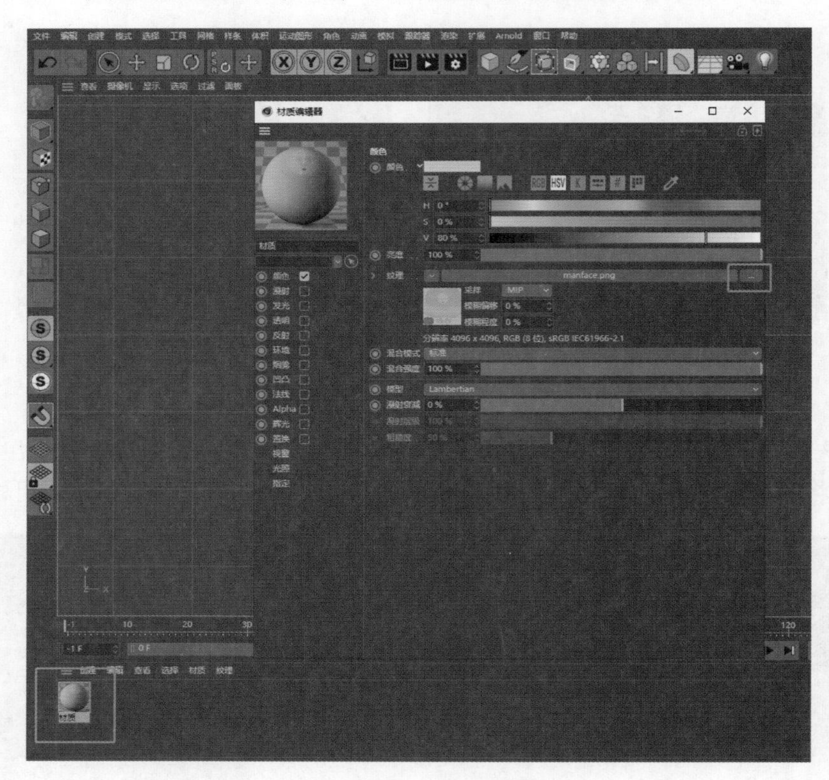

图 3-89　导入纹理贴图

选择视图菜单中的“显示”→“光影着色”（N+A），可以看到纹理效果（图 3-90）。

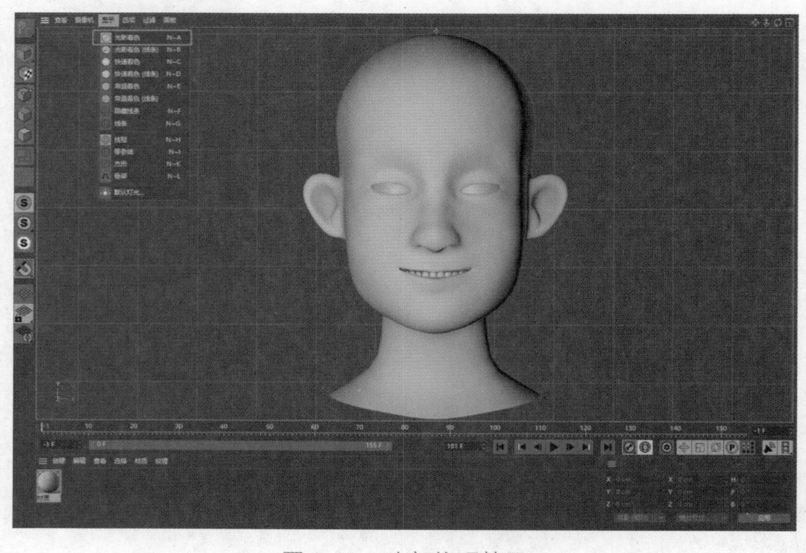

图 3-90　头部纹理效果

（13）模型的其他部位的颜色贴图同样使用上述方法一一绘制。

课后练习

1. 请使用书中介绍的简易人物建模工具设计一个自己的数字人形象。

2. 请使用 C4D 建模一个数字人的头部、身体、眼睛、牙齿、舌头。

3. 请将自己建模好的数字人进行 UV 网格拆分并上色，完成属于自己的数字人基础形象设计。

第4章

数字人毛发制作

本章导语

本章以人物模型头发的制作为例，使用建模软件 Maya 系统学习数字人毛发部分的制作（不包含动力学部分）。主要使用到 Maya 中 XGen 毛发制作插件，该插件采用一种几何体替代技术。通过该插件，用户可以在多边形物体上创建随机分布或者均匀分布的巨量基本单元（primitive）。最早使用 XGen 毛发制作插件的是 2010 年迪士尼的第一部 3D 电影《魔法奇缘》，其中长发公主的长发全部使用 XGen 制作。之后 XGen 在 Maya 2014 中正式推出，如今一直被集成在 Maya 中。利用该插件，在数字人应用中可完成模型的头发、眉毛、胡须、睫毛等的制作。

学习目标

- 掌握数字人毛发制作流程。
- 掌握毛发制作插件的使用方式。
- 熟练使用 Maya 完成数字人毛发制作。

4.1 毛发制作插件——XGen

XGen 能够实现数量可调整的基本单元实例化，基本单元的数量可以非常大，产生的基本单元以随机或均匀方式分布于多边形网格表面。同时，XGen 还能够以程序方式创建角色的毛发和羽毛。就布景而言，XGen 可实现快速填充大规模环境，包括草原、森林、岩石地形和碎屑轨迹。具体界面如图 4-1 所示。

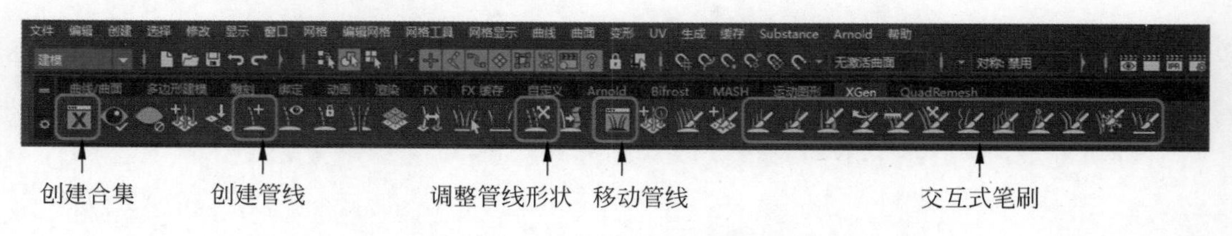

图 4-1　Maya 的 XGen 插件界面

XGen 项目储存要点

（1）在使用该插件前，一定要先创建一个整体的项目，这样保存的文件会生成在项目窗口中，否则再次打开文件将会报错。

（2）项目命名要规范，要使用英文命名，不可使用纯数字或汉字。

（3）若间隔一些时日后，再次打开时发生报错或文件丢失，可单击“文件”→“设置项目”→选中曾经创建该文件时的路径，单击“接受”按钮，随后重新打开文件即可（图 4-2）。

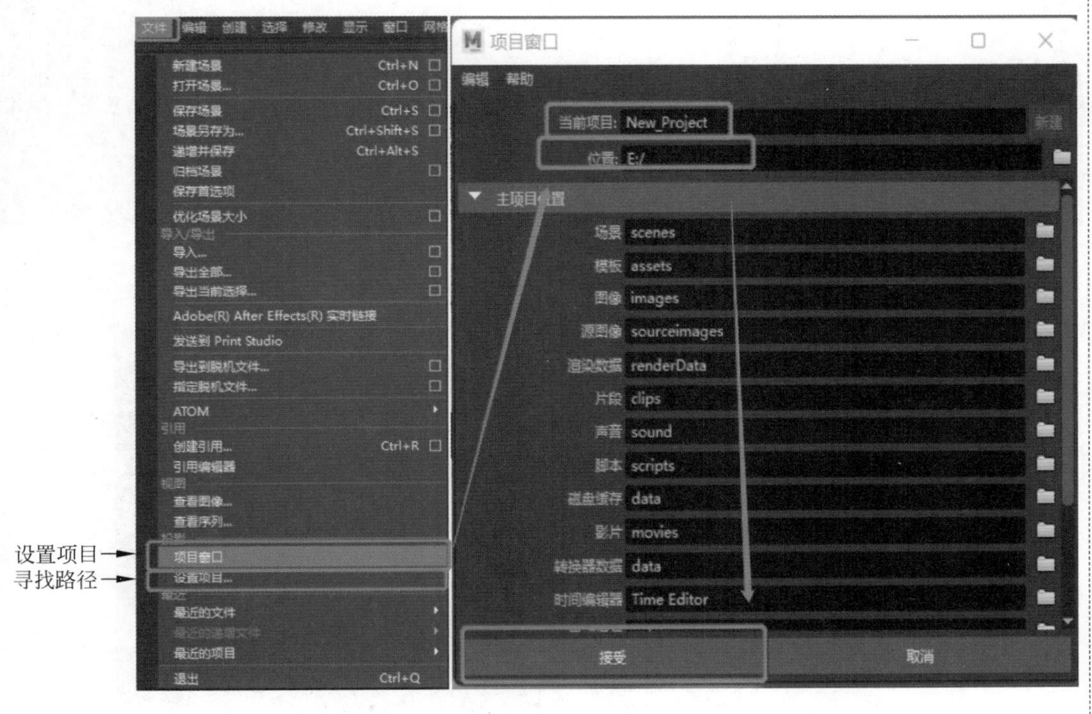

图 4-2　XGen 项目储存要点

4.2　案例练习——创建一组头发

4.2.1　管线创建

（1）选择模型头部需要创建头发的大致网格面（图 4-3），将网格面复制一层，选中这层网格面，单击“创建描述”，在相应地方输入头发管线父子级的名称，单击“创建”按钮即可（图 4-4）。

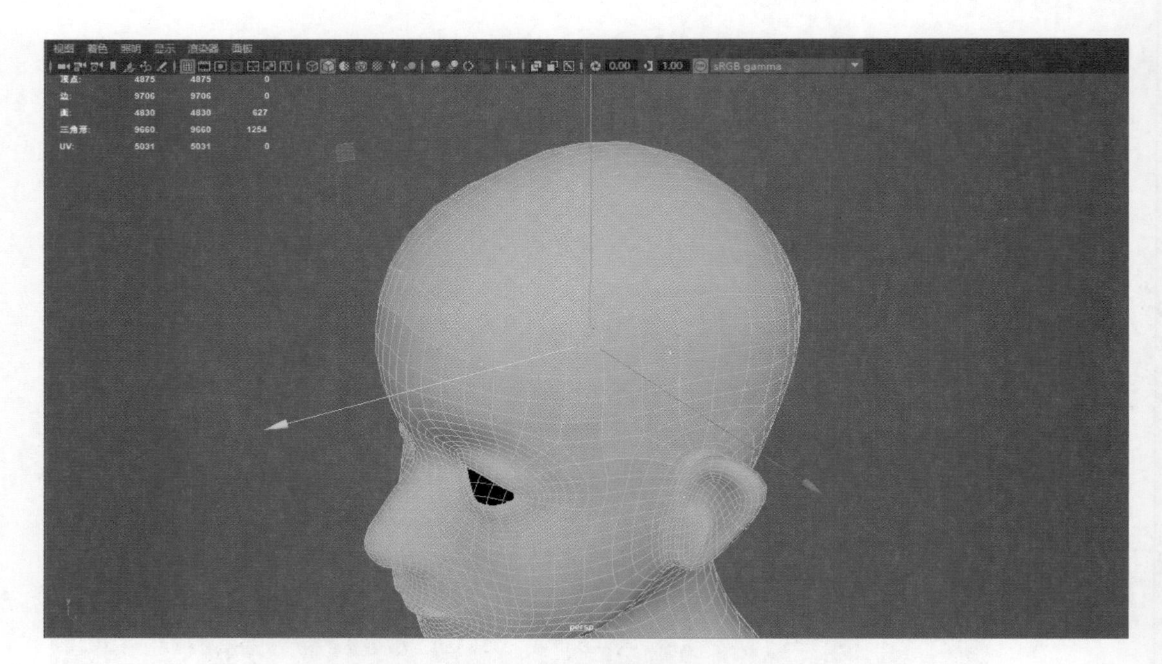

图 4-3　选中模型头皮网格

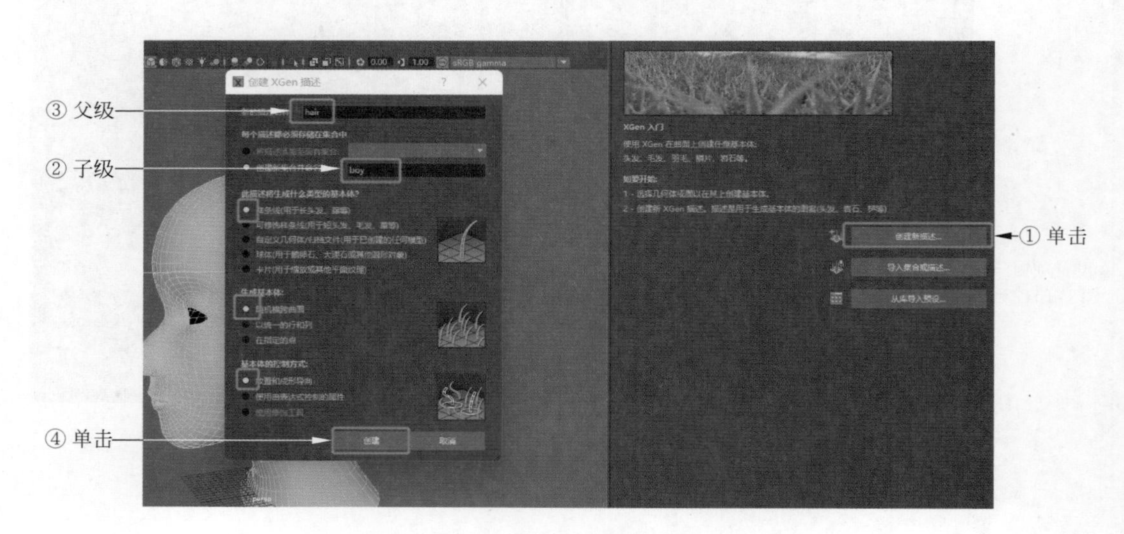

图 4-4　创建 XGen 描述

（2）在 XGen 插件中，单击创建管线工具，在模型的相应位置单击放置，选中头发管线（图 4-5），可使用旋转、缩放调整管线的长短和朝向。最终生成头发的朝向由管线的方向和疏密决定，在调整管线时，间隔疏密需要遵循一定的规律。这是一个漫长的调整过程，需要十足的耐心。

（3）在调整管线时，可选中所有毛发，单击“重建”按钮调整管线段数（段数越大，管线调整越灵活）；可单击“设置长度”按钮调整管线的长度（图 4-6），也可以使用缩放键直接调整。

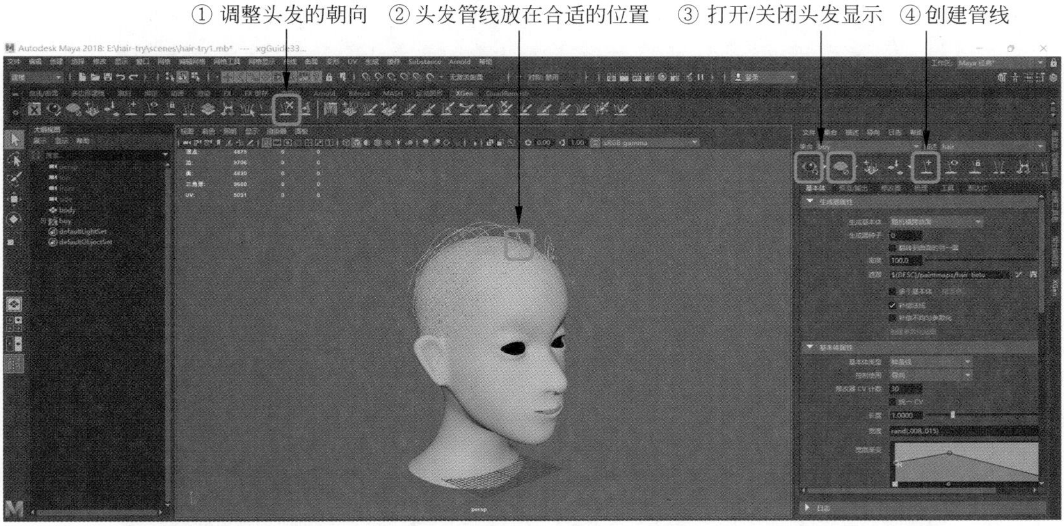

① 调整头发的朝向　② 头发管线放在合适的位置　③ 打开/关闭头发显示　④ 创建管线

图 4-5　创建毛发管线

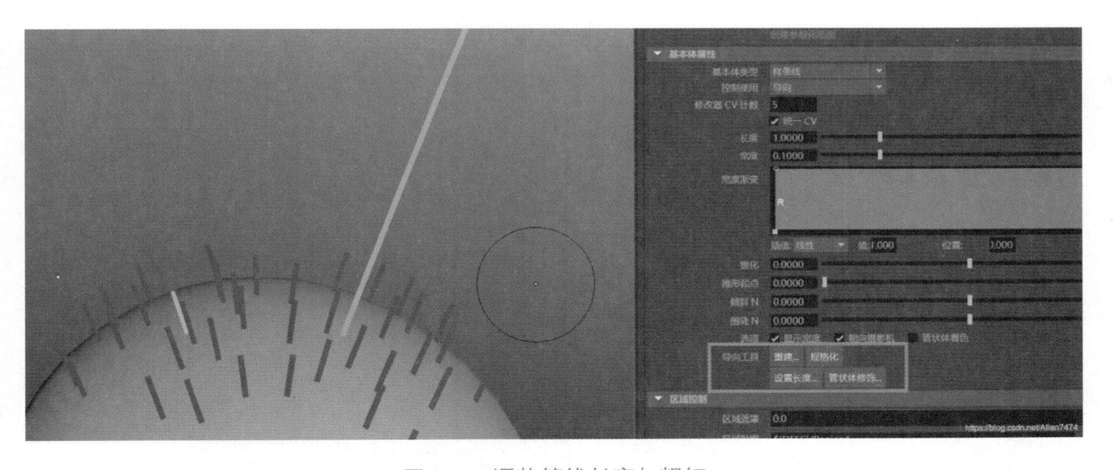

图 4-6　调整管线长度与粗细

小贴士

毛发刷新要点

XGen 毛发刷新时，将模型头部需要渲染毛发的部位，全部显示在预览窗口中，未出现在窗口的部分，将不会被渲染。

（4）在“生成器属性”选项区域中，可调整生成毛发密度（图 4-7），密度值大一些，模拟真实性较好（过大会造成卡顿，一般在 50 ～ 100）。设置“修改器 CV 计数”的值（生成后毛发的细分数值）应在 15 ～ 30。物理世界中，毛发的粗细并不统一，可输入表达式调整头发宽度（图 4-8）。

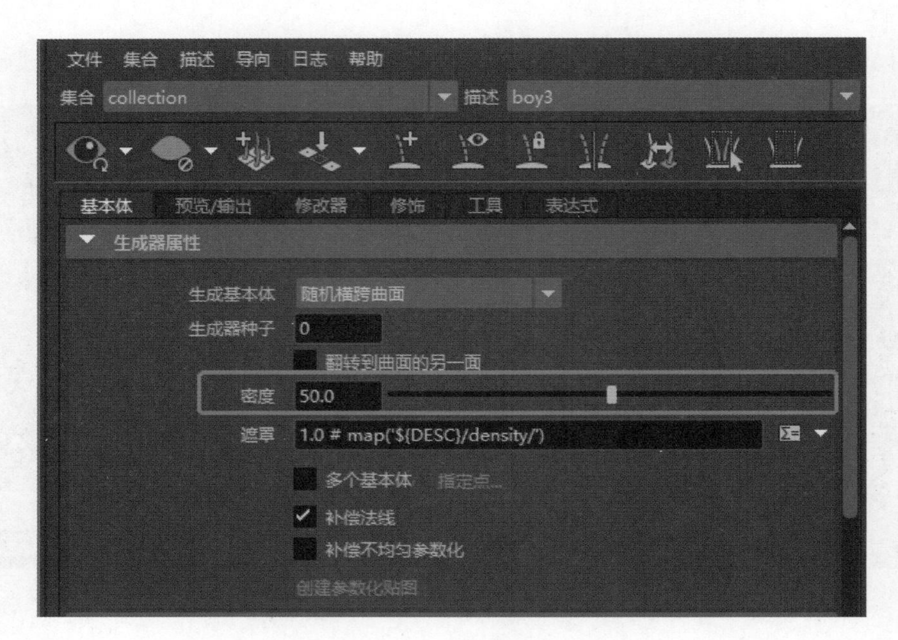

图 4-7 调整毛发密度

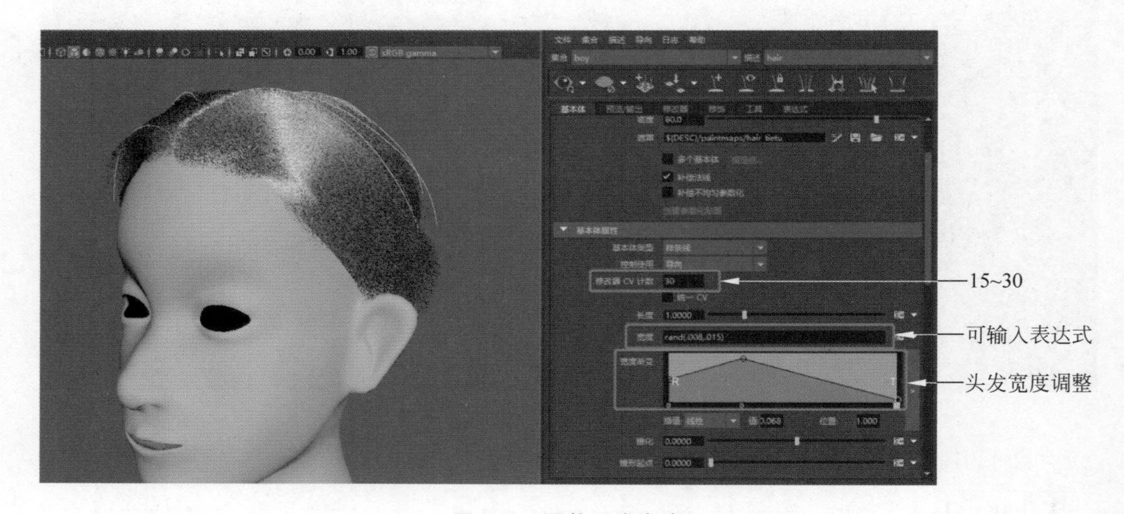

图 4-8 调整毛发宽度

4.2.2 绘制头发生长范围的贴图蒙版

可在其他三维软件中提前绘制或直接在 Maya 中绘制贴图蒙版。

1. 在其他三维软件中提前绘制

在 ZB、Maya、C4D 中，可直接按照模型毛发生长的区域，绘制黑白贴图，黑色为遮罩区域，毛发无法生长，白色为显示区域，毛发可以生长。在遮罩层中可导入已绘制好的纹理贴图（图 4-9）。

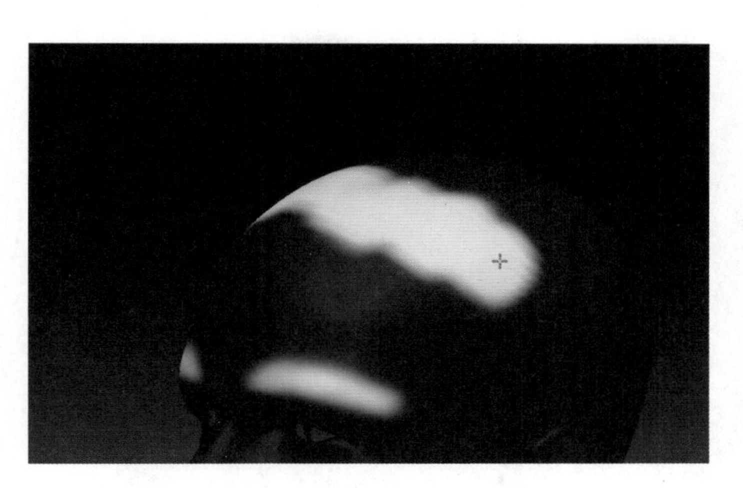

图 4-9　绘制纹理贴图遮罩

2. 在 Maya 中绘制

在“生成器属性”选项区域中，单击“遮罩”右侧的下三角按钮，在下拉列表框中选择“创建贴图”命令；（图 4-10）；在“创建贴图”对话框中更改“贴图名称”及“起始颜色”（图 4-11）；选择笔刷，打开“工具设置”对话框，在“笔刷”选项区域 Artisan 右侧选择笔刷形状，在“颜色”选项区域选择遮罩颜色（图 4-12），在“文件纹理”选项区域单击“指定 / 编辑纹理”按钮，在打开的“指定 / 编辑文件纹理”对话框中更改贴图文件大小（图 4-13），此时如想打开笔刷镜像，需在“笔划”选项区域中选中“反射”复选框，选择所需镜像的轴（图 4-14），便可实现对称绘制遮罩蒙版（图 4-15）。

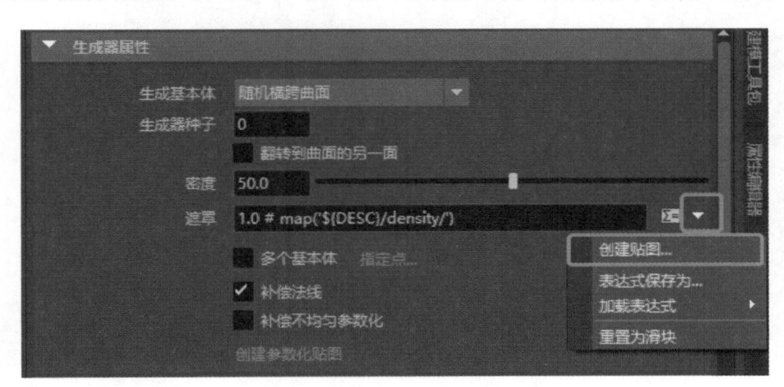

图 4-10　创建蒙版贴图

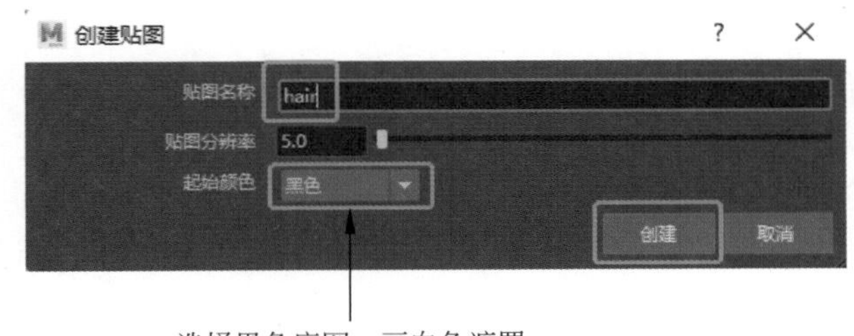

图 4-11　更改名称和起始颜色

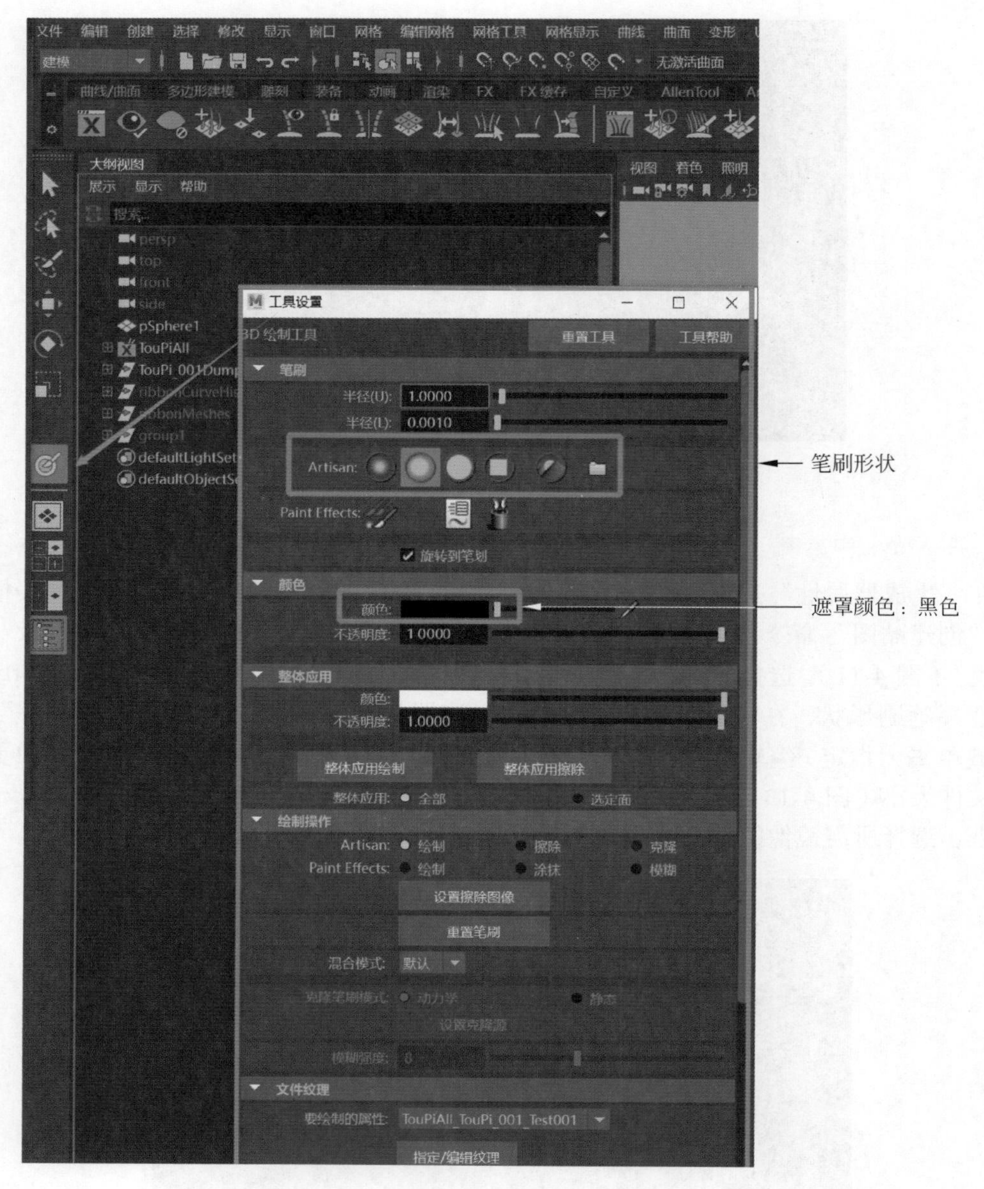

图 4-12　选择笔刷

4.2.3　毛发形状调整

毛发形状调整需要运用特殊表达式。

（1）选择修改器中的毛发调整选项（常用的有成束、切割、噪波、卷曲），使毛发更加真实（图 4-16），这里选择添加“成束”选项，单击“确定”按钮。添加“成束”选项后，单击“设置贴图”按钮（图 4-17），在弹出的“生成成束贴图”对话框中调节管线密度（图 4-18），“密度”数值越大，成束数量越多（图 4-19）。并且可以通过调整“束”的数值，控制成束的强弱（图 4-20）。

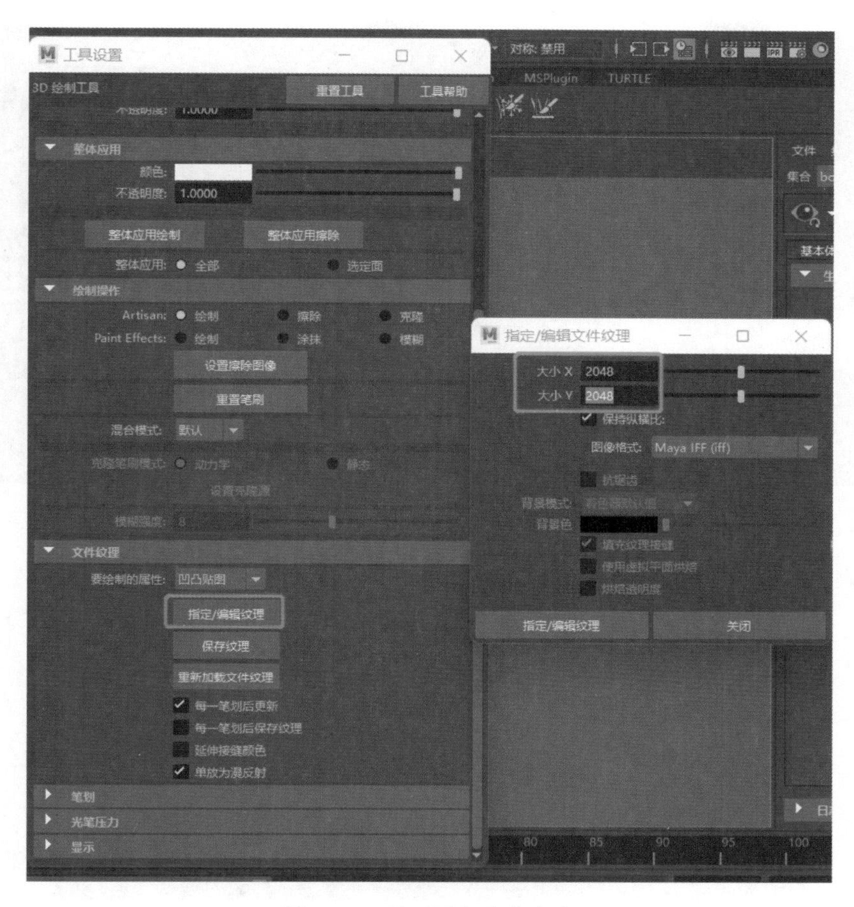

图 4-13 更改贴图文件大小

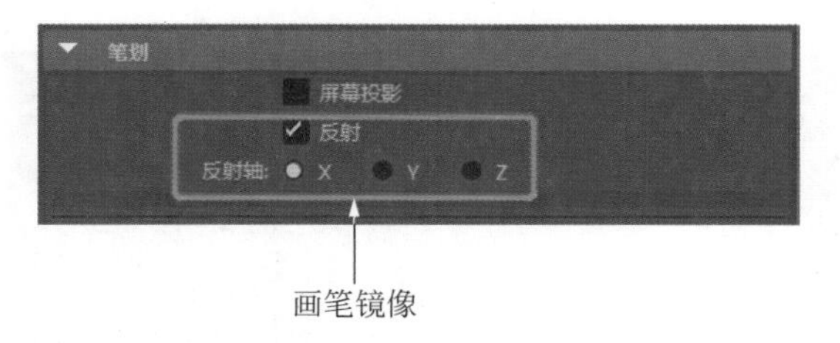

图 4-14 打开画笔镜像

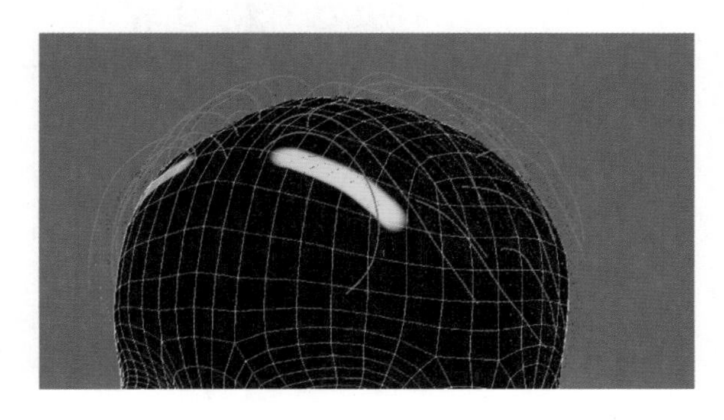

图 4-15 绘制遮罩

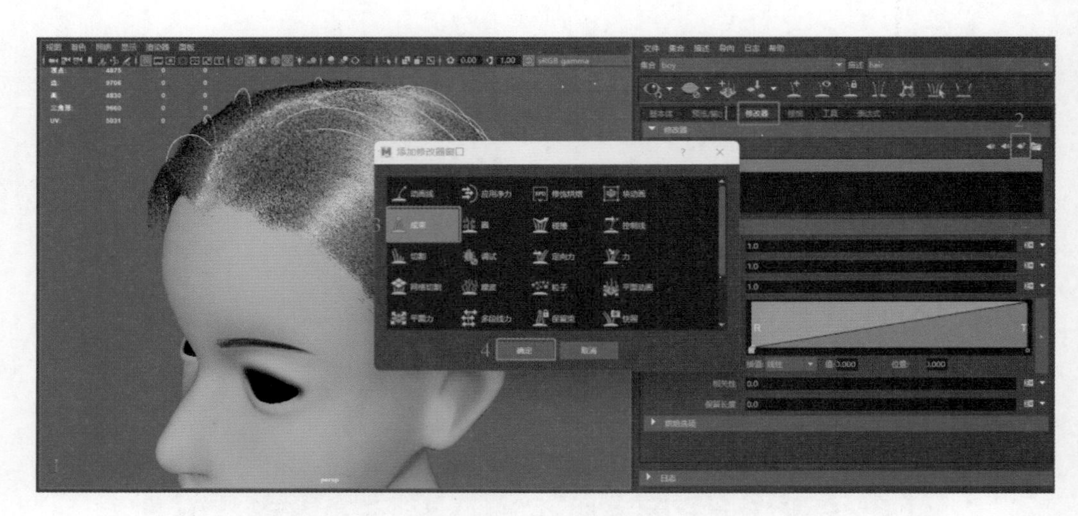

图 4-16　选择“修改器”效果

图 4-17　单击“设置贴图”按钮

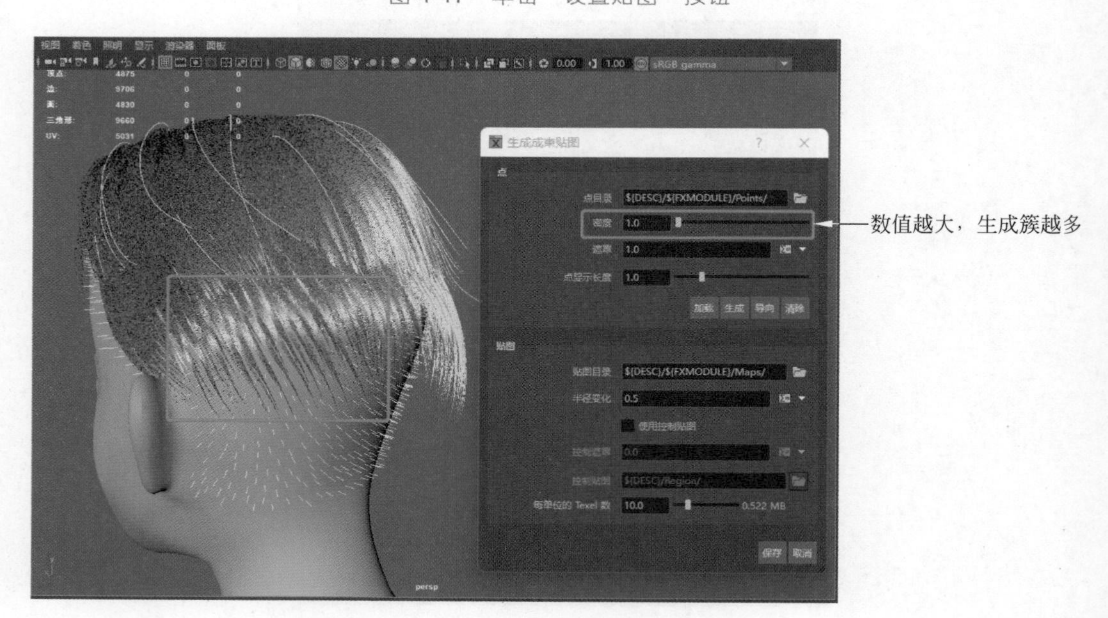

图 4-18　调整管线密度

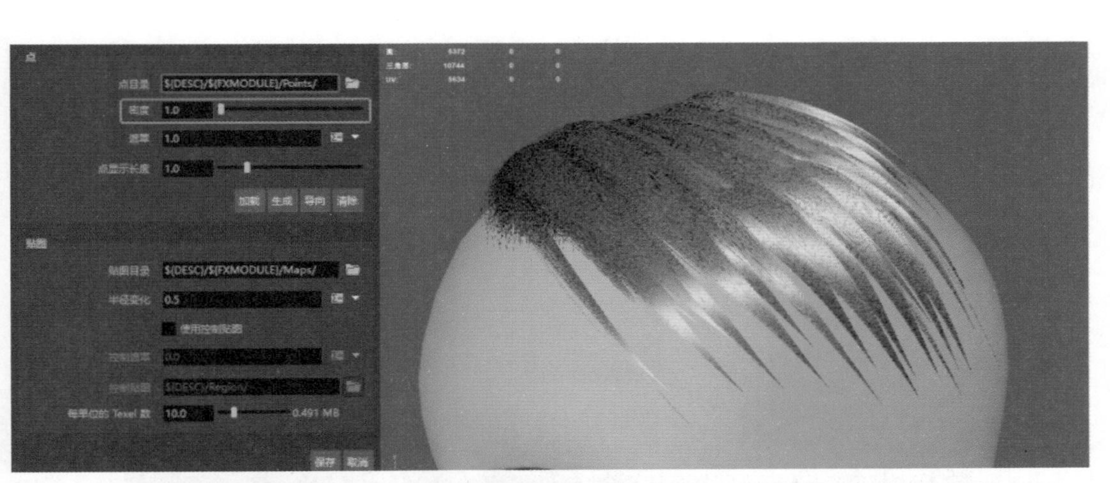

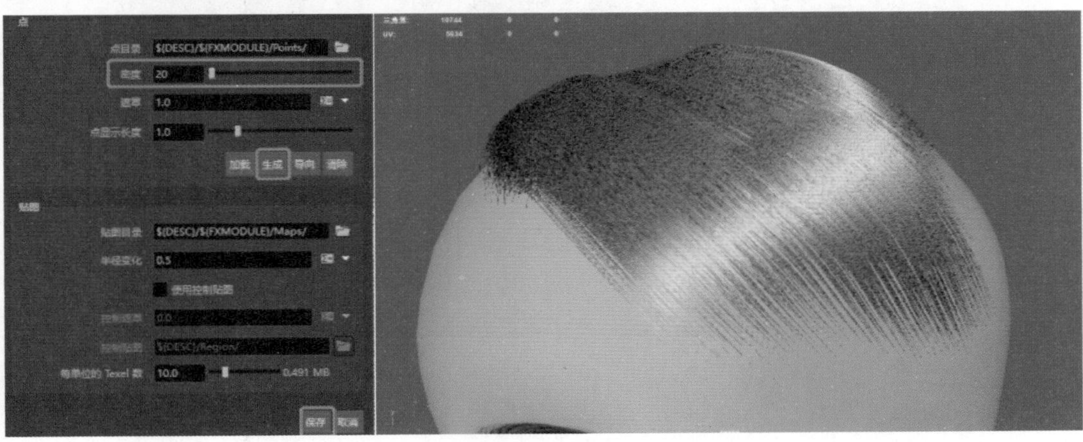

图 4-19　不同成束密度展示效果

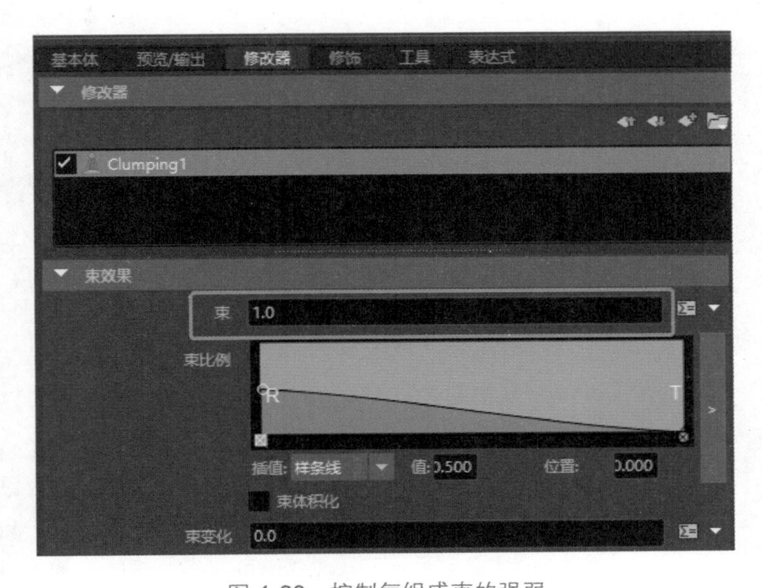

图 4-20　控制每组成束的强弱

（2）常用修改器如图 4-21 所示，添加 Clumping“成束”修改器、Cut“剪切”修改器（图 4-22）、Noise“噪波”修改器（图 4-23）及 Coil“卷曲”修改器（图 4-24），均可通过表达式或调整数值进行设置，叠加使用可增加毛发真实感。为使头发更加真实，需要将发缝明确显示，此时需创建区域贴图（图 4-25），用两种颜色分区绘制（图 4-26），分区接缝处即为发缝处，符合头发的生长规律。

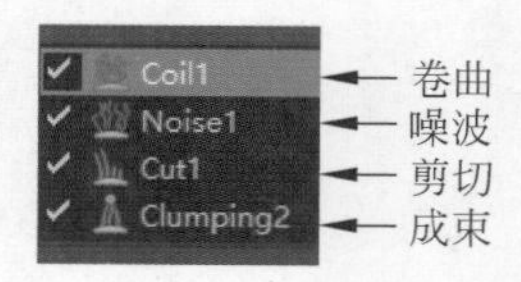

图 4-21　常用修改器

图 4-22　Cut（剪切）修改器调整随机数值

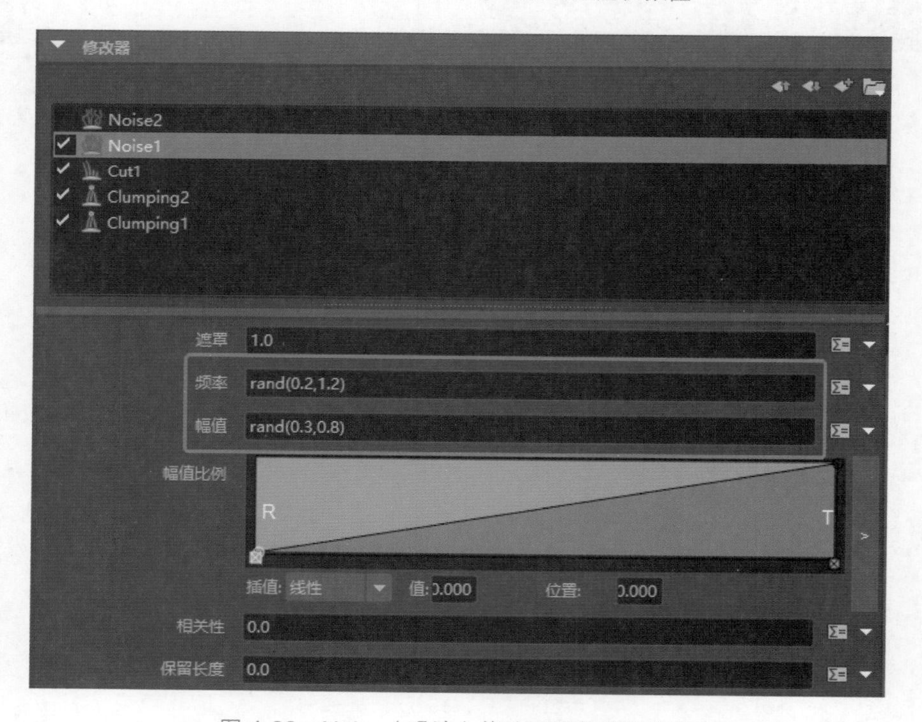

图 4-23　Noise（噪波）修改器调整随机数值

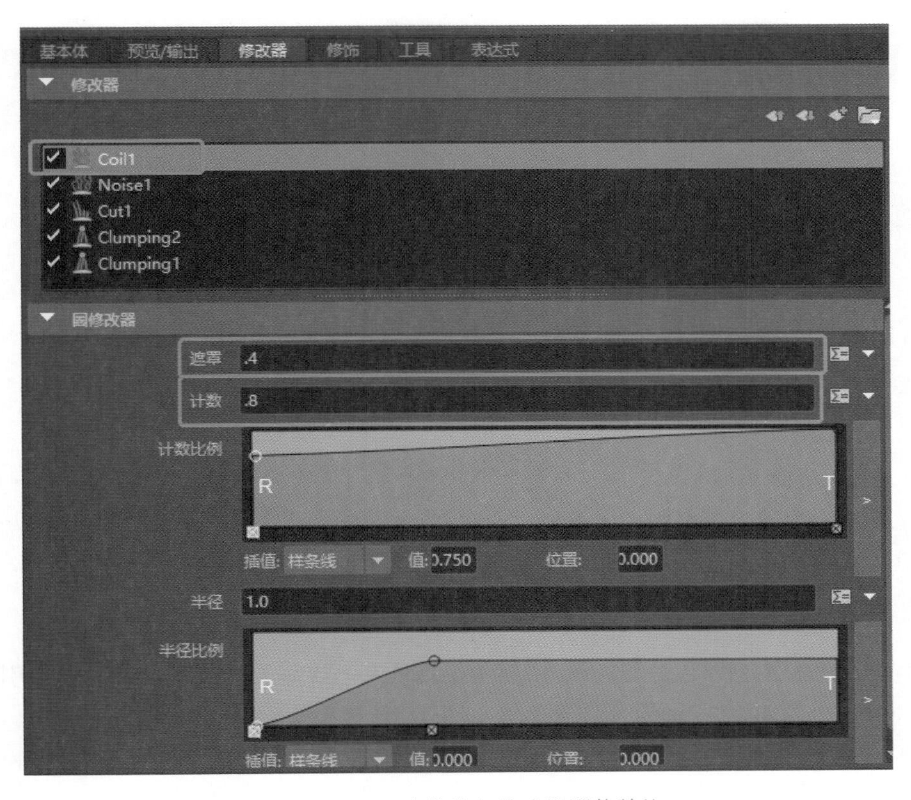

图 4-24　Coil（卷曲）修改器调整数值

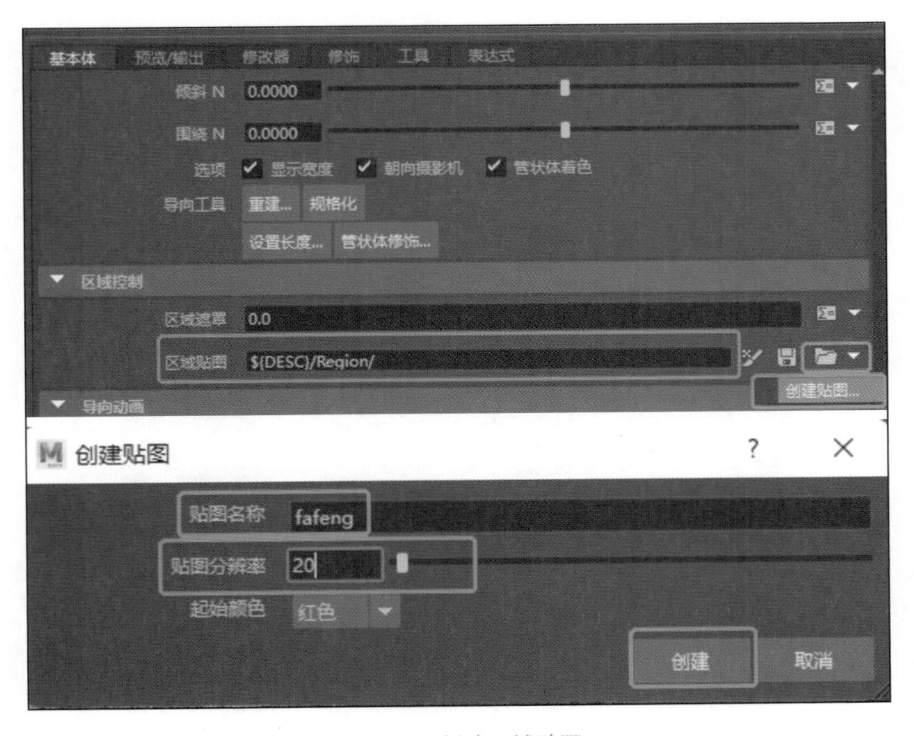

图 4-25　创建区域贴图

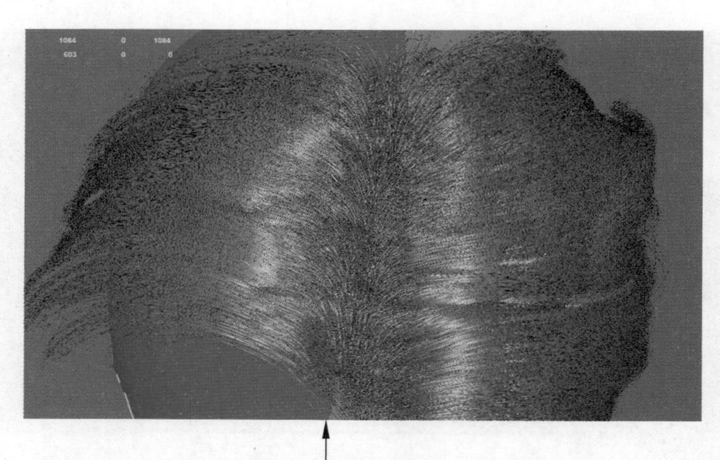

图 4-26　绘制区域贴图

4.2.4　管线转面片

（1）XGen 所建立的毛发是管线系统的渲染形式，如需要用在 Unity 或虚幻引擎中实现效果，需将毛发部分转化为几何体面片，再使用毛发贴图即可达到相同效果。调整为 Unity 可用的方法：另存一份 mb 文件，在“基本体属性”选项区域将管线“密度”降到 0.3，将“修改器”部分内容全部关掉，修改器“CV 计数”改为 15，“宽度”改为 3 ～ 5（图 4-27），取消勾选“朝向摄影机”复选框（图 4-28）。

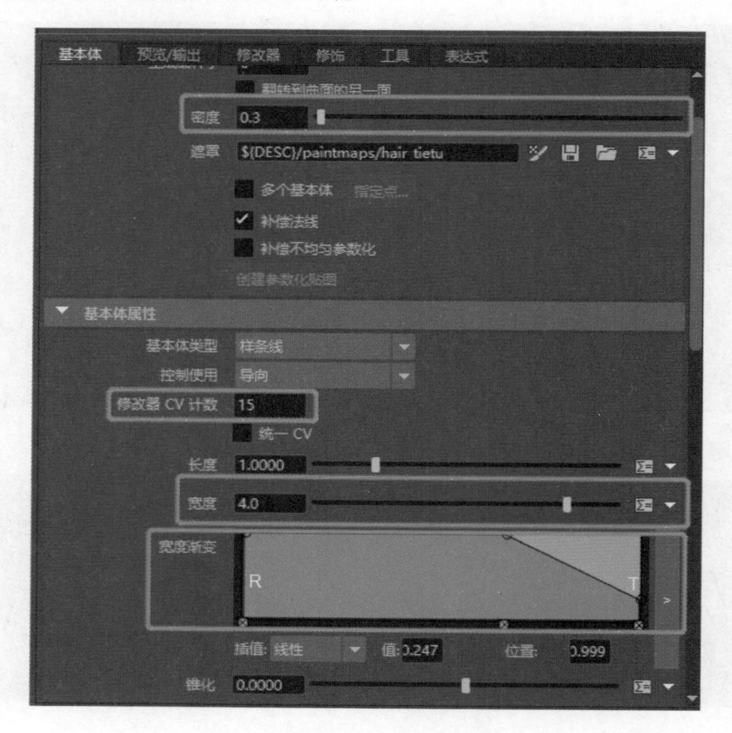

图 4-27　调整“基本体属性”

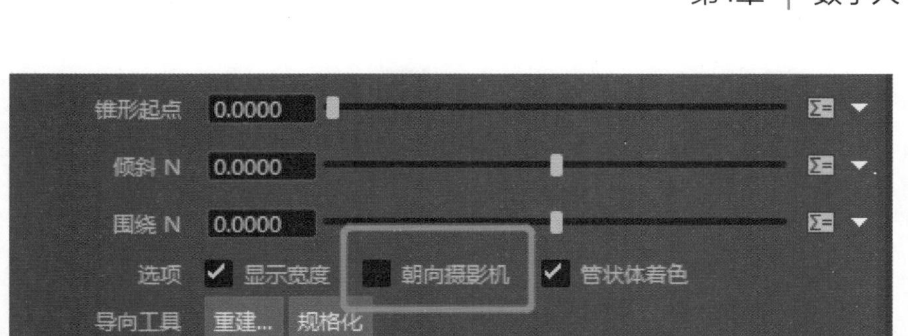

图 4-28 取消勾选“朝向摄影机”复选框

（2）在“预览 / 输出”选项下，“输出设置”选项区域中将“渲染器”改为 Arnold Renderer（图 4-29），“运算”改为“创建几何体”；不勾选“在平铺中放置 UV”和“在条带上创建关节”（图 4-30），最后单击“创建几何体”按钮，创建后效果如图 4-31 所示。

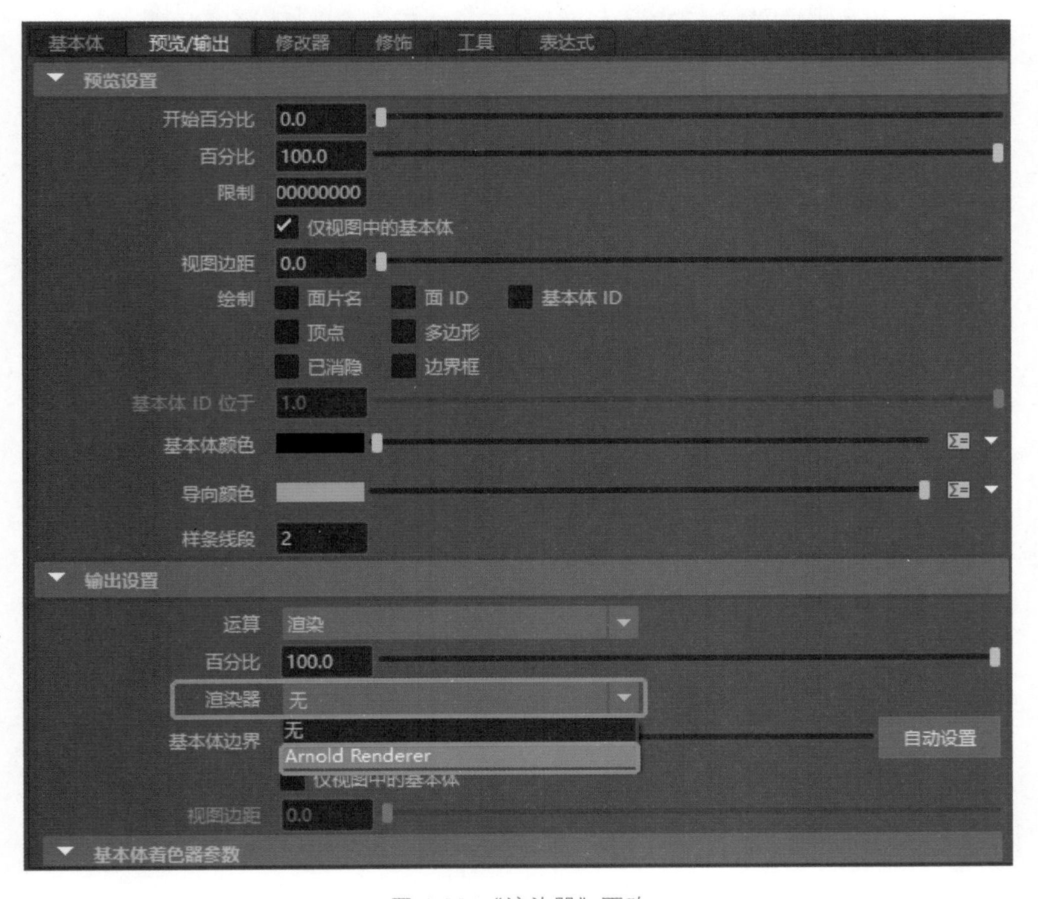

图 4-29 “渲染器”更改

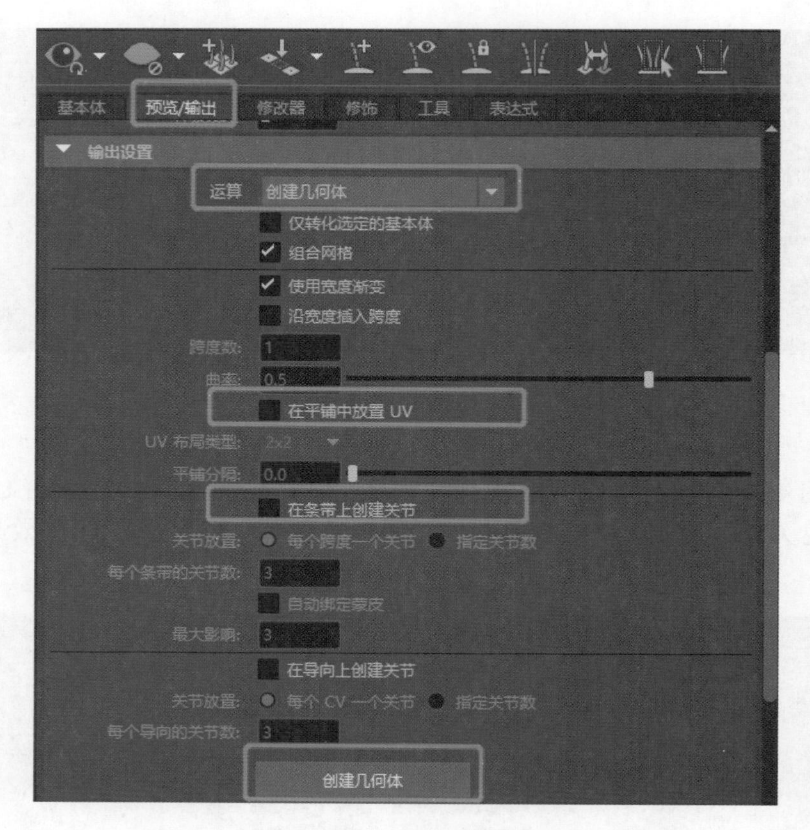

图 4-30　创建几何体

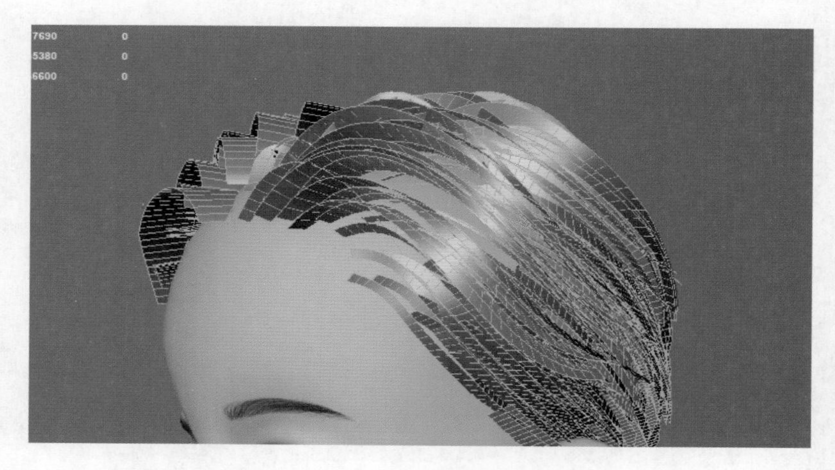

图 4-31　创建后效果

4.2.5　最终效果呈现

按照以上步骤完成发型后，将头皮部分贴图改为深色，几何体毛发部分，添加毛发贴图（图 4-32）即可浏览最终效果（图 4-33）。

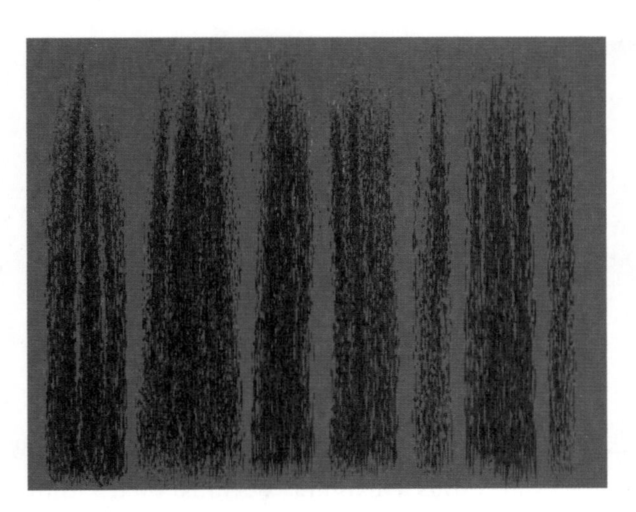

图 4-32 毛发贴图

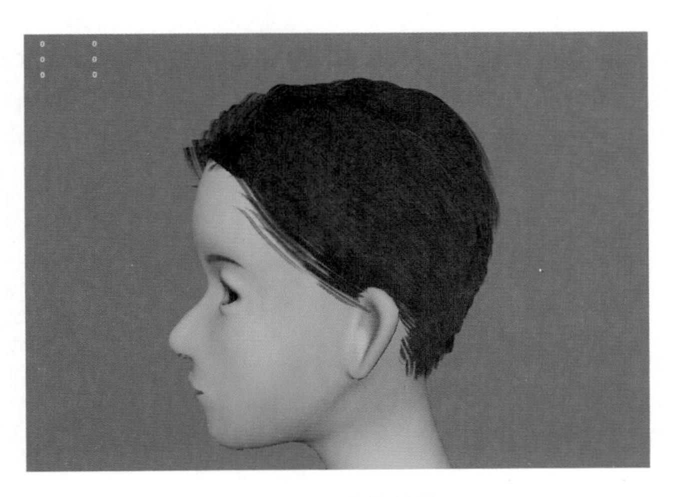

图 4-33 最终效果

课后练习

1. 请使用书中介绍的方法制作一组头发并调试不同的发型。
2. 尝试用相同的方法创作一组胡子或眉毛。

第5章

数字人服装制作

本章导语

完成数字人身体建模之后，下一步则需要进行服饰的制作及贴图的绘制。本章分为两个模块，分别对应 Marvelous Designer 和 Substance Painter 两个软件的学习，以完成服装的制作。Marvelous Designer 是一款功能强大的动态 3D 服装建模软件，可用于虚拟时尚的服装建模，为游戏视频、电影和动画中的 3D 角色创建布料模型，以及模拟其动态效果。Substance Painter 则是一款功能强大的 3D 纹理贴图绘制软件，该软件提供了丰富的画笔与材质选项，用户可以根据需要设计出个性化的纹理图形。本章将使用 Substance Painter 对 Marvelous Designer 已制作完成的服装进行纹理贴图的绘制。

学习目标

- 掌握 Marvelous Designer 服装制作方法。
- 掌握 Substance Painter 贴图绘制方法。
- 掌握数字服装制作的整体流程。

5.1 服装模型制作软件——Marvelous Designer

5.1.1 软件介绍

（1）Marvelous Designer，简称 MD，是一款专业的 3D 服装设计软件。该软件的操作使用流程，借鉴了真实服装设计制作的方法和流程，可以根据模型的身材体样，快速制作精美的虚拟服装。在制作过程中可以模拟现实生活中的重力学状态，实时呈现服装的垂坠感、皱褶效果和各种面料独有的细节，基于此可直观地进行服装的修改和试穿。它可以真实地表现基于缝纫和版片的制作效果，并通过软件自带的安排点和固定针等直观界面，方便表现面料的折叠与褶皱，快速制作高水准的虚拟服装。操作使用方式和常见的 3D 软件兼容，无论制作者是否有服装制作基础，都可以快速入门，方便快捷地进行各种操作。

制作服装所需人体模型来源

MD 软件中制作服装所需人体模型有以下两种途径。

（1）使用 MD 软件自带的人体模型。

（2）从软件外部导入模型，导入时，如果模型本身无动画序列，则需导入 OBJ 格式；如导入模型有动画序列，则需导入 FBX 格式。

服装制作完成后如何改变模型姿势

此方法后文中也有描述，但开篇提到的原因是，制作者需在制作前确定渲染时是否要更改模型初始姿势，如需更改，在服装制作前需注意以下几点。

（1）必须使用外部导入模型（无动画序列则使用 OBJ）。

（2）将相同模型在其他 3D 软件中改变姿势（一般需要绑定骨骼更改姿势）。

（3）服装制作完成后，将调整好的姿势，用 OBJ 格式再次导入 MD 替换原始姿势（图 5-1）。

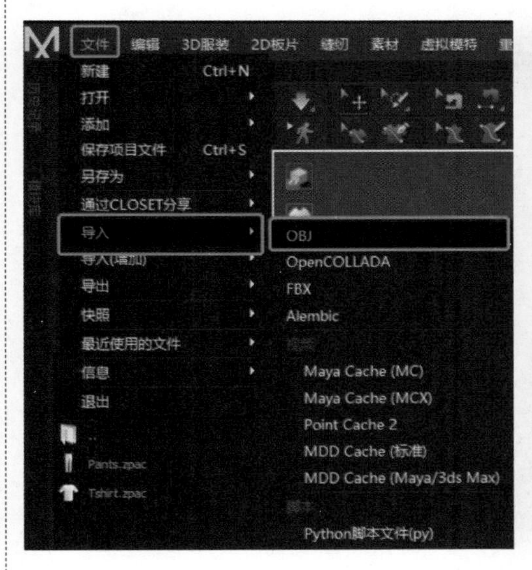

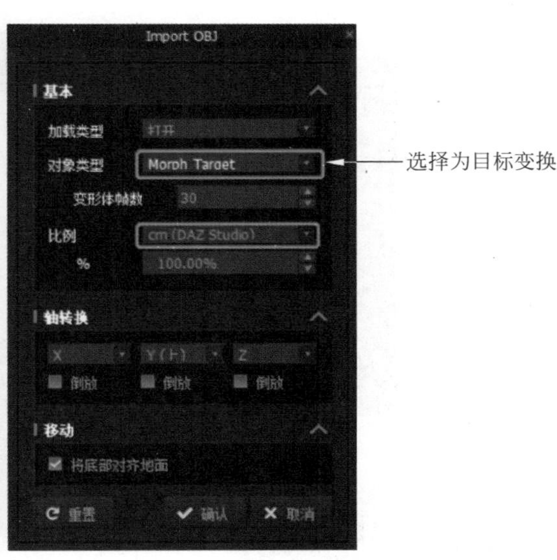

图 5-1 替换为调整好姿势的模型

（4）制作好的服装会根据模型姿势的变化自动调整。

（2）打开 MD 后，设定语言为中文，选择“用户自定义”命令，弹出“视图控制”窗口，调整为自己熟悉的三维软件控制形式（图 5-2）。版面大体分为 3D 版面和 2D 版面两个部分，左侧是软件内自带资源版面，右侧为选中物体属性调整版面（图 5-3）。

（3）整体的制作思路是将模型导入后，在 2D 区域创建服装版片，在 3D 区域将版片移动到合适的位置，进行版片缝合，再进行重力学测试调整，MD 工具栏介绍如图 5-4 所示。

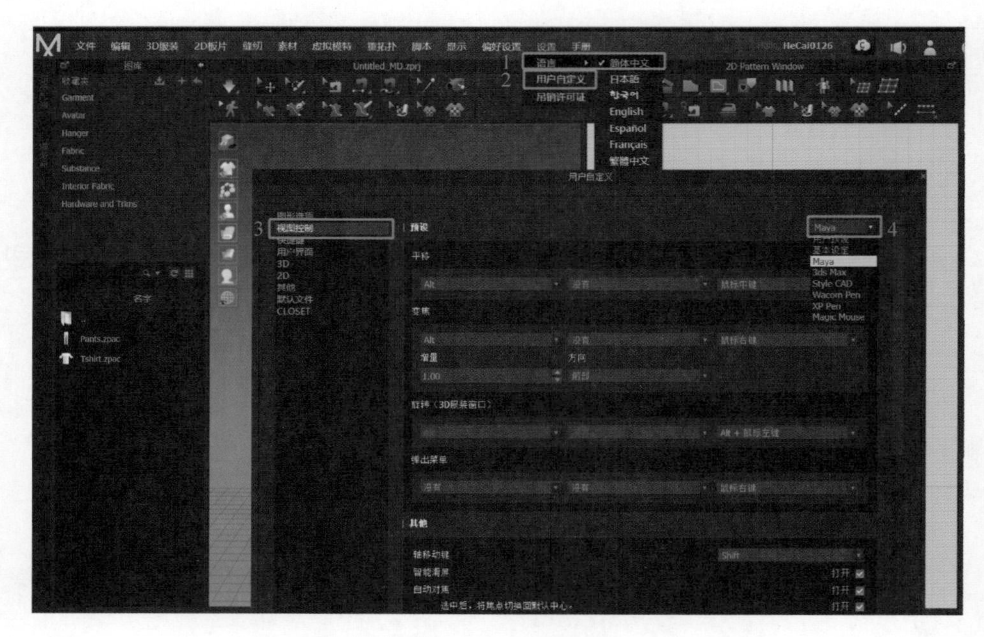

图 5-2　MD 初始界面

图 5-3　MD 面板

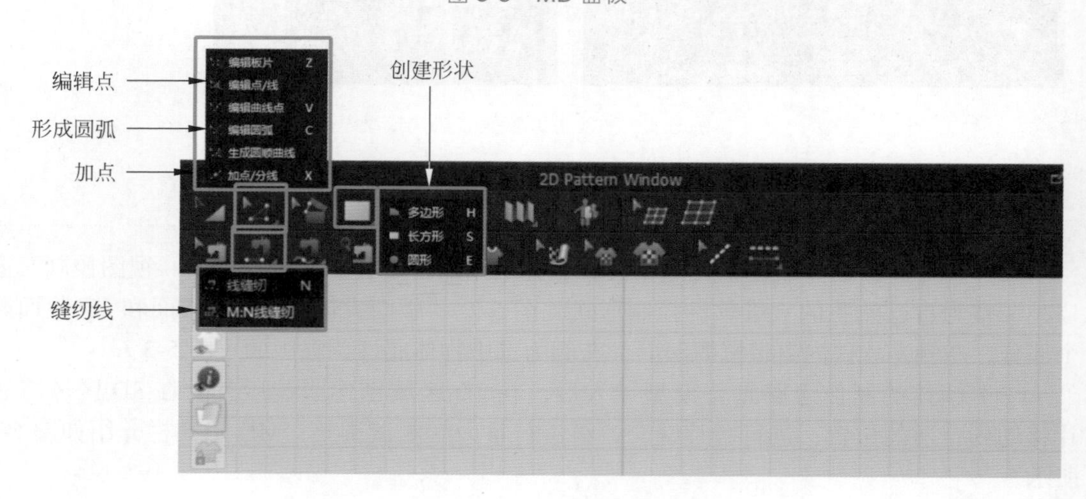

图 5-4　MD 工具栏

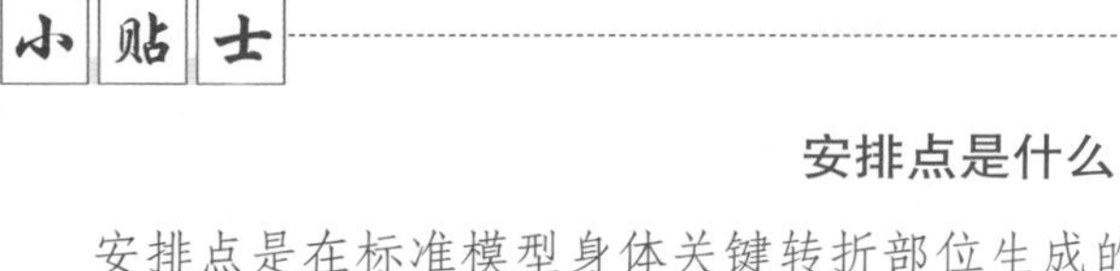

安排点是什么

安排点是在标准模型身体关键转折部位生成的标注点，可将新建的布料，自动围绕模型身体排布，方便缝合。只有使用软件自带模型时，才可使用安排点（图 5-5）。导入模型无法生成安排点。

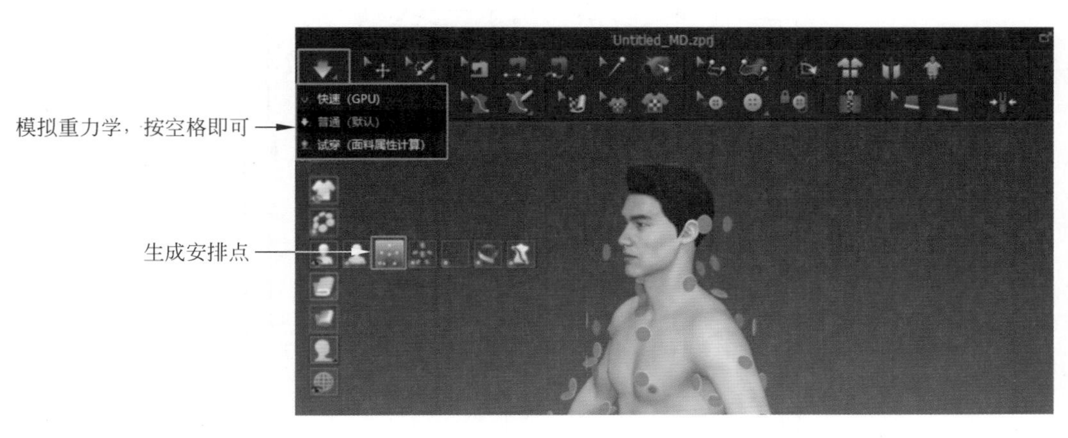

图 5-5　模型生成安排点

5.1.2　案例练习——制作一套简易服装

1. 导入外部模型

在制作服装时，需借助人体模型进行重力学的模拟。本案例以外部导入模型为例，因无动画序列，将模型以 OBJ 格式导入（图 5-6）。注意在模型导入前，需要将模型调整到合适大小，“对象类型”更改为“虚拟模特”（图 5-7）。

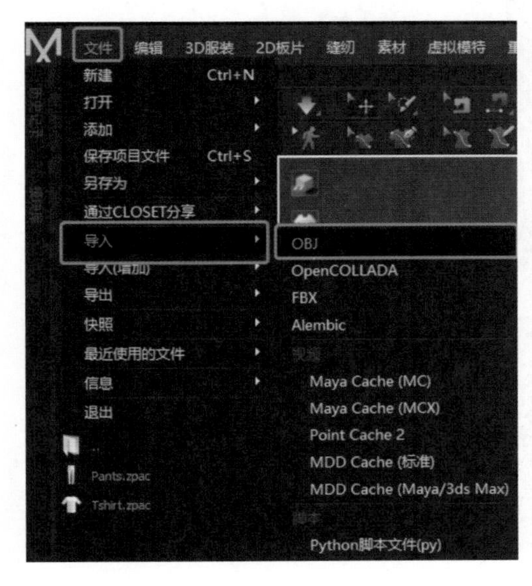

图 5-6　导入模型界面

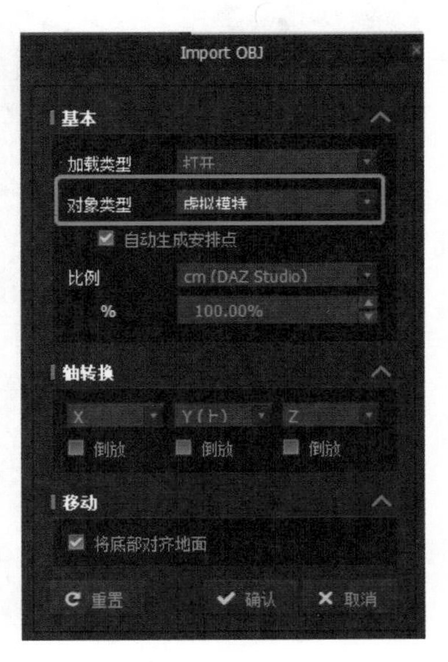

图 5-7　导入模型须知

2. 在 2D 窗口绘制服装版片，将版片正确缝合

MD 是模拟真实的服装制作流程设定的，因此应按照服装版面参考图绘制版片（图 5-8），版片绘制得越准确，服装上身效果越好。即使没有学习过服装打版，也可以在网站上找到一些参考图。创建形状，缝合边缘线，如图 5-9 所示，最后模拟重力学测试。

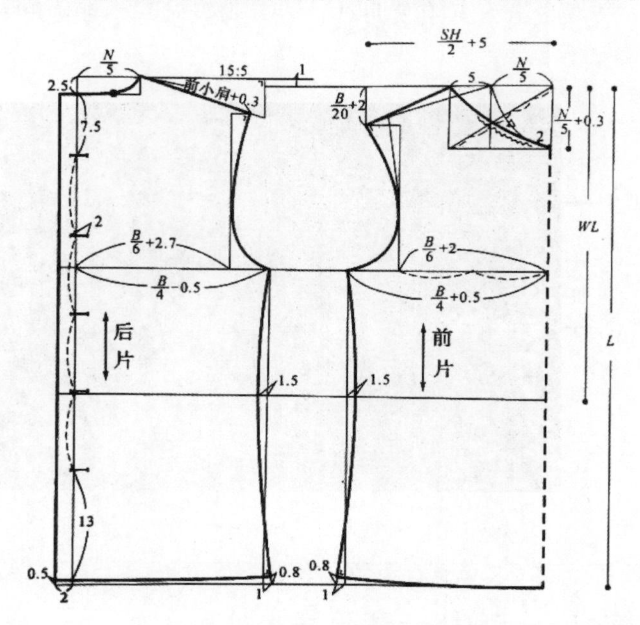

图 5-8　服装打版图

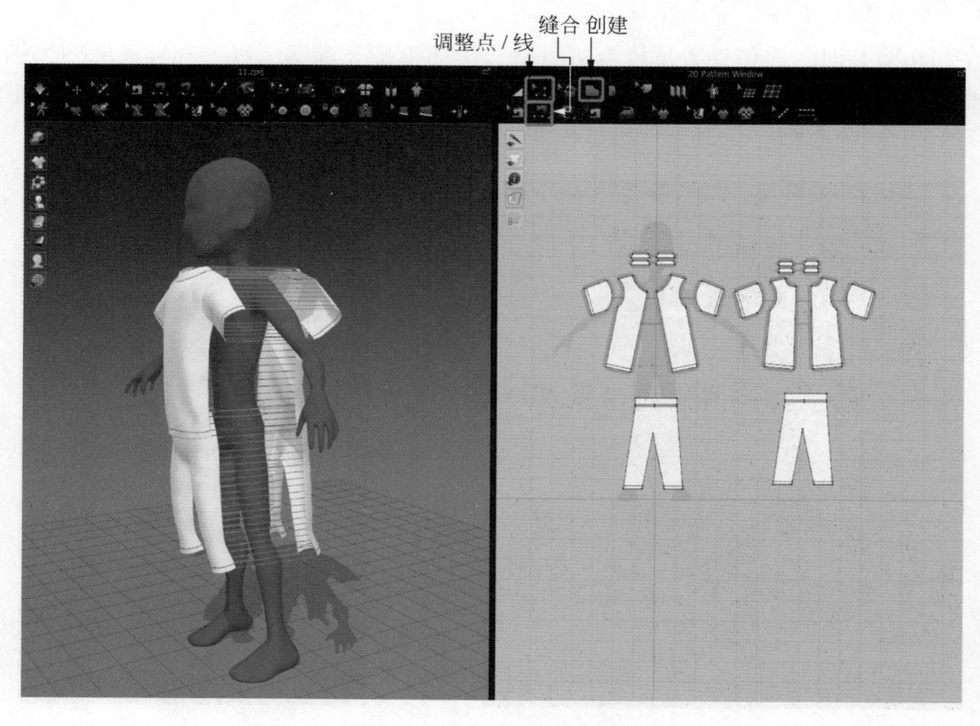

图 5-9　服装打版缝合图

3. 在 3D 窗口进行重力学模拟

将服装边缘线缝合后，需要开启“服饰重力学”进行模拟测试，并使用鼠标左键拖曳调整服装，以达到最佳效果（图 5-10）。

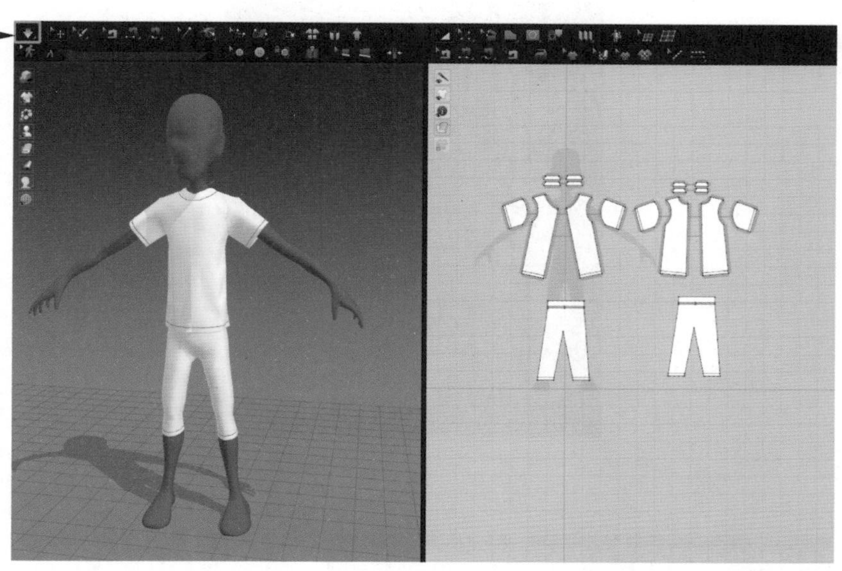

图 5-10　启用“服饰重力学”

4. 导入调整姿态后的模型进行替换

将相同模型在三维软件中改变姿势后（通常添加骨骼以改变姿势），以 OBJ 格式导入 MD（图 5-11），对象类型选择为 Morph Target（目标变换）（图 5-12），单击“确认”按钮导入，服装就可以跟随姿势的变化而调整（图 5-13）。

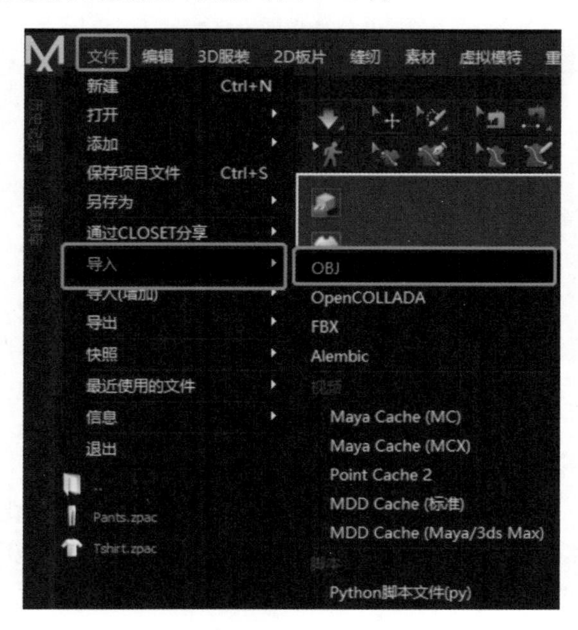

图 5-11　导入替换模型格式

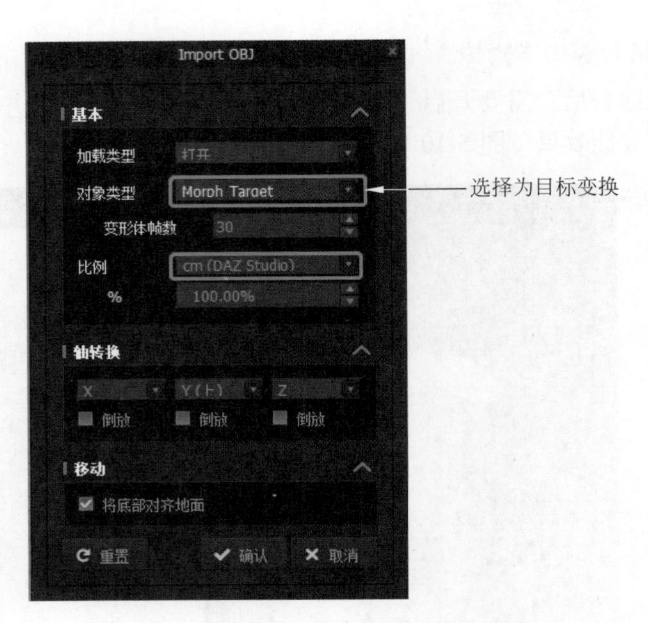

图 5-12　更改对象类型

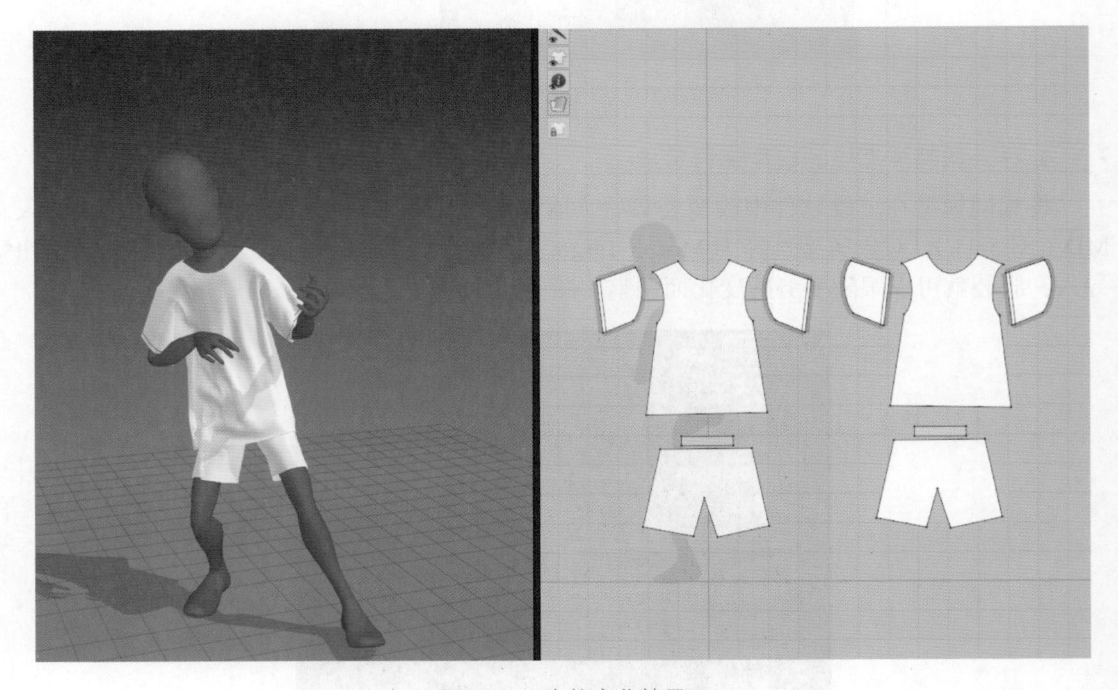

图 5-13　姿势变化效果

5. 重置为四边形网格，调整 UV 并导出模型

若此时直接导出，网格布线将异常混乱，因此需要以下几个步骤。

（1）调整网格布线（图 5-14）。按 Alt+1 组合键显示服装，按 Alt+5 组合键显示服装网格，可用于观察网格状态，单击重置网格。

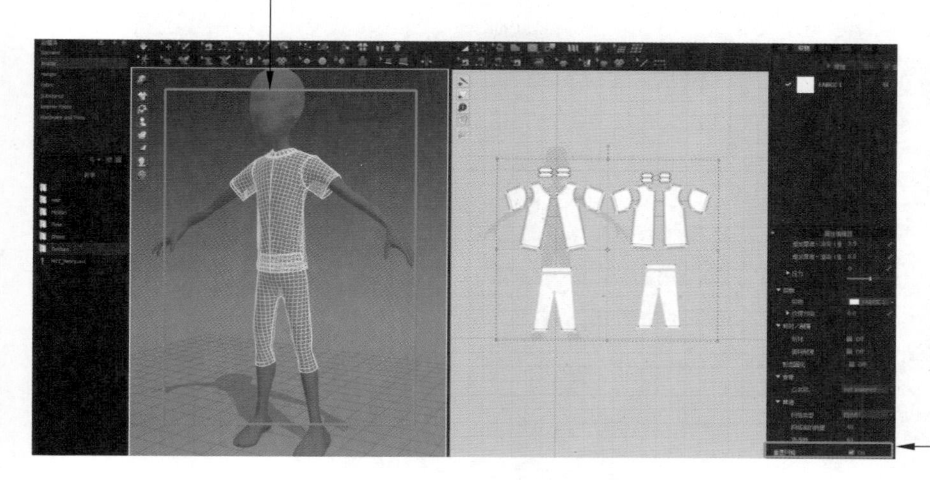

图 5-14　调整网格布线

（2）在 UV EDITOR 中调整模型 UV 在 0 ～ 1 内（图 5-15），方便后期绘制贴图。

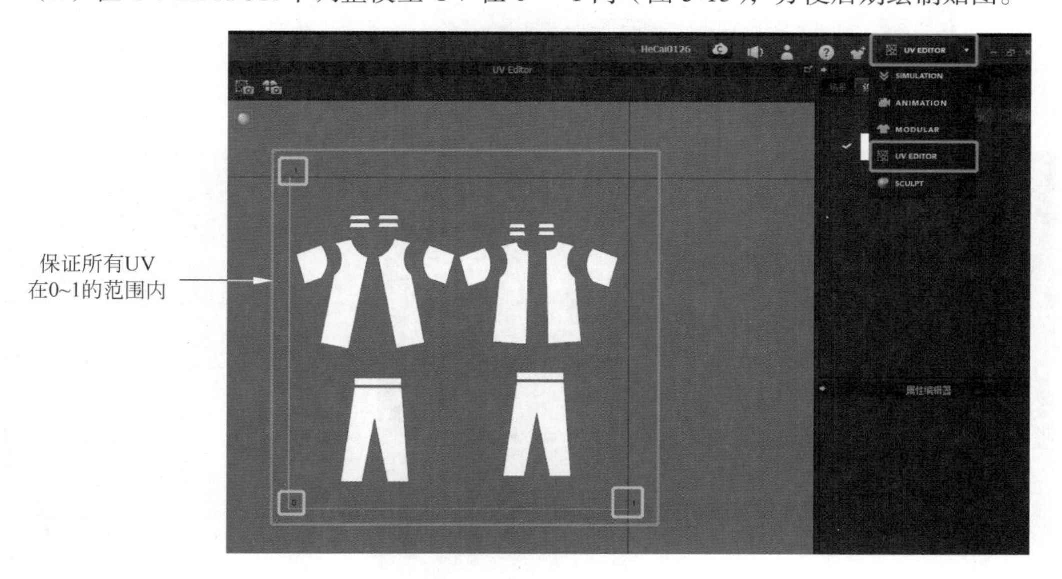

图 5-15　调整模型 UV

（3）调整好后导出，单击“文件”→“导出”→FBX（图 5-16），在 Export FBX 中修改导出格式，如图 5-17 所示。

6. 重拓扑服装网格传递 UV，缝合缝纫线

（1）在 Maya 中打开衣服模型，原地复制一份。

（2）由于缝纫线在模型导出时处于分割状态，需使用重拓扑插件进行拓扑重构（该插件为 Maya 中的自带插件 QuadRemesh），选中复制的模型，单击 QuadRemesh 插件图标，完成拓扑后模型面数的设定，即可完成重拓扑。

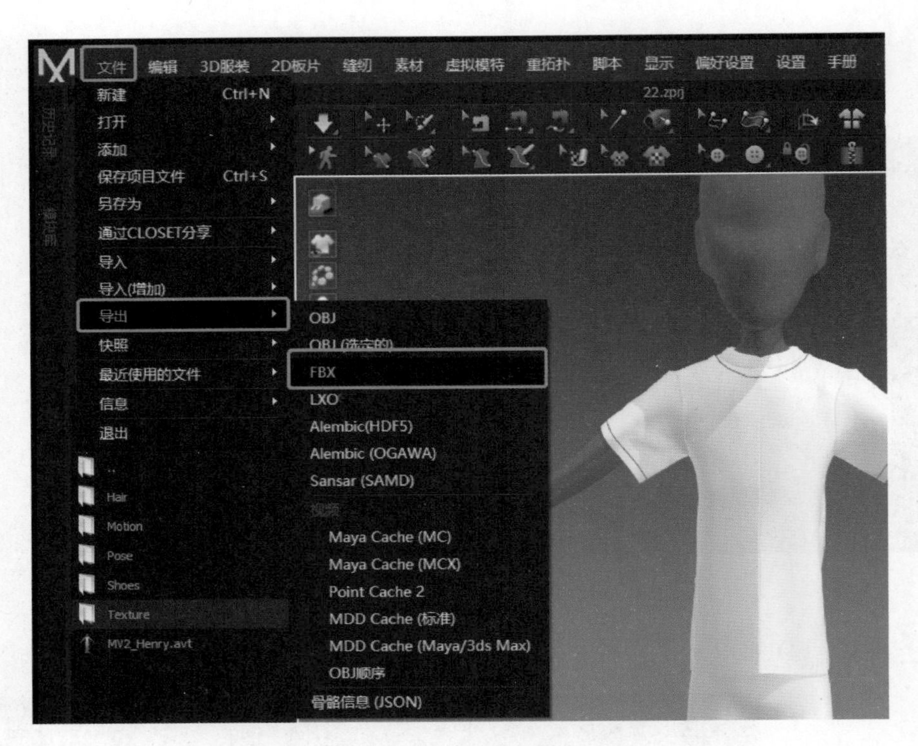

图 5-16　导出模型格式

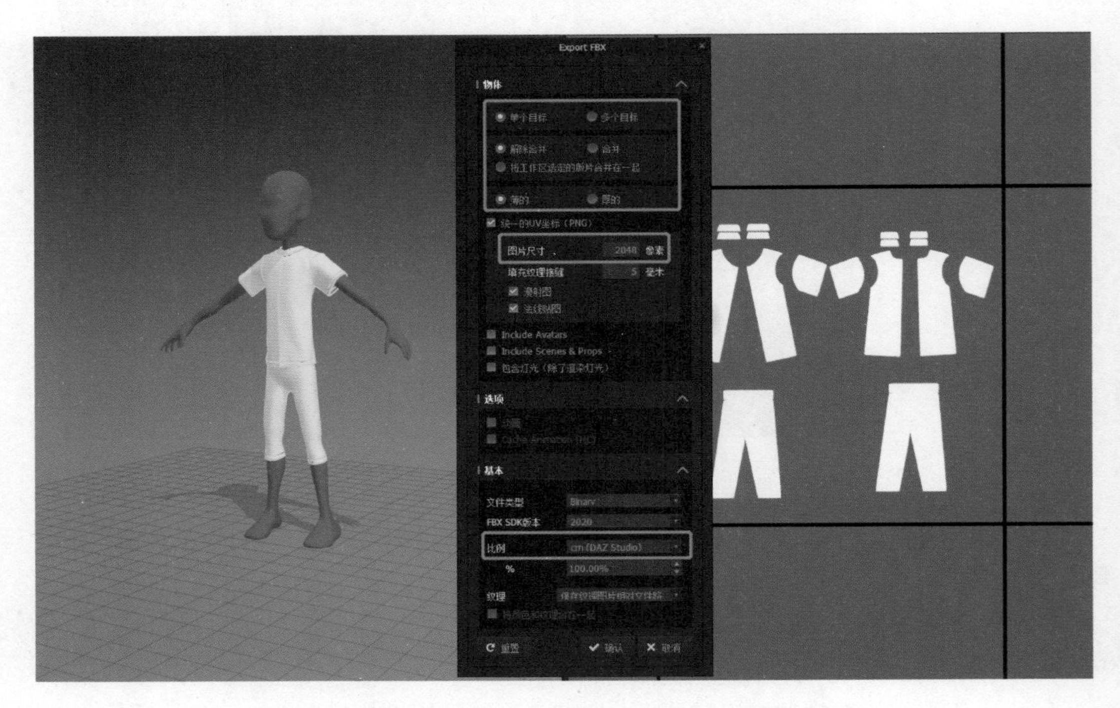

图 5-17　修改导出模式

（3）在 Maya 的 UV 设置中单击“创建 UV”（重拓扑后 UV 会消失，需创建新 UV）（图 5-18）。

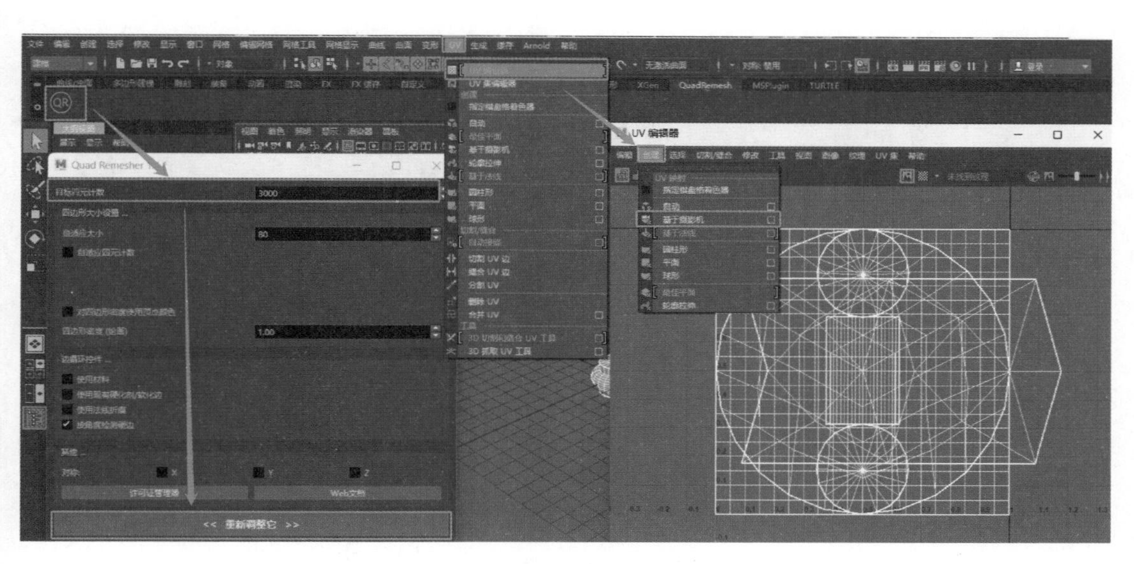

图 5-18　重拓扑并创建 UV

（4）先后选择原模型和拓扑后的模型，单击“网格”→“传递属性”，在打开的“传递属性选项”对话框中设置相应属性，单击“传递”按钮即可完成传递 UV（图 5-19）。

图 5-19　模型重拓扑操作

（5）用桥接的方式处理缝纫线，完成后检查 UV 是否完成传递，最后清理历史记录（图 5-20）。

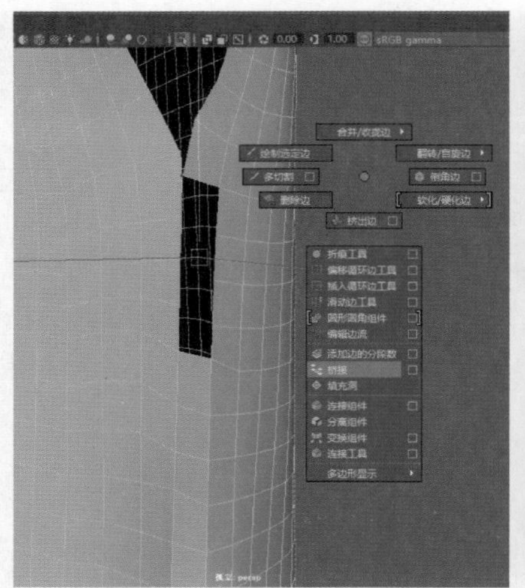

图 5-20　模型边缘桥接并删除历史

小贴士

Maya 中桥接如何完成

桥接是 Maya 中处理模型的常用功能，目的是将同一模型的两条线段连成一个面，具体操作步骤如下。

（1）先后选中两个物体，按 Shift+ 鼠标左键，将两物体合并为同一物体。

（2）选中该物体上相同段数的两条线。

（3）按 Shift+ 鼠标左键选择桥接。

5.2　服装贴图绘制软件——Substance Painter

5.2.1　软件介绍

（1）Substance Painter（SP）是一款功能强大的 3D 纹理贴图绘制软件，用户可以通过该软件绘制模型所需贴图，该软件自带样本模型，可直接使用样本模型测试材质效果。软件拥有大量的笔刷（图 5-21）、材质（图 5-22），并拥有智能选材功能，更方便用户在短时间内生成逼真的纹理。界面使用方式类似于 3D 软件和 Photoshop 的结合，图 5-23 中左侧 3D 区域为贴图材质效果展示区，右侧 2D 区域为贴图绘制区，该页面布局大大提高了材质纹理制作的效率。

（2）为保证贴图颜色没有偏向性，在绘制贴图前，需要将环境光调整为没有颜色倾向的光照方式（图 5-24）。并将原始模型 AO 调整为 0，当模型烘焙贴图时，会烘焙标准环境光下的 AO 贴图，如自身 AO 处于开启状态，会在重叠模型之间产生双重阴影，影响贴图效果（图 5-25）。如果所需模型有透明材质，需将材质类型调整为 Alpha 模式。

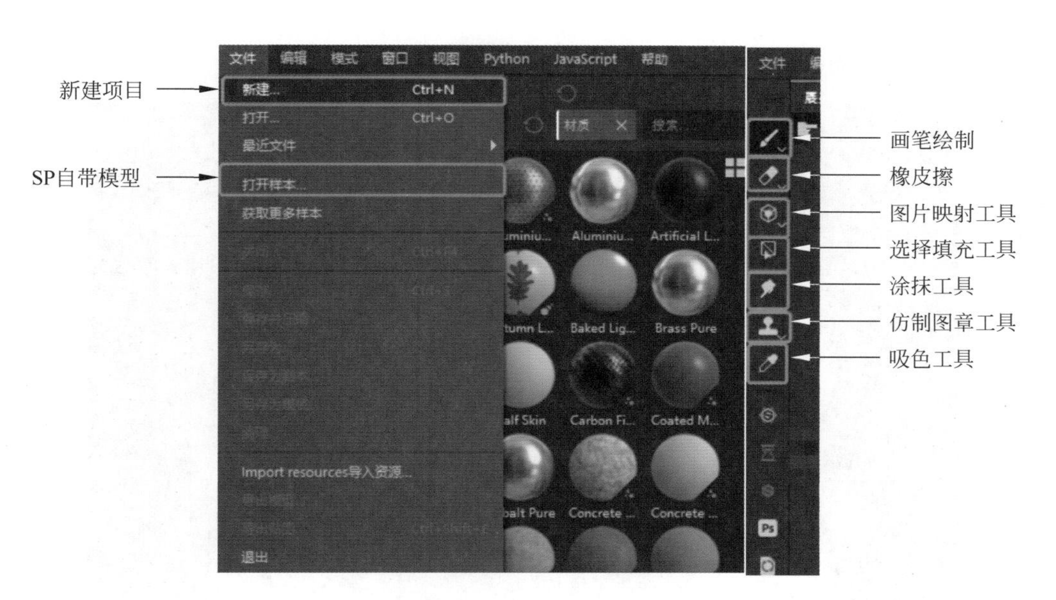

图 5-21　软件绘图工具

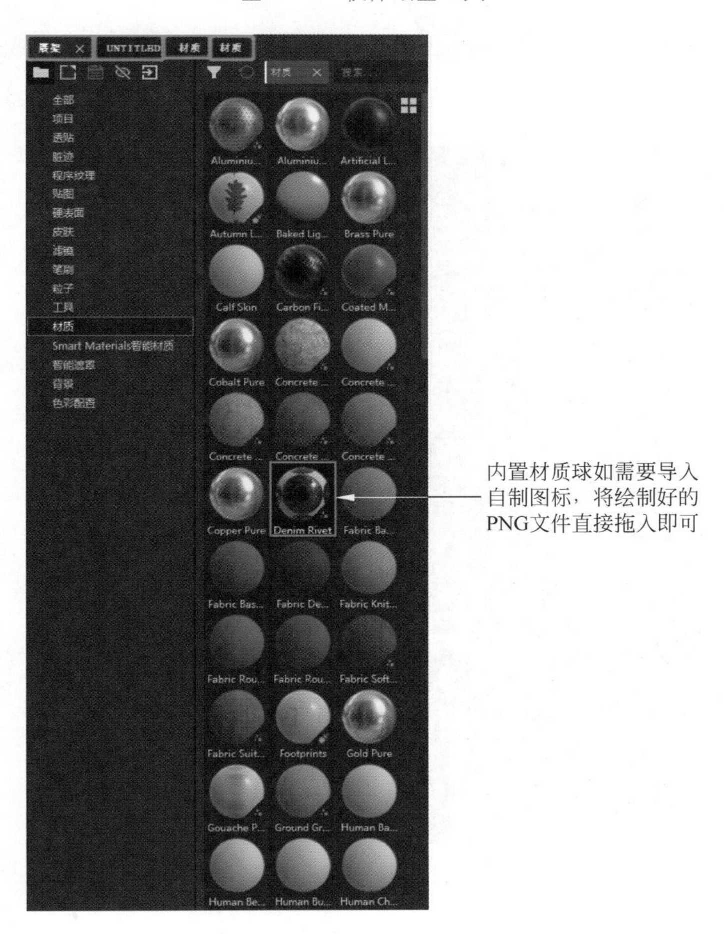

图 5-22　工具架与材质球

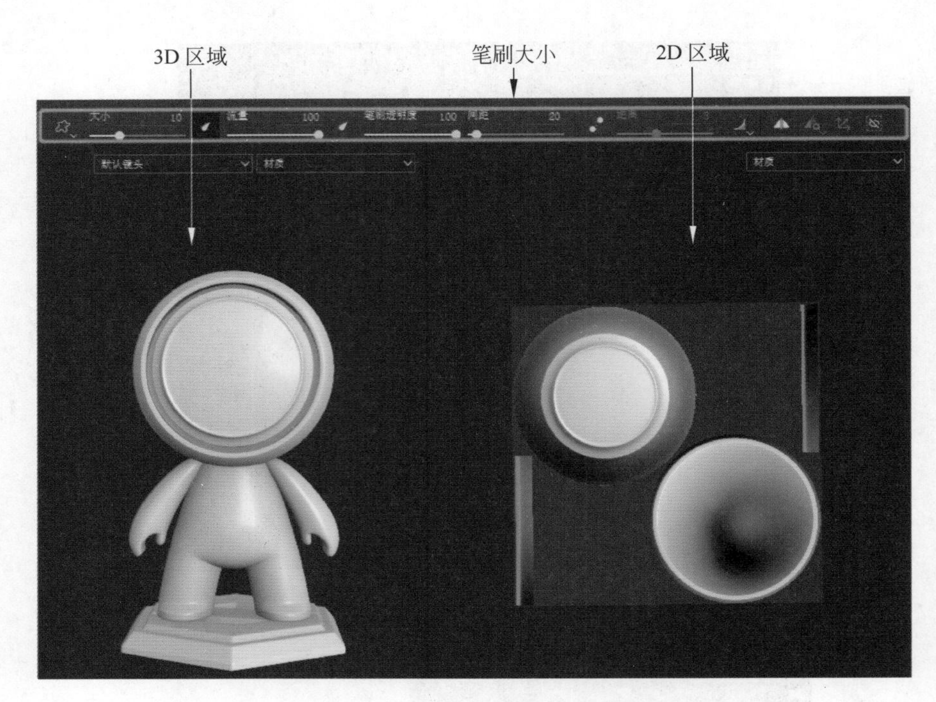

图 5-23　软件界面展示区域

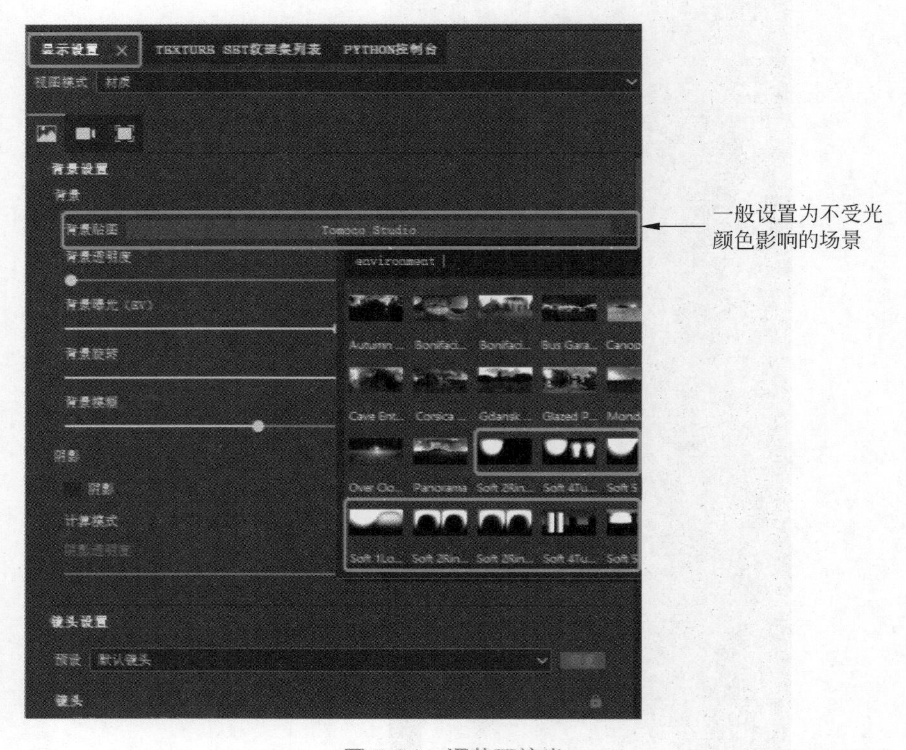

图 5-24　调整环境光

（3）贴图绘制工具类似 Photoshop 的使用方式（图 5-26），右击图层可添加遮罩、填充等图层样式（图 5-27）。绘制时可调整画笔大小（图 5-28）。

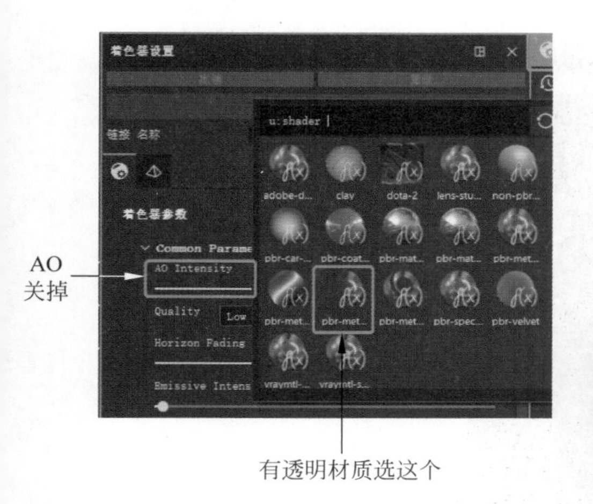

图 5-25 关掉自带 AO 并选择透明材质

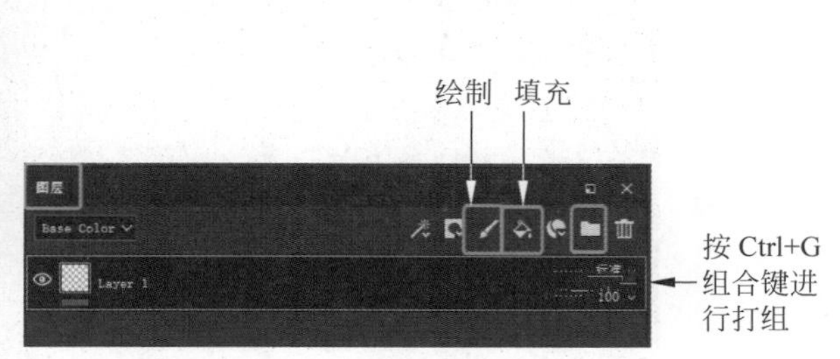

图 5-26 贴图绘制工具

图 5-27 添加贴图效果

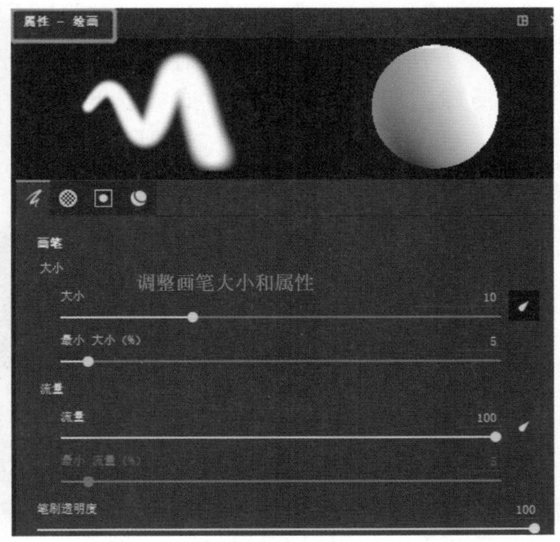

图 5-28 画笔属性调整

（4）烘焙模型贴图，可生成基于物理光照下，成组的贴图样式（图 5-29）。

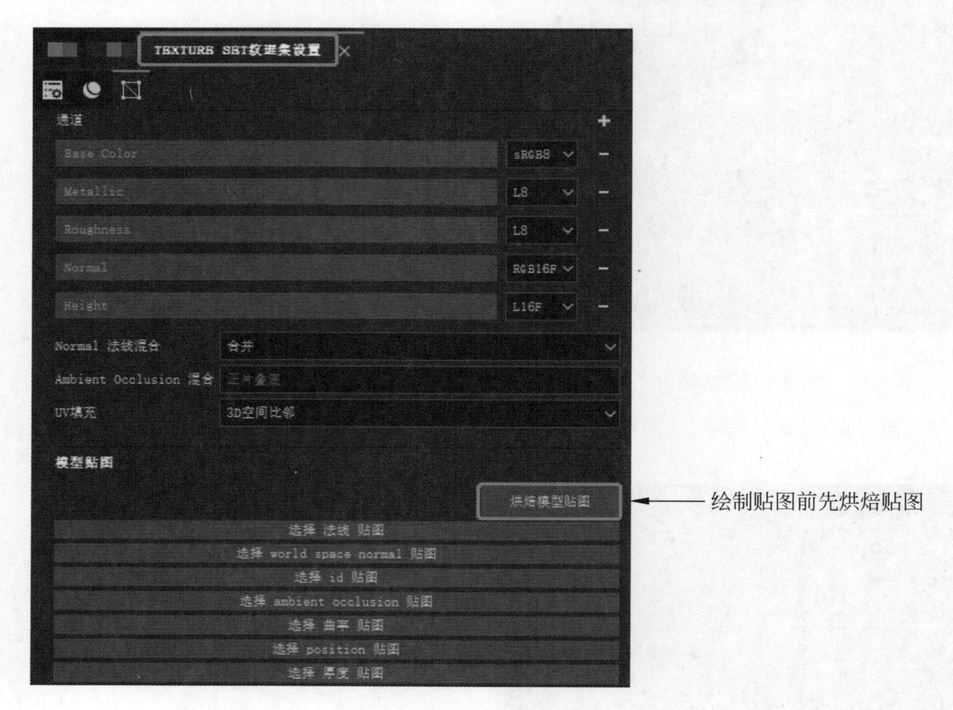

图 5-29　烘焙模型贴图

5.2.2　服装贴图的制作流程

（1）在三维软件中复制模型并增加平滑生成一个高模，高低模分别导出 FBX 格式。

（2）将低模导入 SP，并将高模映射至低模生成多种贴图（5.2.3 小节案例练习中将详细介绍）。

（3）绘制贴图。绘制贴图有以下几种方法。

① 方法一：基于画笔绘制。单击“填充”图标添加材质球图层（图 5-30），按需要调整材质球图层属性，如颜色或粗糙度等（图 5-31），按 Ctrl+G 组合键（打组）→右击图层 →“添加黑色遮罩”→右击图层→“添加绘图”（图 5-32）→用画笔画在 UV 相应位置即可。

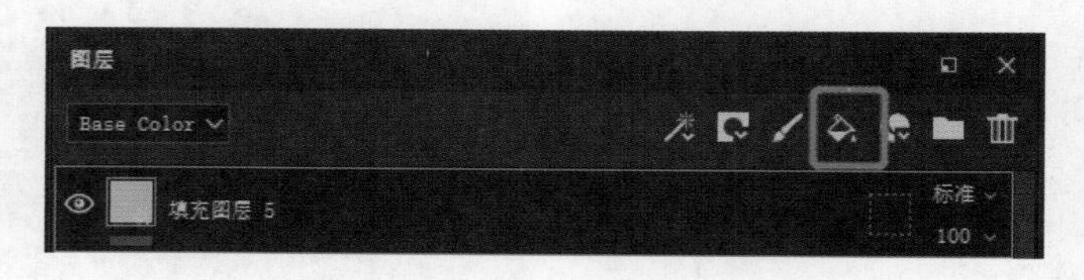

图 5-30　添加材质球图层

② 方法二：添加纹理材质（前几步对应图参照方法一）。用 Photoshop 软件将贴图纹样处理为 PNG 格式，将图片拖入材质区域备用，单击添加图层→按住 Ctrl+G 组合键（打组）→单击“添加黑色遮罩”→“添加生成器”（图 5-33）→“生成器”，调整笔刷大小后将贴图纹样印在物体上（可调节高度、粗糙度、金属光泽）。

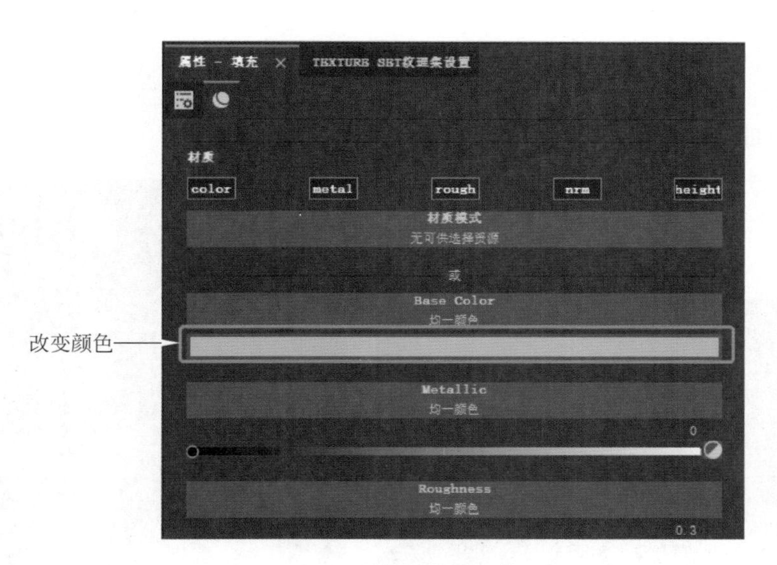

图 5-31 调整材质球属性

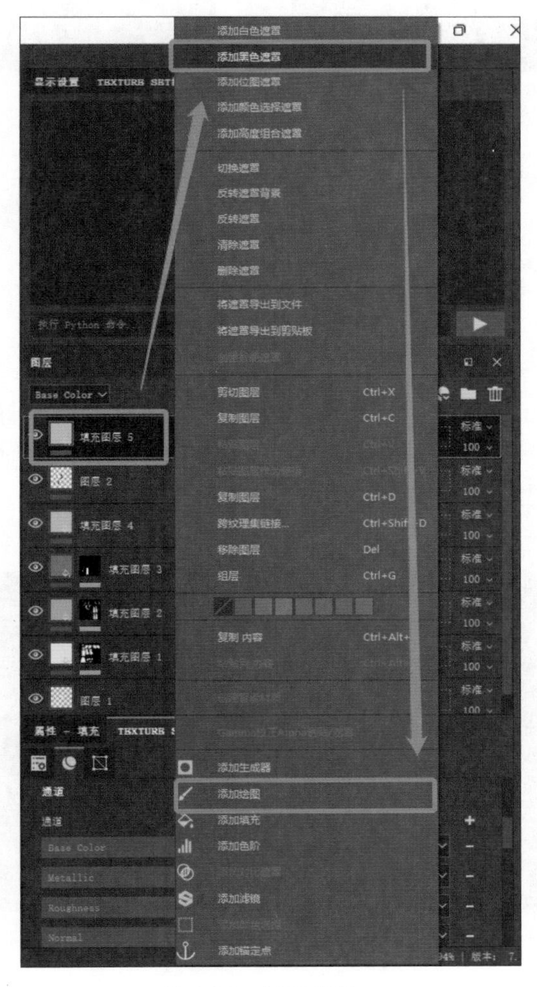

图 5-32 绘图步骤

③ 方法三：叠加材质效果（前几步对应图参照方法一）。单击添加图层→按住Ctrl+G 组合键（打组）→右击“添加黑色遮罩”→“添加生成器”，单击“生成器”选择Dirt 纹理（做旧纹理可使用）→可调节区域强弱属性（图 5-34）。

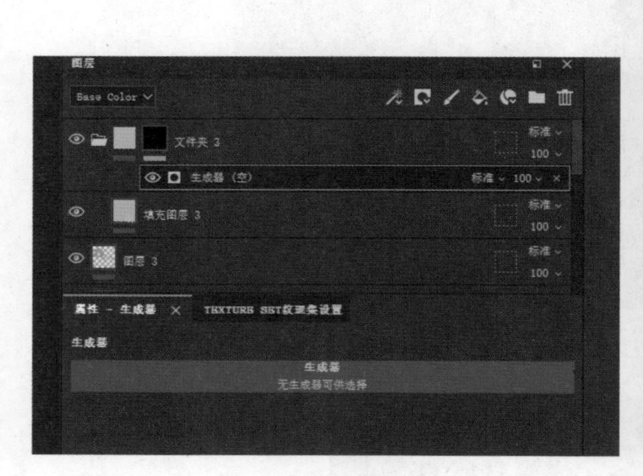

图 5-33　添加生成器

图 5-34　添加叠加效果

绘制贴图时为什么要打组

绘制贴图时要养成打组的习惯，打组快捷键为 Ctrl+G 组合键，这样利于单独修改每一层贴图的绘制效果。

（4）方法四：导出贴图时，选择要导出的贴图名称，调整导出设置（图 5-35），单击“输出模板”选项卡，选择即将使用贴图的软件类型，此时软件会根据所选选项，自动选择所需贴图类型（图 5-36）。

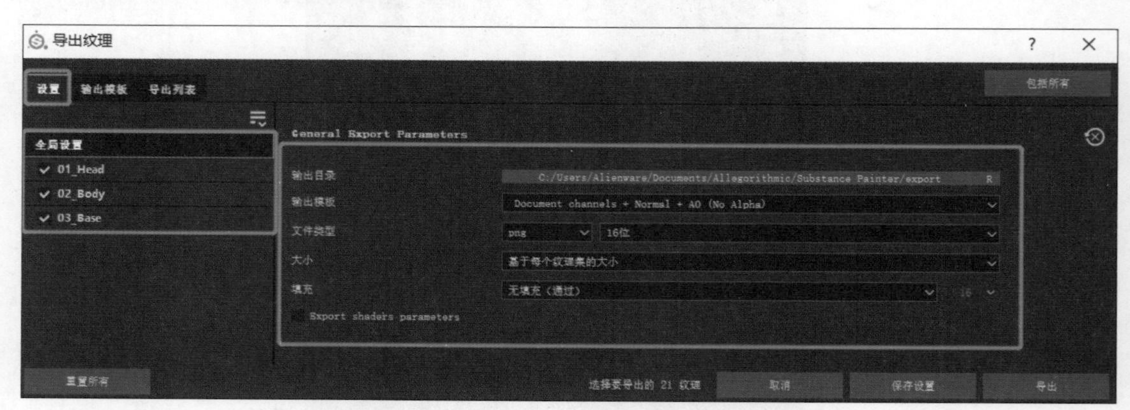

图 5-35　导出贴图设置

图 5-36 输出模板选择

5.2.3 案例练习——绘制一套服装贴图

服装贴图绘制流程如下。

1. 导入模型

在三维软件中将制作好的服装导入，将模型重拓扑后，复制模型并增加平滑网格，新生成一个高模，将高模和低模分别以 FBX 格式导出（图 5-37）。

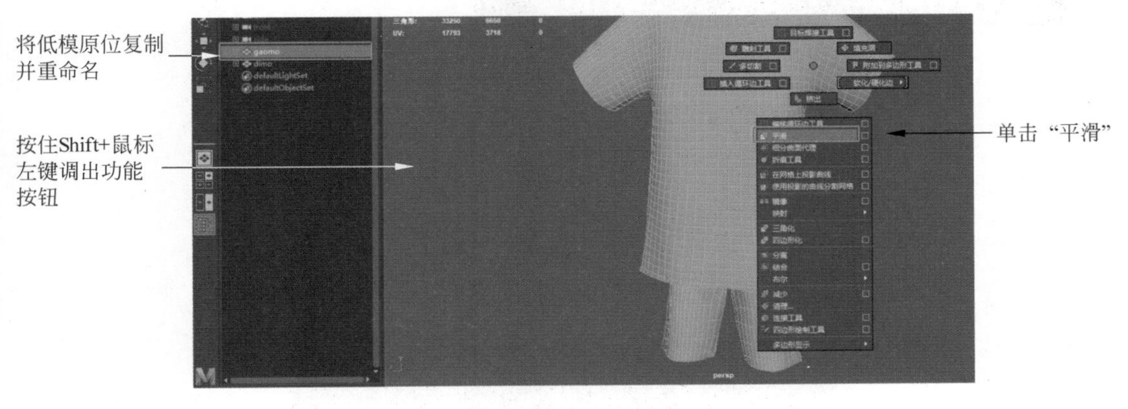

图 5-37 模型平滑网格

2. 将低模导入 SP 并将高模映射至低模

导入模型后，需将自然光设置为黑白，防止烘焙时颜色出现偏差；由于衣服模型有前后遮挡关系，需将服装遮挡的 AO 设置为 0（图 5-38），只需在其烘焙时计算单个物体遮挡关系即可，因为需要用到半透明材质，需要将着色器选定为 Alpha 类型。单击高模右侧的文件标志，选中高模文件，单击“打开”按钮，全选左侧“通用”选项下的复选框，单击“烘焙所选纹理”按钮（图 5-40），将高模映射至低模，然后单击“烘焙模型贴图”按钮（图 5-39），将开始烘焙所选贴图。

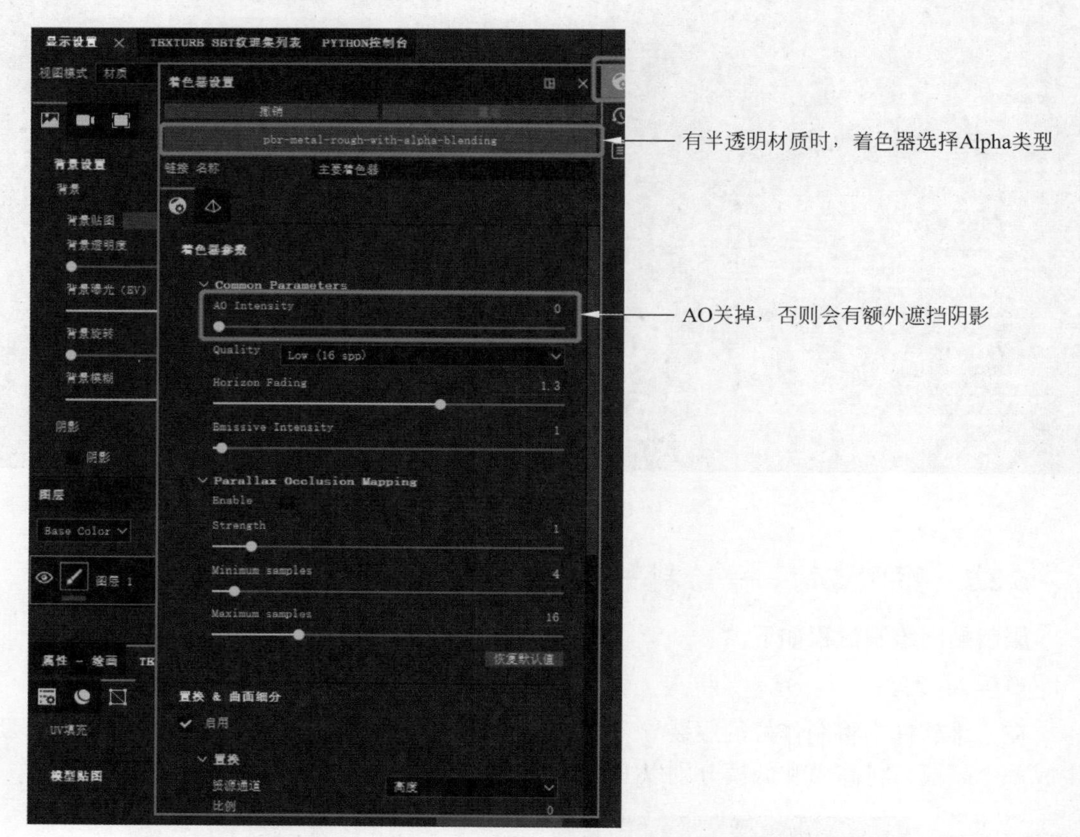

图 5-38　关掉自带 AO 效果

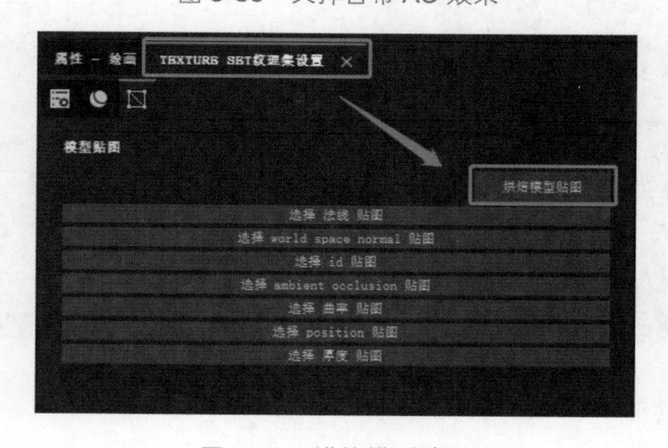

图 5-39　烘焙模型贴图

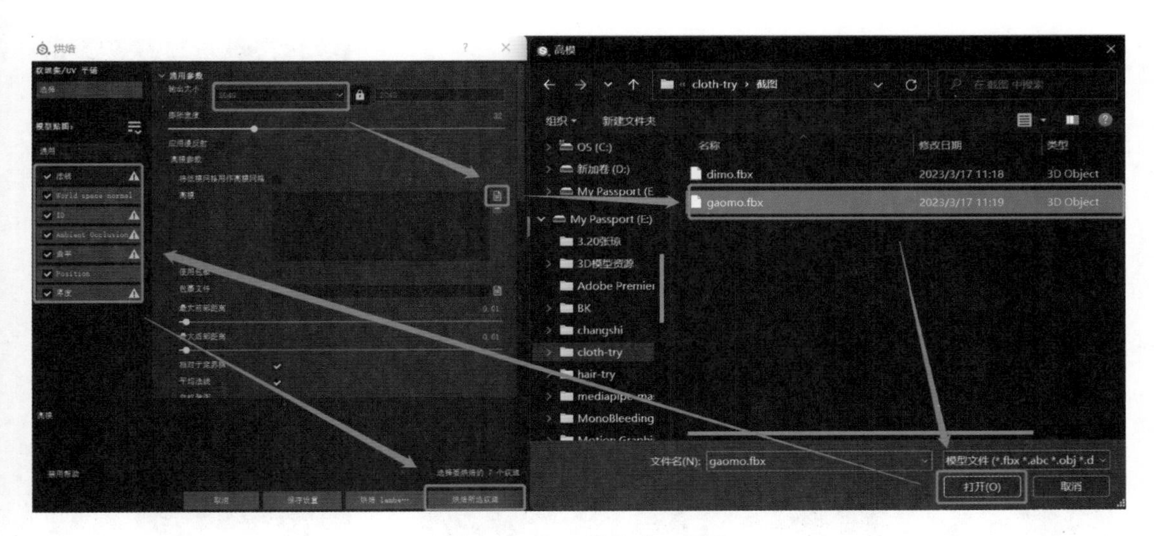

图 5-40 设置烘焙贴图选项

3. 绘制贴图

将除去背景的 PNG 贴图拖入材质窗口，在弹出的“导入资源”对话框中选择 Alpha 材质，在“将你的资源导入到”右侧下拉列表框中选择导入的项目，单击“导入”按钮（图 5-41）。

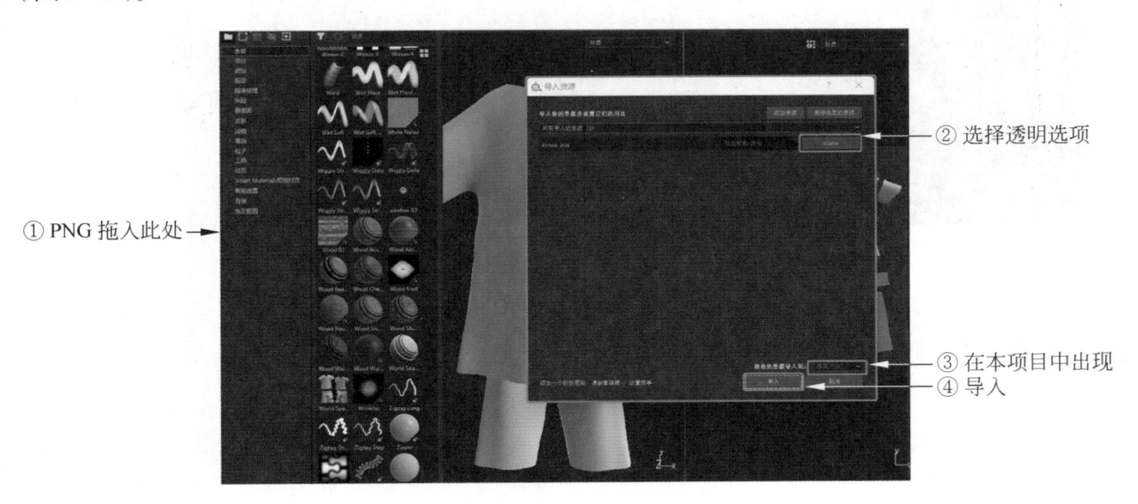

图 5-41 导入所需图案

添加底层颜色贴图，使用 5.2.2 小节中的方法一添加图样细节后使用方法二添加纹理材质。最后效果如图 5-42 所示。

4. 导出贴图样式

导出时直接导出贴图即可，单击“文件”→“导出贴图”（图 5-43），在弹出的“导出纹理”对话框中选择贴图导出位置、输出贴图类型（假设该模型使用软件为 unity）、导出格式及贴图大小，最后单击“导出”按钮即可导出贴图样式（图 5-44）。

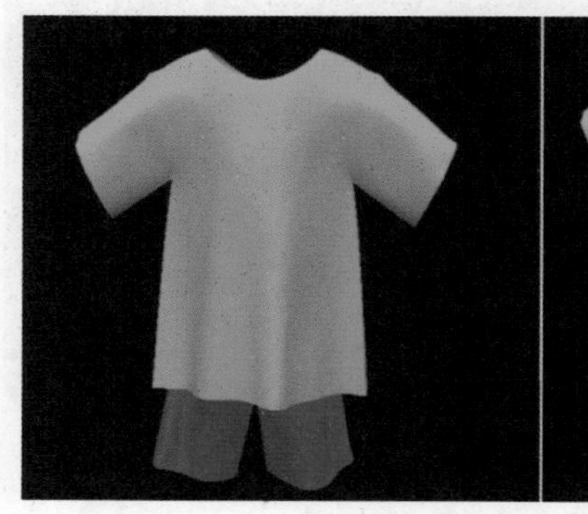

图 5-42　展示贴图效果

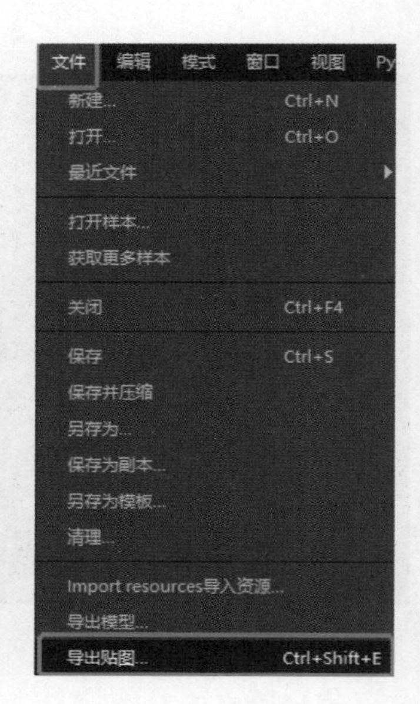

图 5-43　单击“导出贴图”

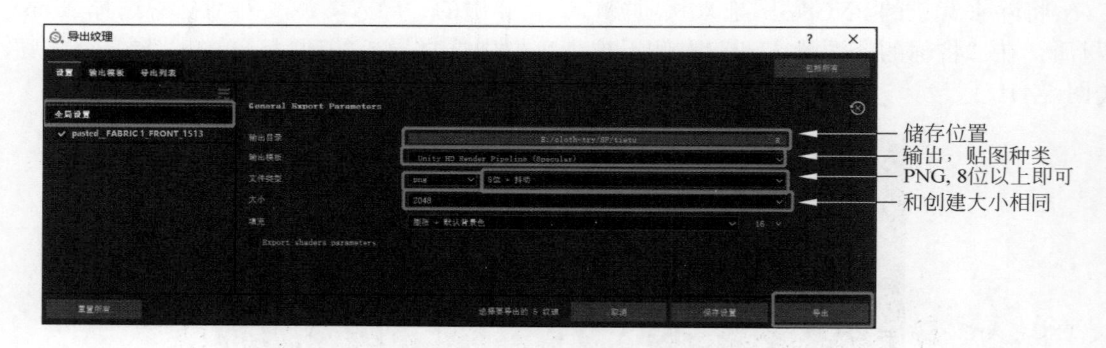

图 5-44　设置导出贴图类型

课后练习

1. 写出两种插件的操作步骤。
2. 请使用书中介绍的方法为数字人制作一身服装，并完成姿势变动及服装网格重拓扑。
3. 请使用书中介绍的方法为数字人服装绘制图案，烘焙贴图并导出。

第6章

数字人骨骼绑定

本章导语

在数字人的创作中，要想使自己的人物模型运动起来，需要先将模型进行骨骼绑定，通常分为面部绑定和全身绑定。在现实生活中，动物的骨骼支撑起身体，肌肉带动筋腱来控制动物的肢体运动，如移动和旋转。在数字空间中，人物模型的表面形态相当于皮肤和骨骼，起到支撑身体的作用；由于通常制作的人体模型中不具有肌肉，因此骨骼承担起了控制人物角色运动的功能。本章将会介绍简易的身体绑定工具 Mixamo、Blender 建模软件中的人物面部绑定插件 Faceit 和 C4D R23 版本中的人物绑定流程，从了解骨架结构开始，建立骨骼，将皮肤与骨骼建立关联，使读者逐渐掌握数字人的骨骼绑定流程。

学习目标

- 掌握简易绑定工具 Mixamo。
- 掌握 Blender 建模软件中 Faceit 插件的面部绑定方法，理解 blendShape 形态键的作用。
- 掌握 C4D 人体骨骼绑定流程，并学会修改局部权重，使模型达到良好的绑定效果。

6.1 简易绑定与蒙皮工具

6.1.1 工具简介

Mixamo 是 Adobe 旗下一个基于 Web 的在线 3D 人物动画制作平台，提供了众多 3D 模型和动画文件，可以进行傻瓜式骨骼绑定与蒙皮工作，轻松地制作出 3D 人物动画。对新手来说，Mixamo 是个友好的工具，方便初学者快速上手进行模型的动画模拟与骨骼绑定。用户除了可以在 Mixamo 中下载模型进行编辑和使用外，还可以上传自己的角色模型（通常使用 FBX、OBJ 格式）进行绑定和蒙皮，并调用动画库中的动作进行测试，然后下

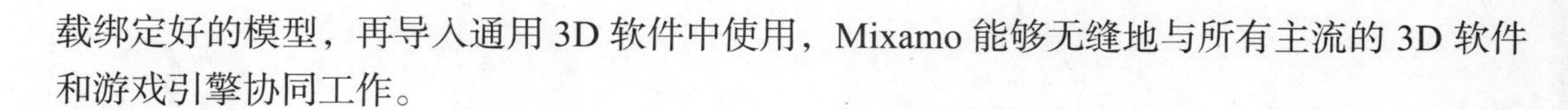
载绑定好的模型，再导入通用 3D 软件中使用，Mixamo 能够无缝地与所有主流的 3D 软件和游戏引擎协同工作。

6.1.2 绑定步骤

（1）打开 Mixamo 首页（图 6-1），输入账号登录（如无账号，需要先进行注册），Mixamo 预览界面如图 6-2 所示。

图 6-1 Mixamo 网站首页

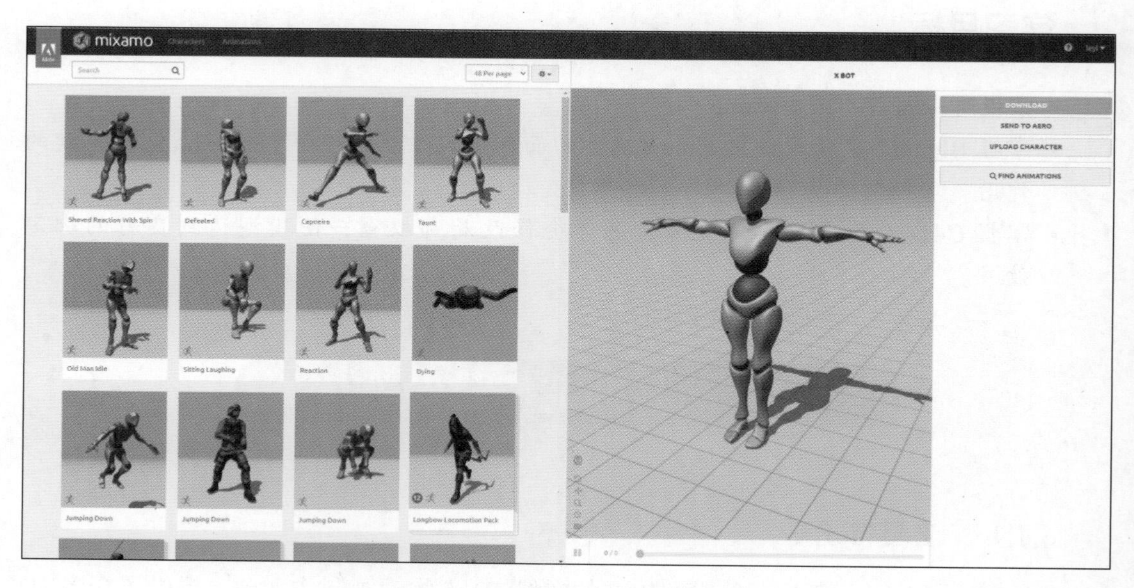

图 6-2 Mixamo 预览界面

（2）上传自己的模型，要求角色必须是 A-Pose 或者 T-Pose（图 6-3），在弹出的窗口中选择 UPLOAD CHARACTER，上传本地的数字人模型，注意网站中支持的模型格式（图 6-4）。

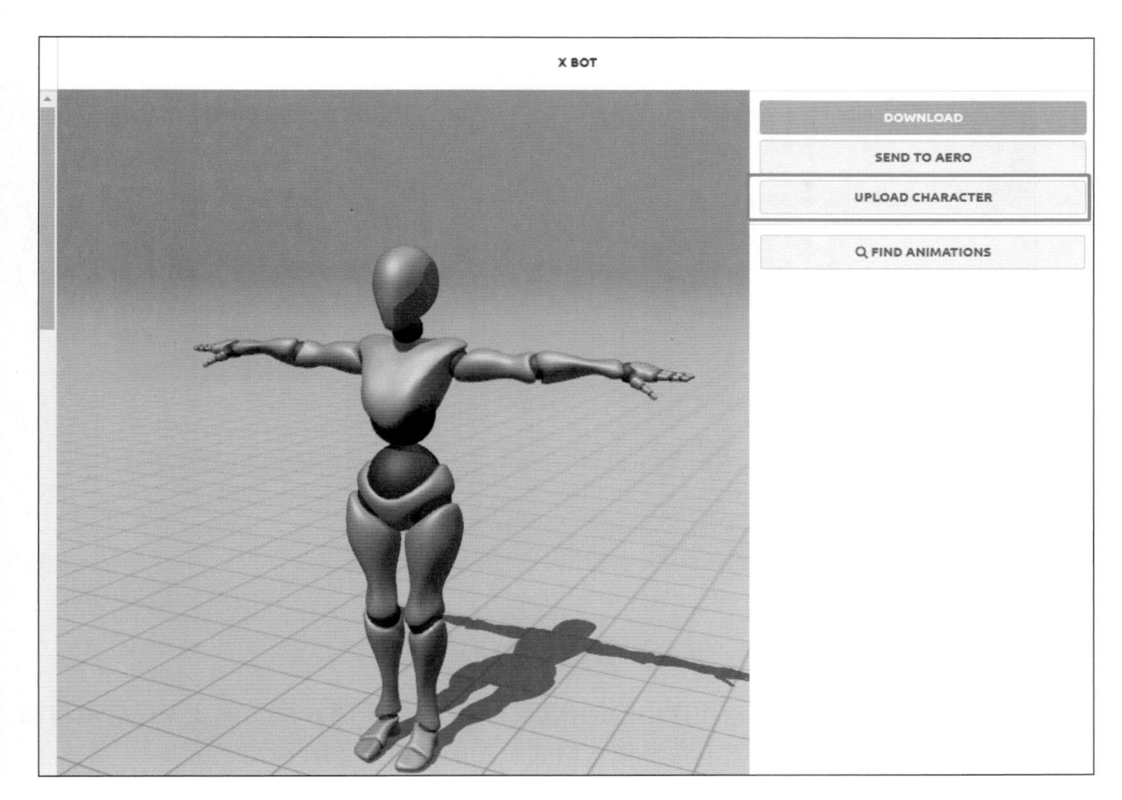

图 6-3 Mixamo 上传命令

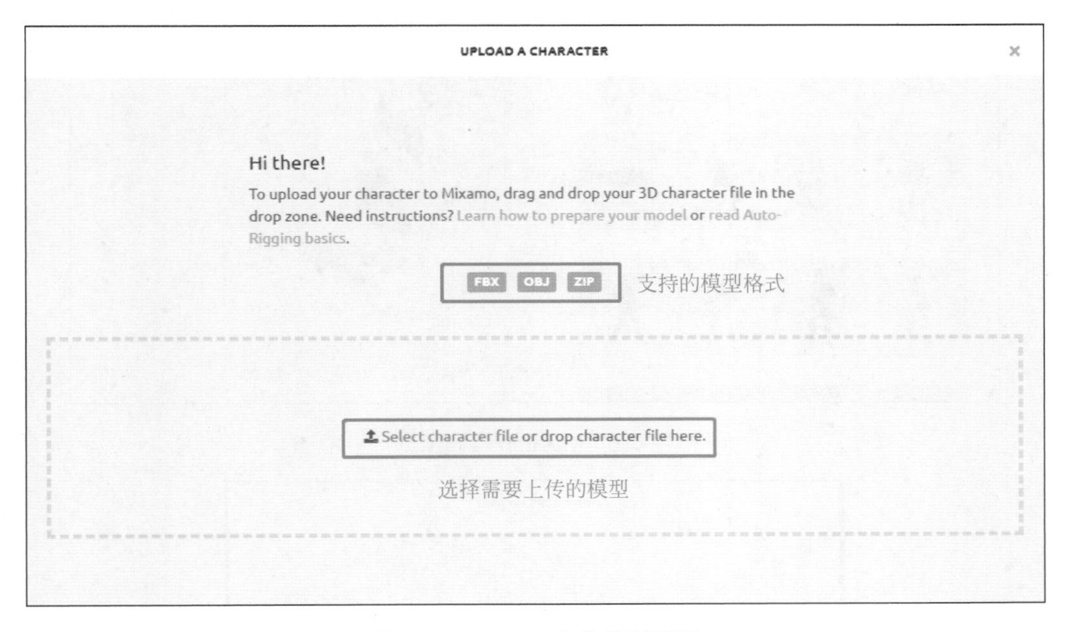

图 6-4 Mixamo 上传模型界面

（3）进入绑定页面，将圆圈放到下巴、手腕、肘部、膝盖、裆部位置，根据需要选择是否使用对称，编辑完成跟随提示选择下一步（图 6-5）。

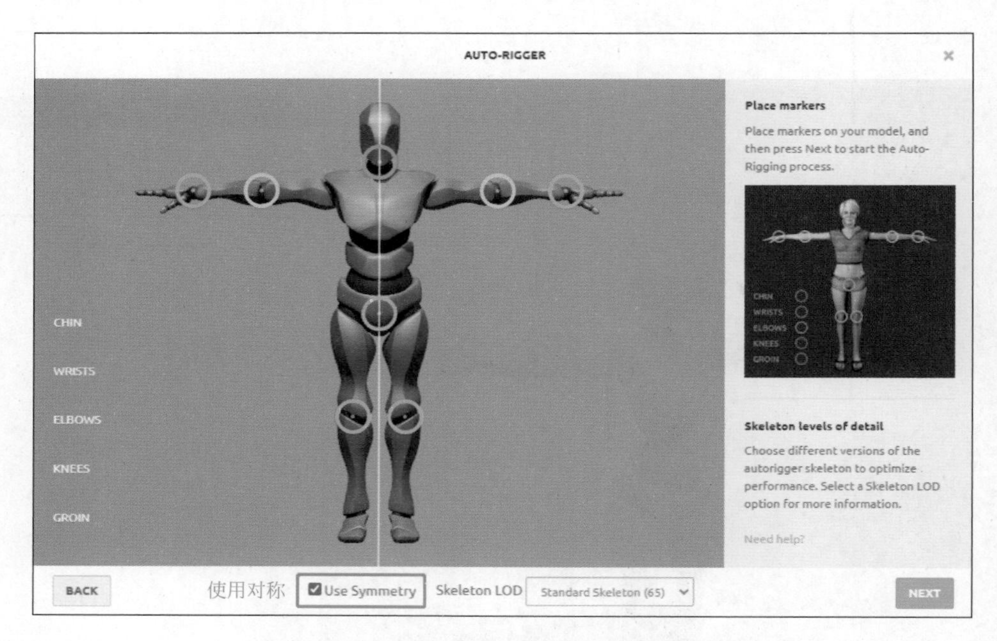

图 6-5　Mixamo 绑定界面

（4）绑定完成后，可选择动作库中的动作进行预览检查（图 6-6），确认无误后可将绑定好的模型下载到本地，根据需要选择模型格式、动画帧数等（图 6-7）。

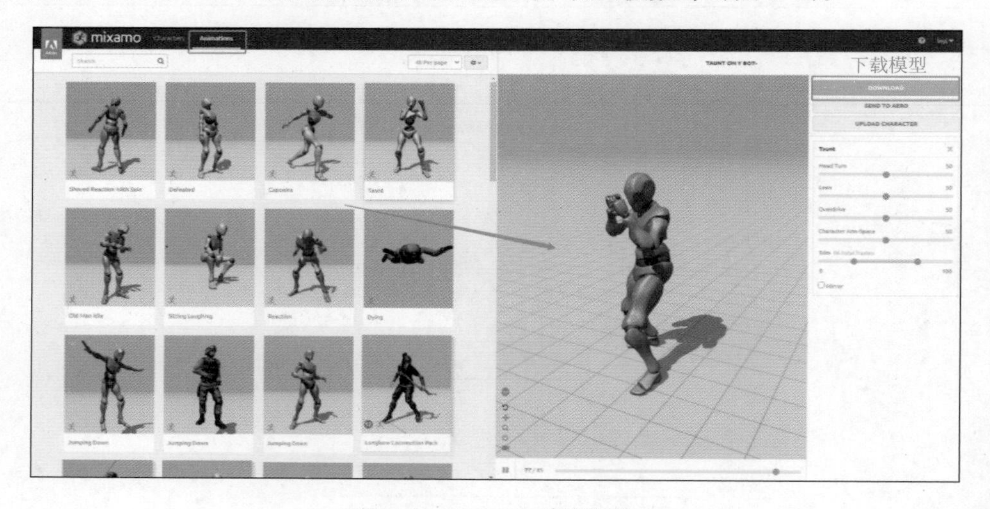

图 6-6　Mixamo 动画预览

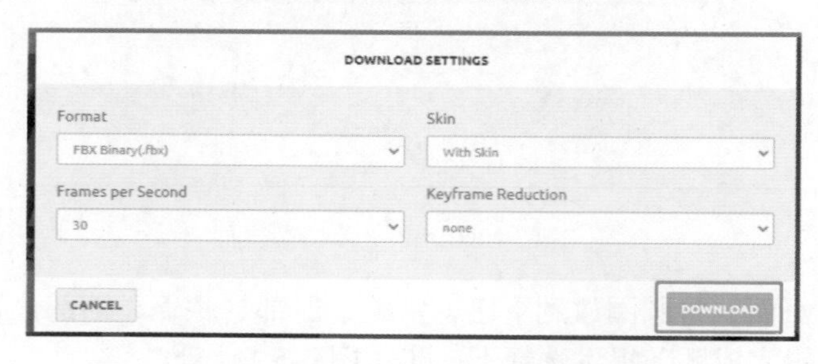

图 6-7　Mixamo 模型下载界面

6.2 面部绑定插件——Faceit

6.2.1 Faceit 插件简介

Faceit 是 Blender 软件推出的插件，这款插件能够帮助用户为 3D 角色创建面部表情，适用于写实、动画和拟人化的模型。这款插件支持导入用户自定义表情，同时内置了许多面部表情预设，方便用户对人脸表情进行设定。插件提供了一个直观、半自动和非破坏性的工作流程，方便用户以低学习成本、高效的方式完成动画创作。本小节将介绍 Faceit 在 Blender 2.92 版本中的基本操作，生成 52 个兼容 ARKit 的形态键，为人脸实时驱动做准备。

blendShape 的原理很简单，就是在多个形态键对应的网格间做插值运算，所以设计师只要制作若干个特定姿态形状，就可模拟面部表情动画。插件安装方法如下。

（1）复制插件文件夹，将 Faceit 文件夹复制到 Blender 安装目录下的 addons 目录下（图 6-8），如 C:\Program Files\Blender Foundation\Blender\2.92\scripts\addons，注意安装路径不能使用中文。

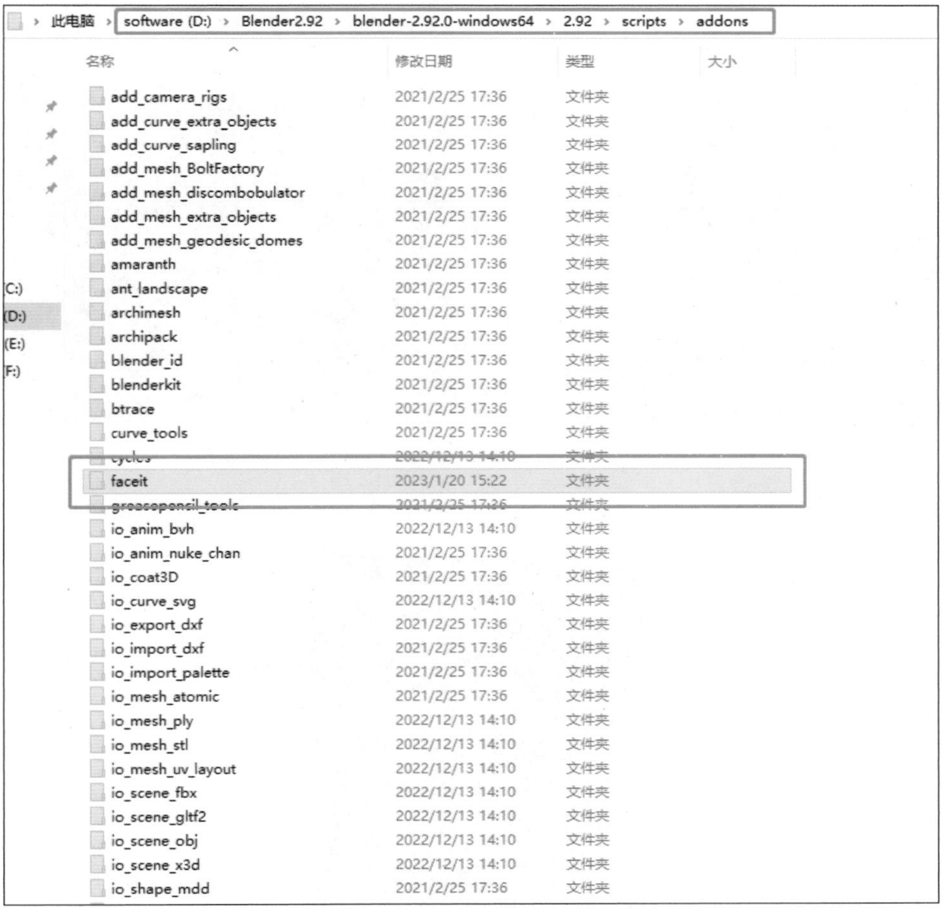

图 6-8　Faceit 安装路径

（2）插件复制完成后启动 Blender 软件（图 6-9），进行初始设置后关闭启动画面。

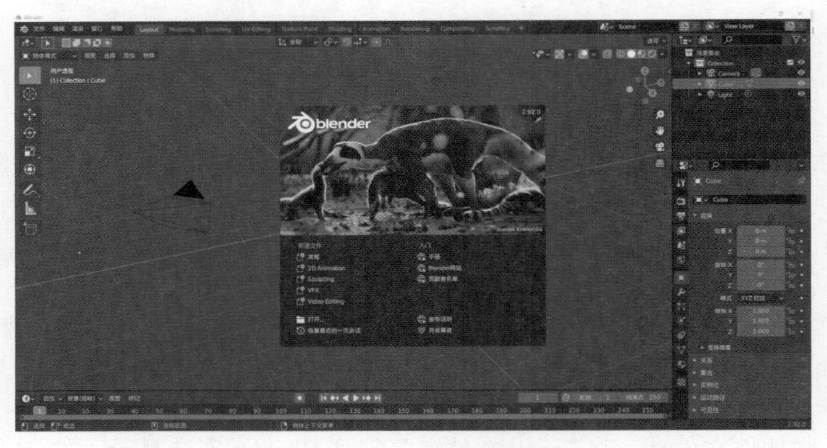

图 6-9　Blender 软件界面

（3）检查插件安装是否成功。选择顶部菜单栏中的“编辑”→“偏好设置”→“插件”命令，在搜索框中搜索 Faceit 插件并勾选 Animation：FACEIT 复选框（图 6-10）。

图 6-10　Blender 偏好设置

（4）回到首页，按 N 键打开右侧隐藏面板，出现 FACEIT 即表示插件安装成功（图 6-11）。

图 6-11　Faceit 插件显示位置

6.2.2 案例练习——绑定一张脸

绑定一张脸的步骤如下。

（1）打开 Blender，进入其默认场景界面（图 6-12），选中默认场景中的对象，按 Delete 键全部删除，保持场景空白。

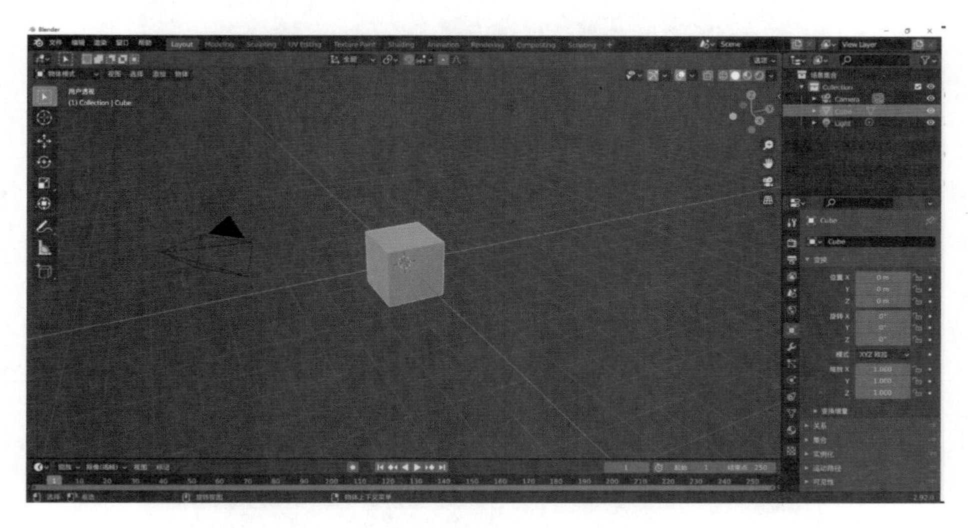

图 6-12 Blender 默认场景

（2）按 N 键打开右侧隐藏面板，单击 FACEIT 调出 Faceit 界面（图 6-13）。

图 6-13 Faceit 界面

（3）导入 FBX 或 OBJ 格式的人物模型文件，选择“文件”→“导入”选项（图 6-14）。

图 6-14　导入模型

小贴士

绑定前的模型要求

模型角色可由不同的部分组成，Faceit 插件中可支持的面部可单独分割的部分包括头部 / 面部、眼睛、牙齿和牙龈、舌头、其他几何图形，如面部毛发（睫毛、眉毛、胡须）等。模型角色保持一个中性的表情（睁着眼睛，闭着嘴 / 半闭着嘴）。另外，模型位置应放在场景的中心（X，Y），高度 Z 不受影响。

（4）选中模型的头部主体和配件，在插件中单击 Register Face Objects 注册面部对象（图 6-15），单击下面的 Main、Left Eyeball、Right Eyeball 等依次指定顶点组（图 6-16）。

（5）单击 Rig 进行装配，单击 Genreate Landmarks 生成地标，注意当模型不完全对称时要先将 Asymmetry 选项（图 6-17）打开。生成的地标将引导用户完成粗略的定位和缩放，这一步不必过分精确（图 6-18）。

（6）在“编辑模式”下（场景界面左上角可进行切换），使用选择工具调整地标上每个点位的位置，注意眉毛与上眼睑之间眼皮部分的 5 个点位与眉毛上的 3 个点位（图 6-19），所有点调整完成后单击 Project Landmarks 地标项目（图 6-20）。

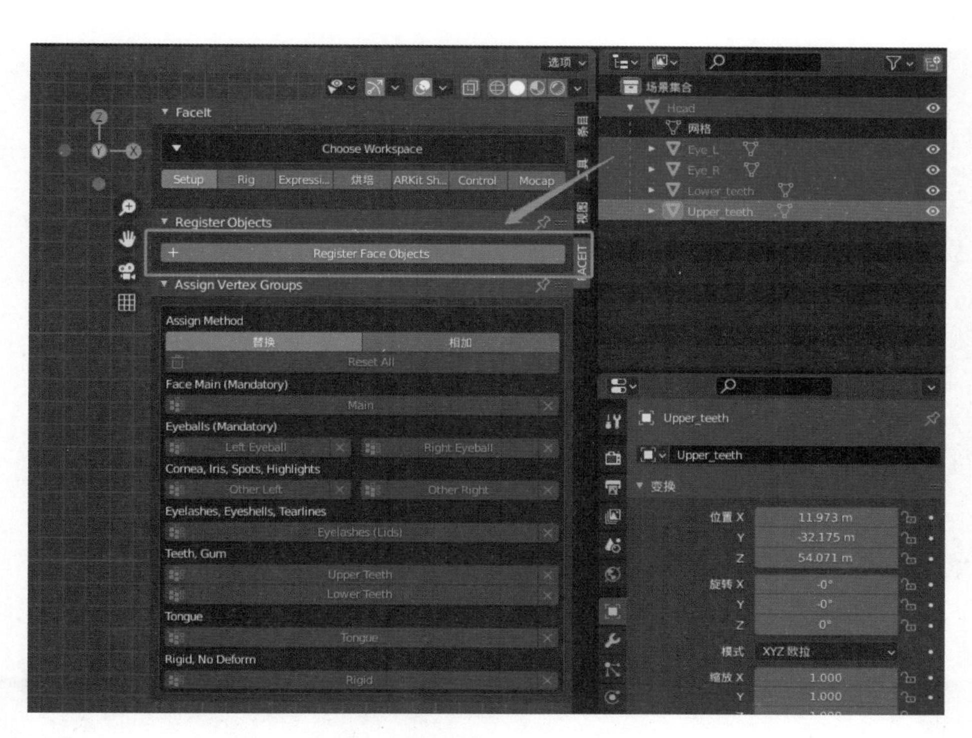

图 6-15　在插件中添加面部对象

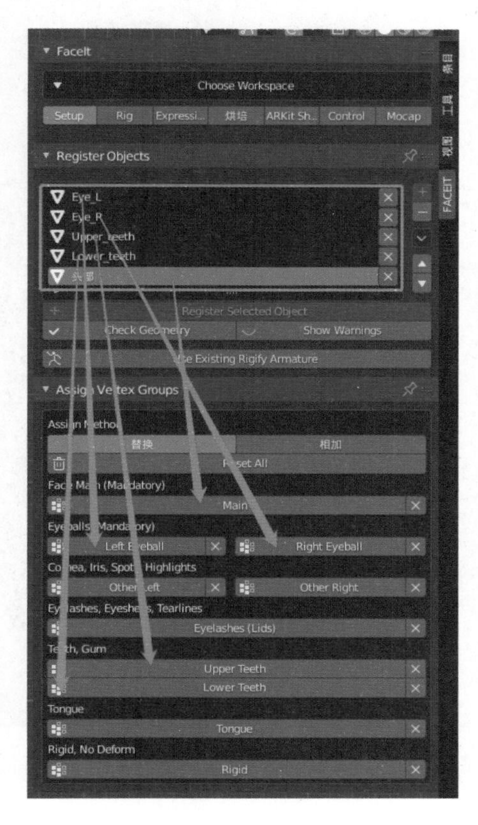

图 6-16　指定顶点组

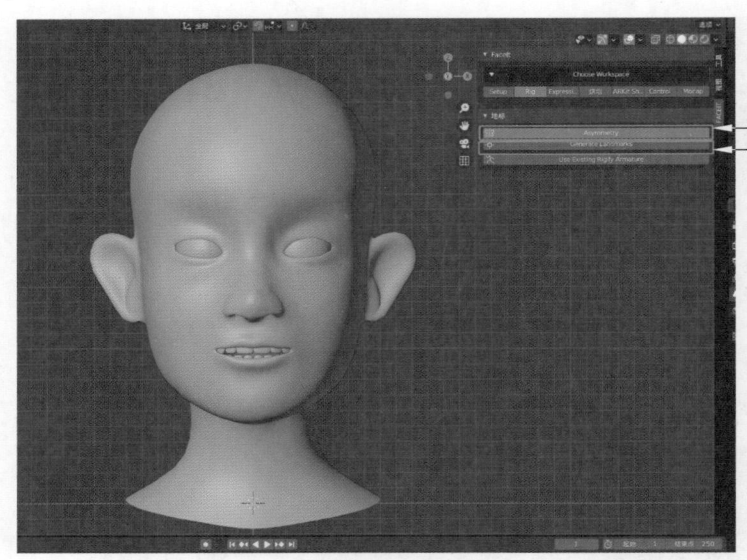

对称，当模型不完全对称时需要点亮

生成地标，默认为对称

图 6-17　设置对称

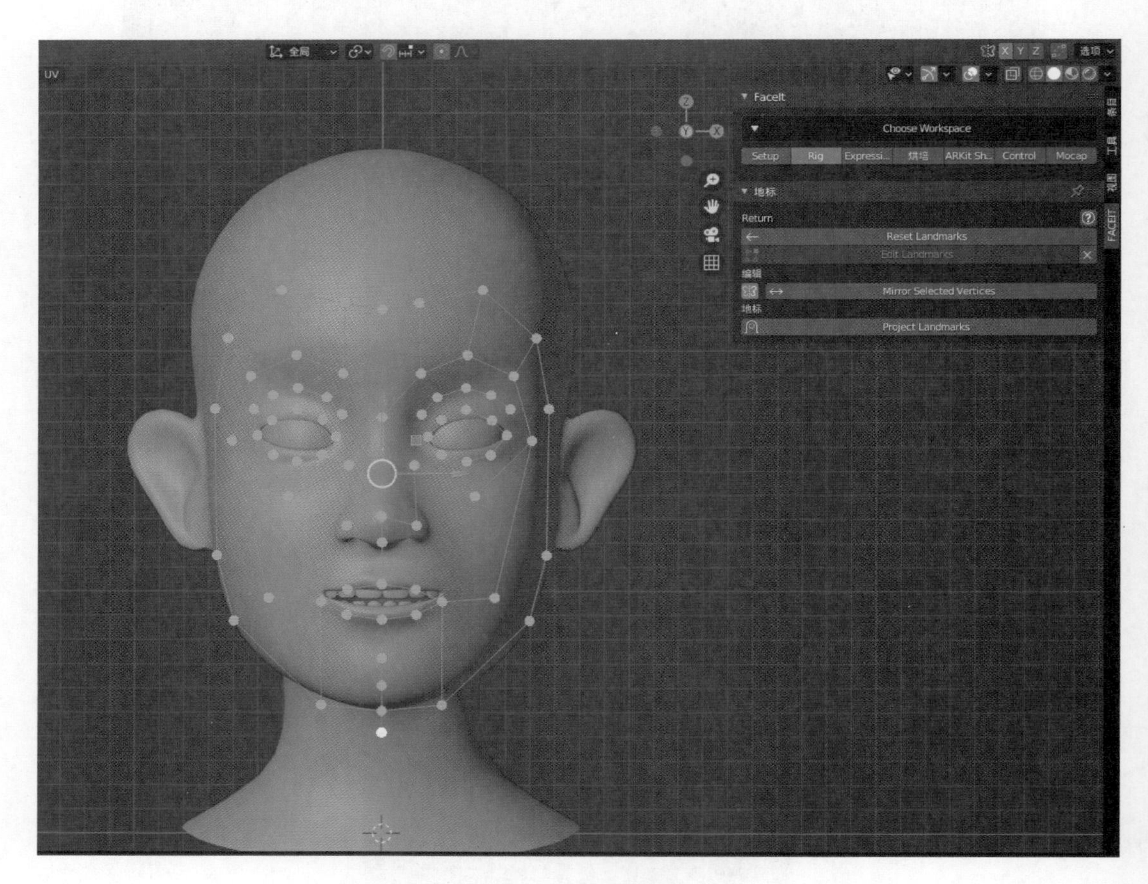

图 6-18　生成地标

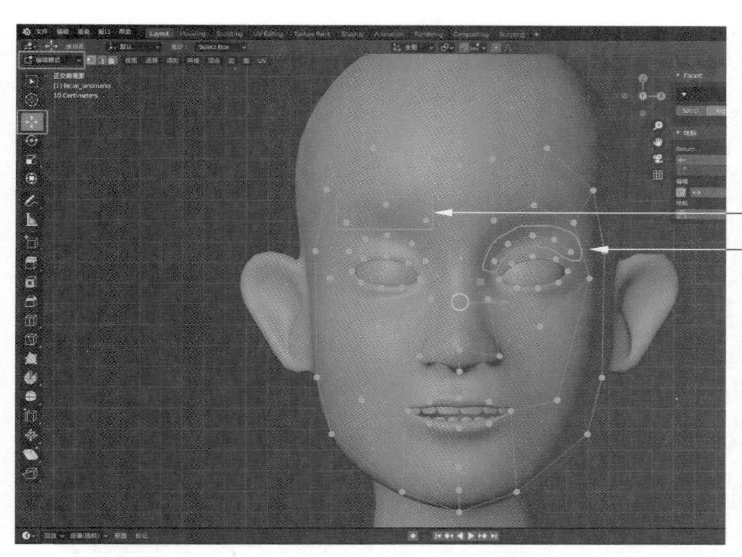

图 6-19　调整点的位置

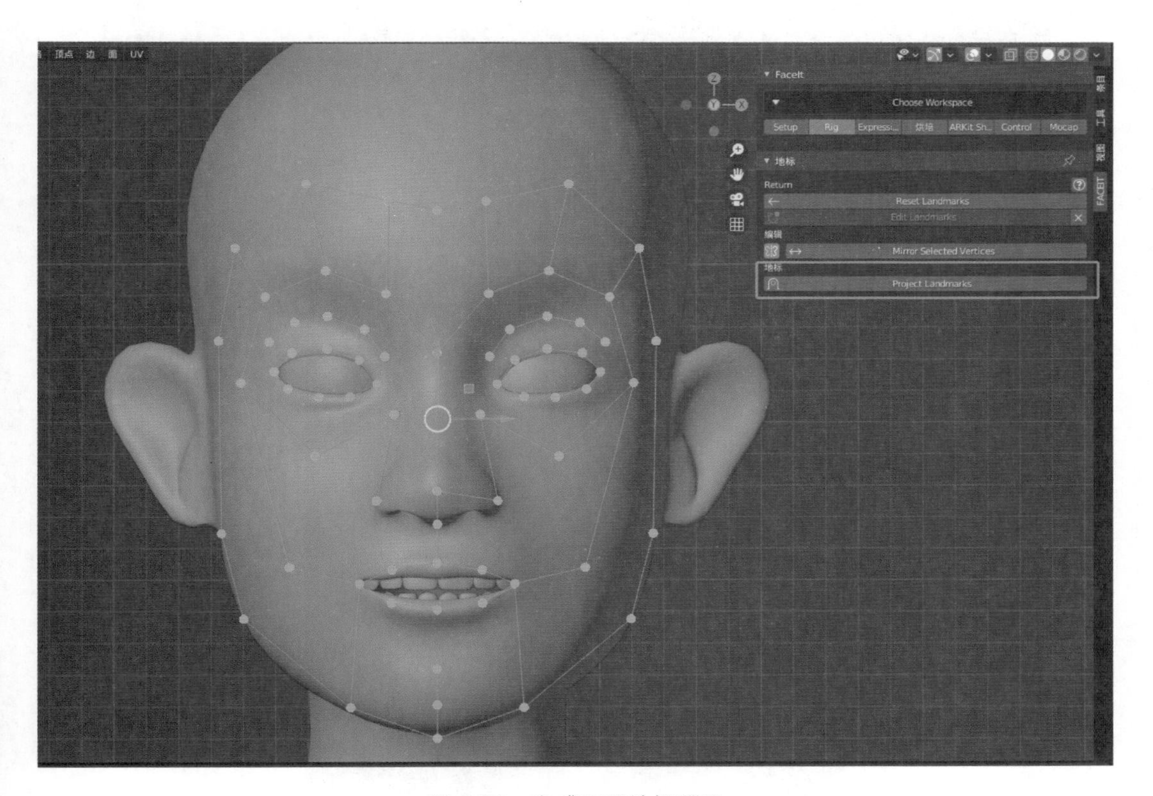

图 6-20　完成正面地标项目

（7）完成上一步骤后视图将自动进入侧面，此时可以调整侧面的点（图 6-21），可旋转视图多角度检查点位是否正确，调整完成后单击 Generate Faceit Rig 生成面部装配（图 6-22）。

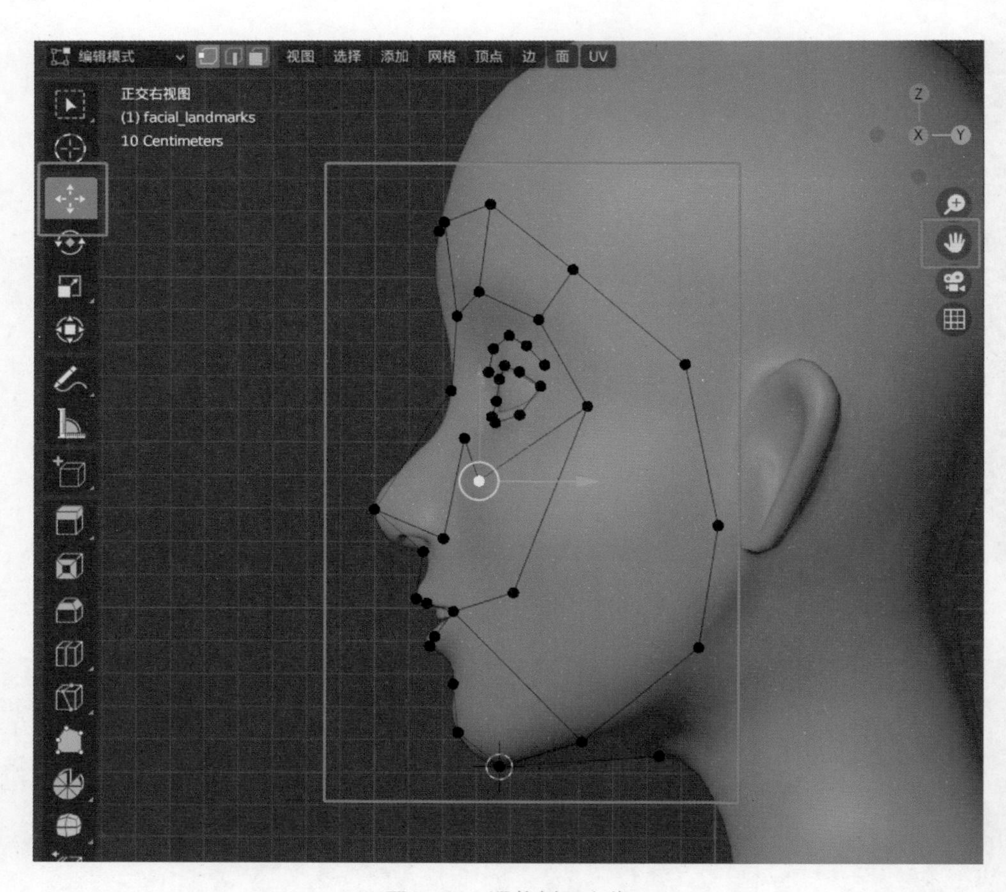

图 6-21　调整侧面点位

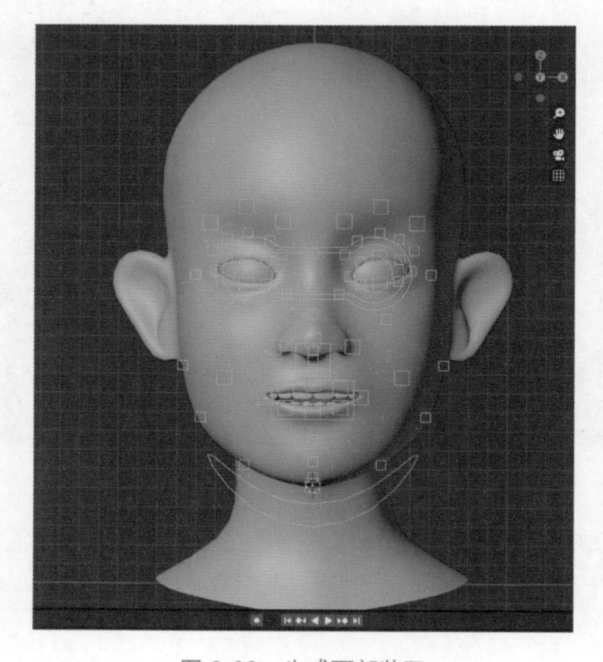

图 6-22　生成面部装配

（8）单击Bind绑定（图6-23），并保持系统的默认选项，单击“确定”按钮（图6-24）。

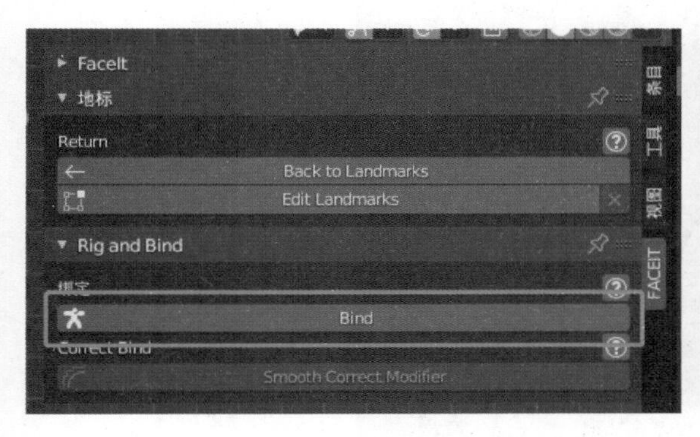

图6-23　单击Bind绑定

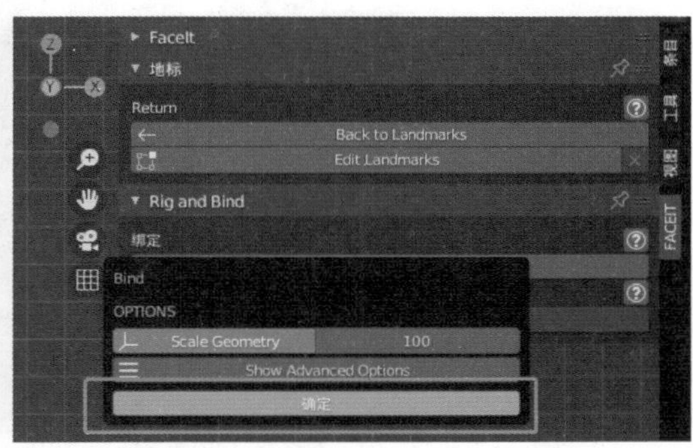

图6-24　绑定保持默认选项

（9）切换“姿态模式”，单击视图中某个点位，使用“移动”工具检查面部是否产生形变，判断是否绑定成功（图6-25），完成检查后按Ctrl+Z组合键恢复模型原始形状。

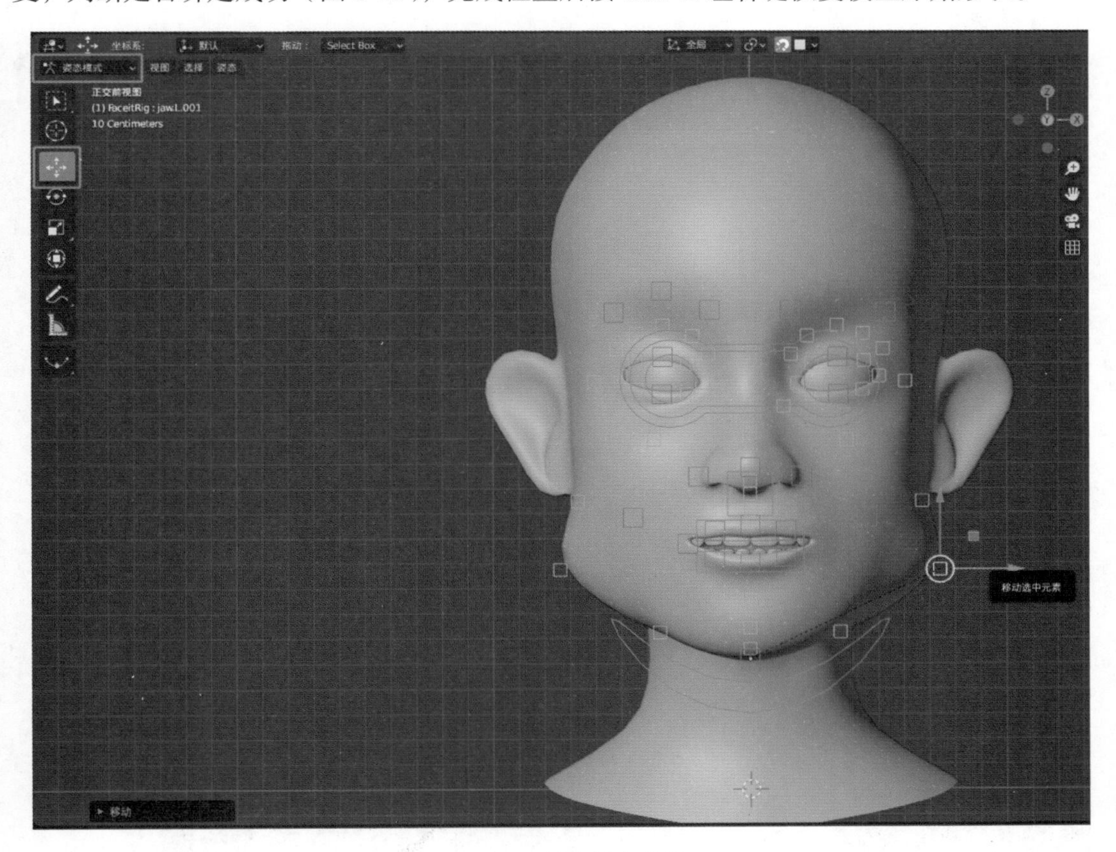

图6-25　检查绑定效果

（10）保持姿态模式，单击Expressions，选择Load Faceit Expressions加载Faceit表情，选择ARKit表情系统（图6-26），单击“确定”按钮。

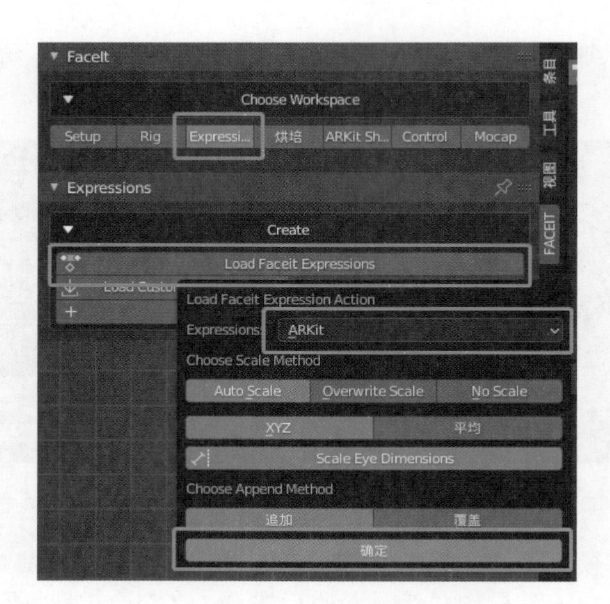

图 6-26　添加表情系统

（11）生成表情库后逐个单击表情检查，选择“自动插帧”命令，使用“选择”工具调整点位，进行表情修改（图 6-27）。

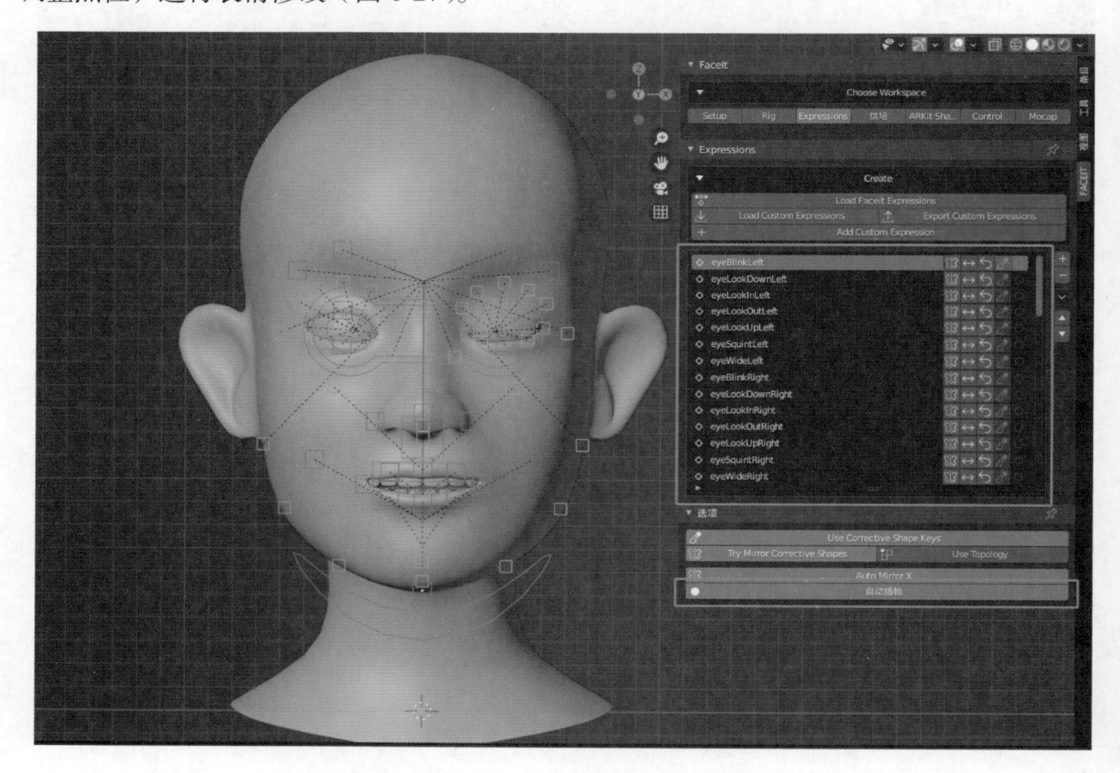

图 6-27　表情检查与修改

（12）表情修改完成后备份一个文件，再烘焙表情（图 6-28），防止模型出错，因为烘焙操作不可逆。

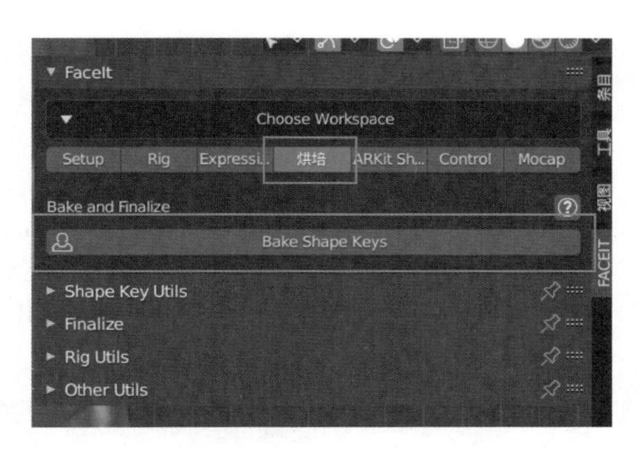

图 6-28　烘焙表情

（13）烘焙完成后将模型按需要的格式导出（图 6-29）单击“文件”→“导出”，完成面部绑定流程。

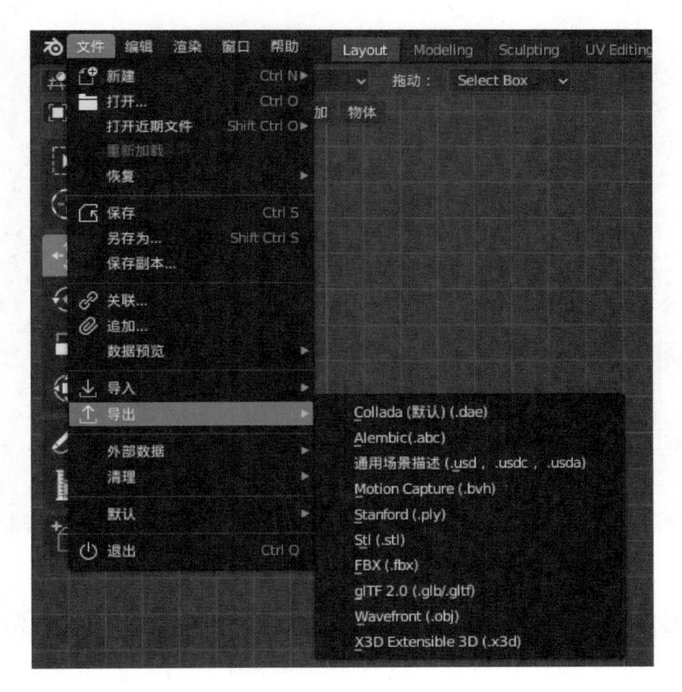

图 6-29　导出文件

6.3　C4D 骨骼系统与绑定

6.3.1　C4D 骨骼系统简介

人和大部分动物的日常身体活动，都离不开骨骼和肌肉的参与。在现实中，人的骨骼自身不能够运动，是由肌肉带动骨骼运动的。而在计算机中，由于一般只构建对象的表面

网格模型，因此通过构建骨骼，直接控制骨骼运动，来带动表面网格的顶点运动，从而产生模型变形、运动。计算机中的骨骼系统以髋关节为根，通过父子关系连接，形成树状结构。

C4D 提供了一套非常强大的骨骼系统（图 6-30），有许多方便的操作工具，并且支持骨骼动力学。这套系统允许用户根据模型外形条件自行绘制骨骼，同时也提供了一个便捷的“角色模块”，可以让用户利用模板快速建立一套骨骼。这也意味着，只要用户建立好“角色”模型，就可以立即为它套上骨骼模板，快速制作出行走、奔跑、跳跃等动画。

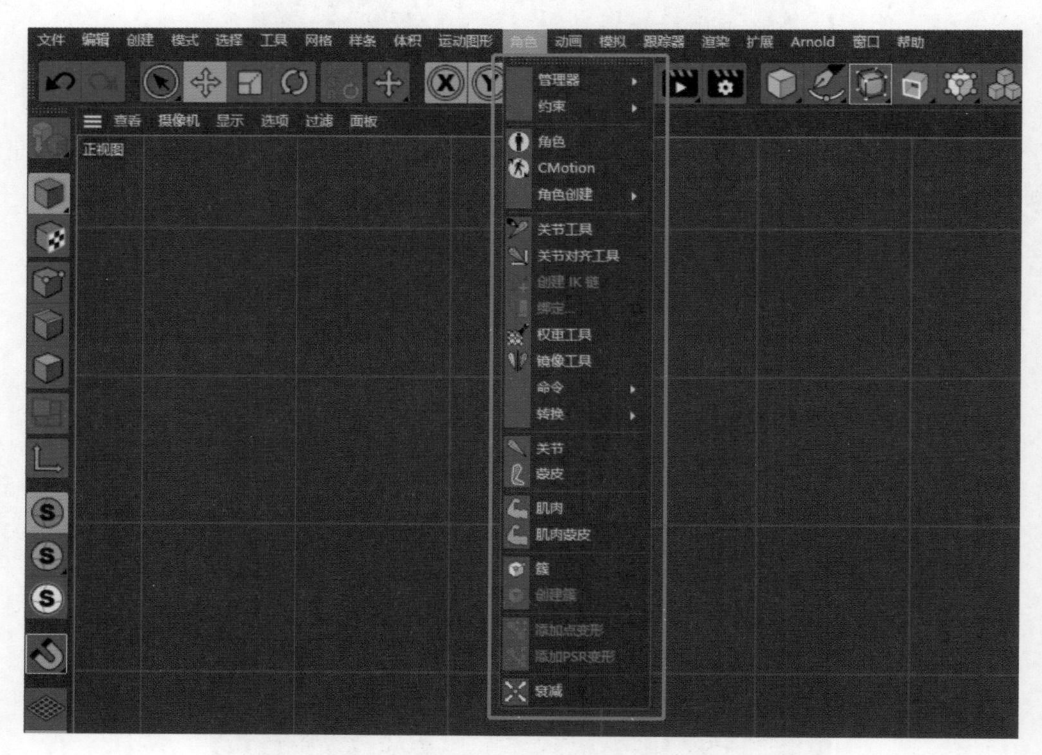

图 6-30　C4D 骨骼系统菜单

模型的外形表面就是模型的“皮肤”，通常用多边形网格表示，为模型添加骨骼后，此时骨骼与模型的外形表面相互独立，没有关联。为了让骨骼能驱动皮肤产生合理的变形运动，需要把皮肤与骨骼进行关联绑定，这个过程称为蒙皮。因此，想在软件中实现效果好的动画，需要构建与外形表面网格匹配的骨骼，并进行正确的蒙皮，使模型的运动符合角色运动规律。

小贴士

1. 关节（Joint）与骨骼（Bone）的关系

在三维软件中，关节一般用于控制骨骼的旋转、位置等操作，而骨骼则是起到连接关节的作用（图 6-31）。

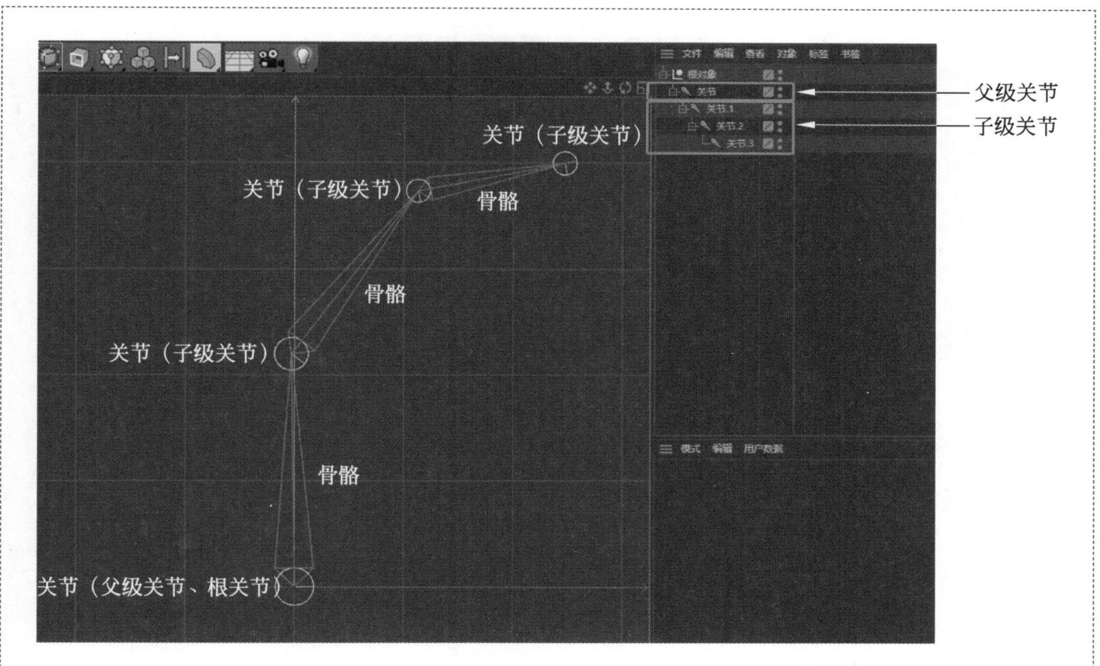

图 6-31 关节与骨骼的关系

2. 什么是骨骼动力学

骨骼动力学分为两种，一种是正向动力学，另一种是反向动力学。

正向动力学（forward kinematics，FK）：关节之间具有从属关系，从父级关节影响到子级关节的运动，这种父级带动子级关系的运动，称为正向动力学。如肩膀的运动会带动上臂的运动、上臂的运动会带动下臂的运动、下臂的运动会带动手掌的运动。

反向动力学（inverse kinematics，IK）：和正向动力学相反，反向动力学是从子级关节影响到上一级关节的运动，是通过调整末端关节的位置，让软件反求出上级关节的位置，这种方式减少了需要手动控制的关节数目，使用反向动力学去制作角色动画效率相对会更高一些，但是当关节数量较多时，容易出现非期望的结果。

6.3.2 案例练习——绑定一个头部

在 6.2.2 小节中，我们实现了对角色面部表情的绑定，但是没有实现对头部转动的控制。本案例中，将使用 C4D 的骨骼系统将人物的头部进行绑定，为后续人物驱动章节中实现头部的转动控制打下基础。

（1）在 C4D 中导入头部模型，选择“文件”→“打开项目”选择（图 6-32）。模型的位置应在视图中心（0，0，0）。

（2）在 Blender 中绑定过表情的模型，可以在对象管理器中将强制显示关闭，隐藏控制面部表情的标识，防止干扰后续头部骨骼的绑定。单击对象右侧的点即可切换状态（如导入没有绑定表情的模型无须关注此步骤）（图 6-33）。

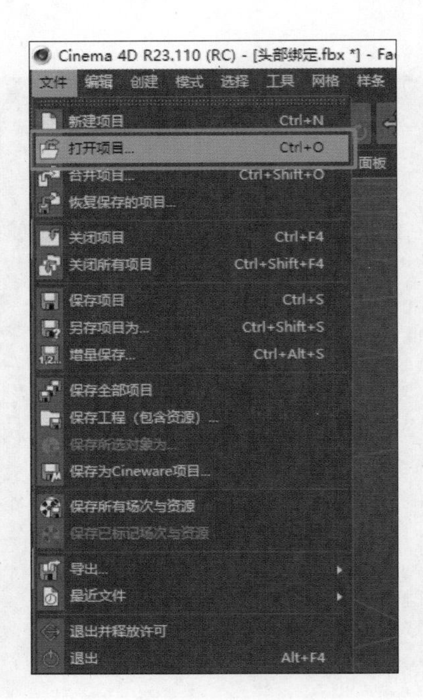

图 6-32　打开项目

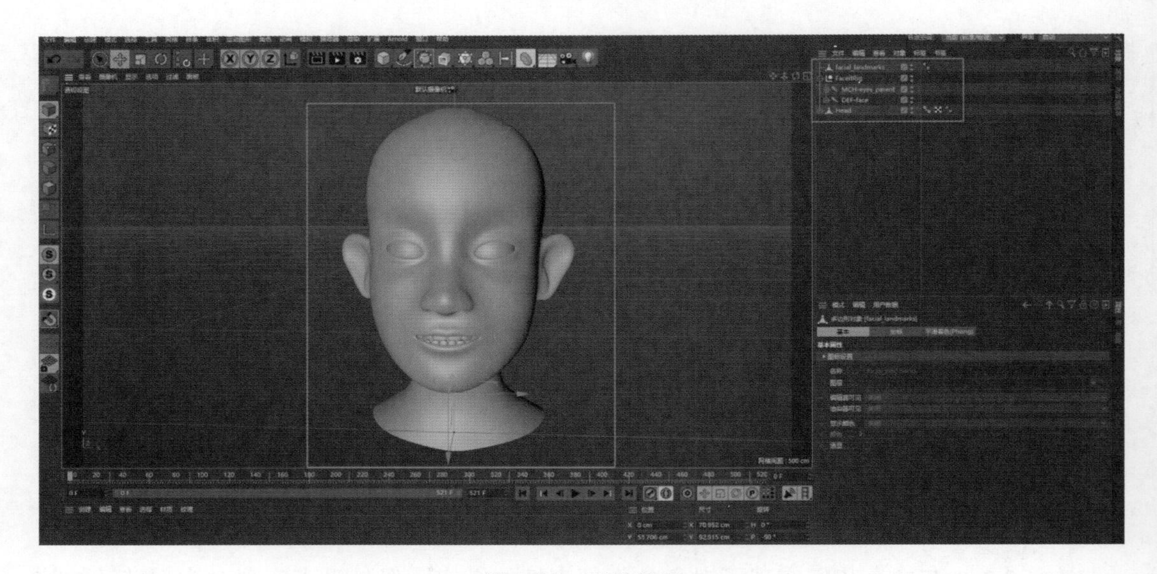

图 6-33　开关显示

小贴士

对象显示状态

右侧对象管理器中每个元素旁的点，上排为场景中模型的显示状态，灰色为默认状态，红色为强制隐藏，绿色为强制显示；下排为渲染时模型的显示状态，灰色为默认，红色为强制隐藏，绿色为强制显示（图 6-34）。

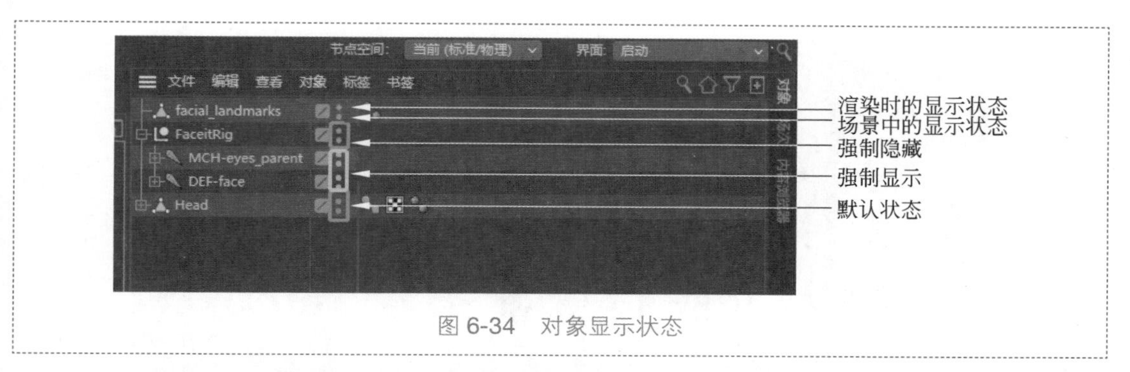

图 6-34 对象显示状态

（3）按 F3 键切换到侧视图，选择上侧菜单栏中的“角色”→“关节工具”选项，按住 Ctrl 键，单击视图中相应位置创建骨骼（图 6-35），新建完成后在右侧对象管理器中，双击骨骼名称修改命名（图 6-36）。

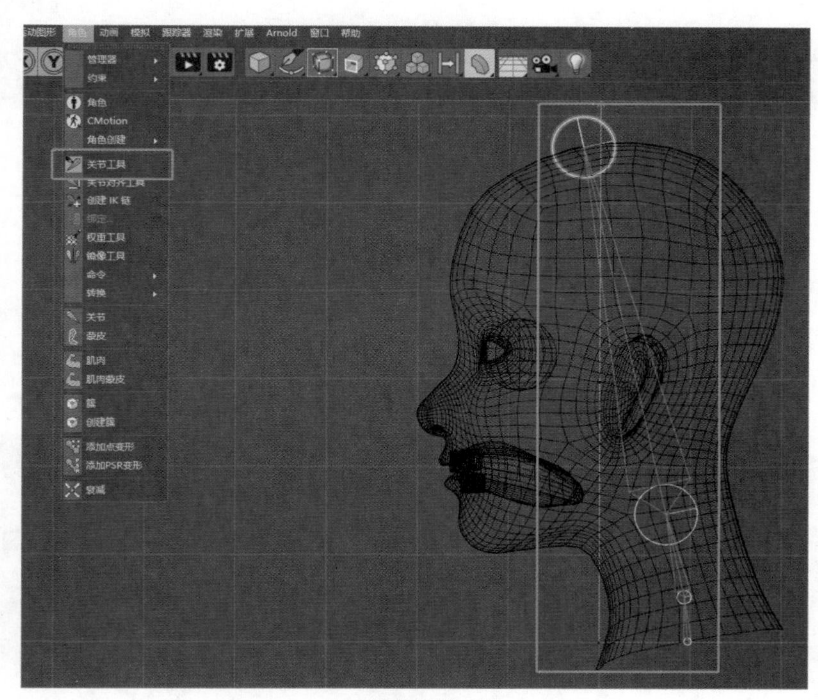

(a) 选择关节工具

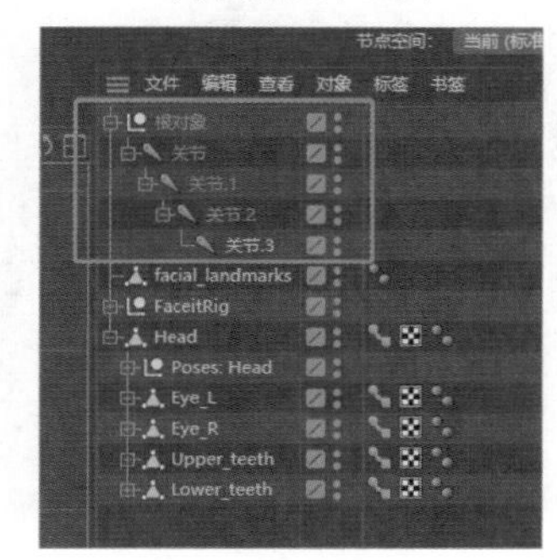

(b) 单击相应位置创建骨骼

图 6-35 创建骨骼

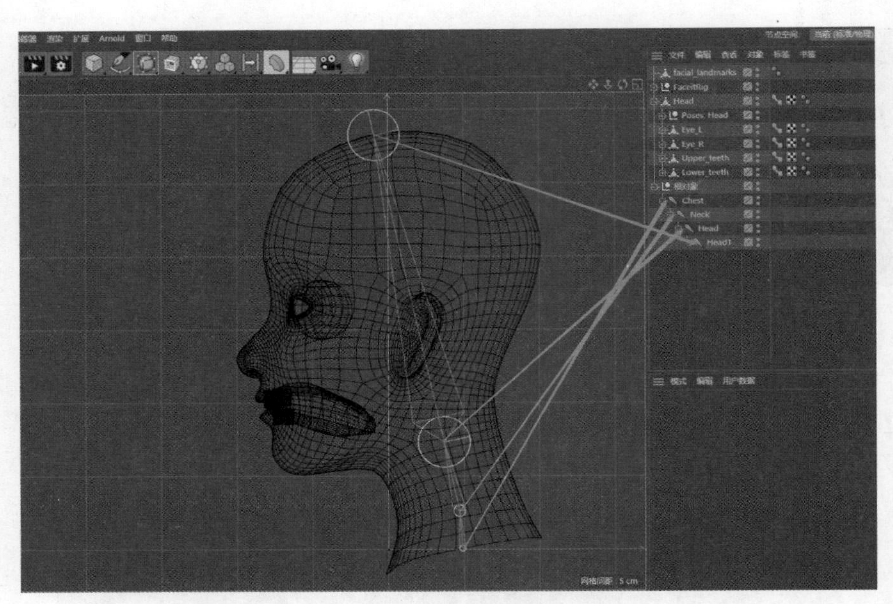

图 6-36　修改骨骼名称

小贴士

C4D 视图切换方法

C4D 中的视图切换：按鼠标中键变为四视图后，再继续使用中键选择相应视图进行切换；或按 F1 键（透视视图）、F2 键（顶视图）、F3 键（右视图）、F4 键（正视图）进行切换（图 6-37）。

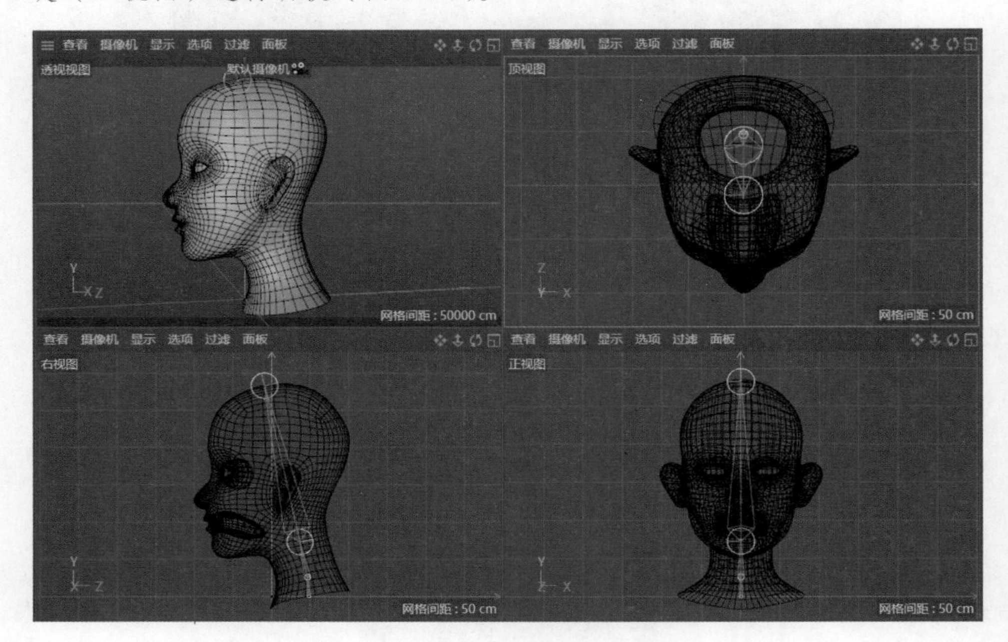

图 6-37　视图切换

（4）单击“根对象”，按住鼠标中键选中所有关节，并按 Ctrl 键加选头部网格模型，完成后松开 Ctrl 键，选择上侧菜单栏中的“角色”→“绑定”选项，系统自动进行皮肤与骨骼绑定、网格顶点的权重计算，等待绑定完成后，对象管理器中出现蒙皮与权重标签。双击“权重”标签，绑定成功的模型变为彩色的，每种颜色代表每块骨骼的控制范围（图 6-38）。

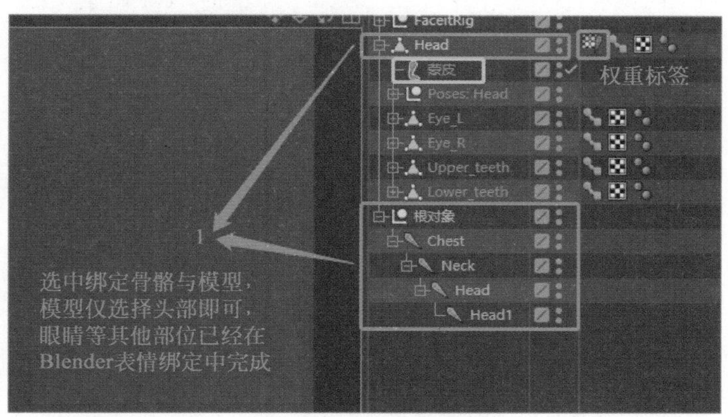

(a) 选中绑定骨骼与模型

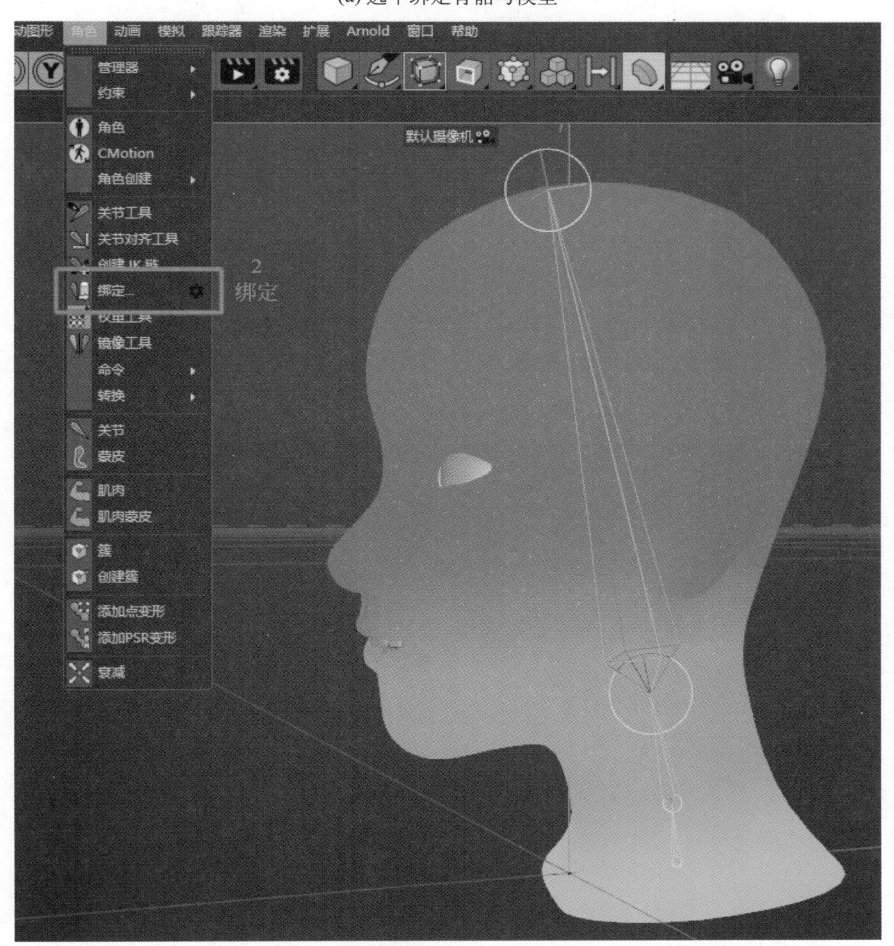

(b) 选择“绑定”工具

图 6-38　绑定

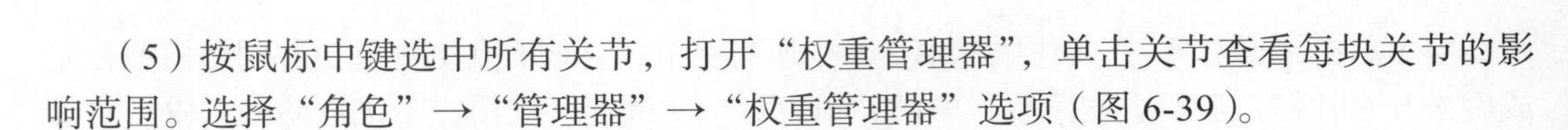
（5）按鼠标中键选中所有关节，打开“权重管理器”，单击关节查看每块关节的影响范围。选择“角色”→“管理器”→“权重管理器”选项（图 6-39）。

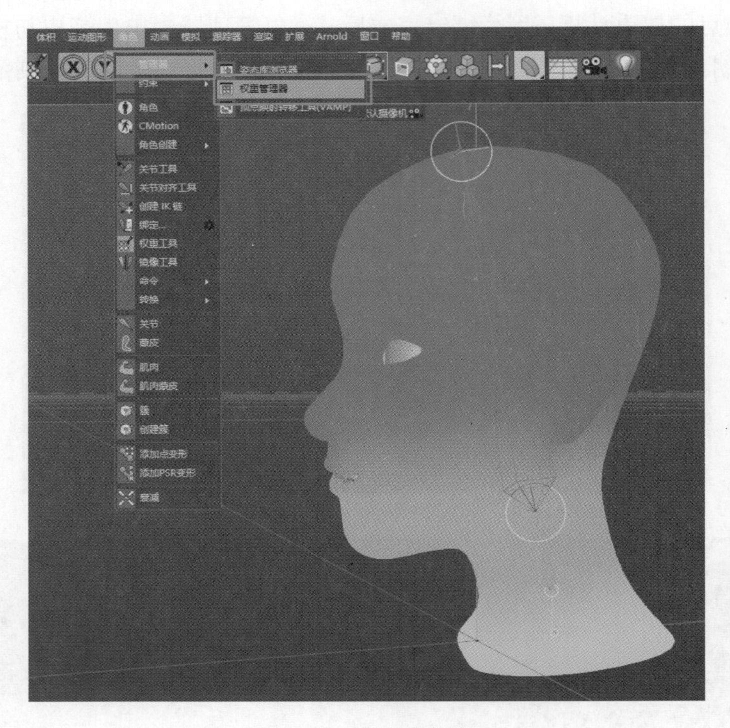

图 6-39　权重管理器

（6）可以观察到脖子关节的权重范围过大，头部权重不足，因此需要修改权重。将权重管理器中不需要改动权重的关节锁定，只留下需要修改的关节。选中头部关节，选择“权重工具”修改权重，按 Ctrl 键减掉权重。应注意口腔中的面不能漏选，可切换多个视图进行查看（图 6-40）。

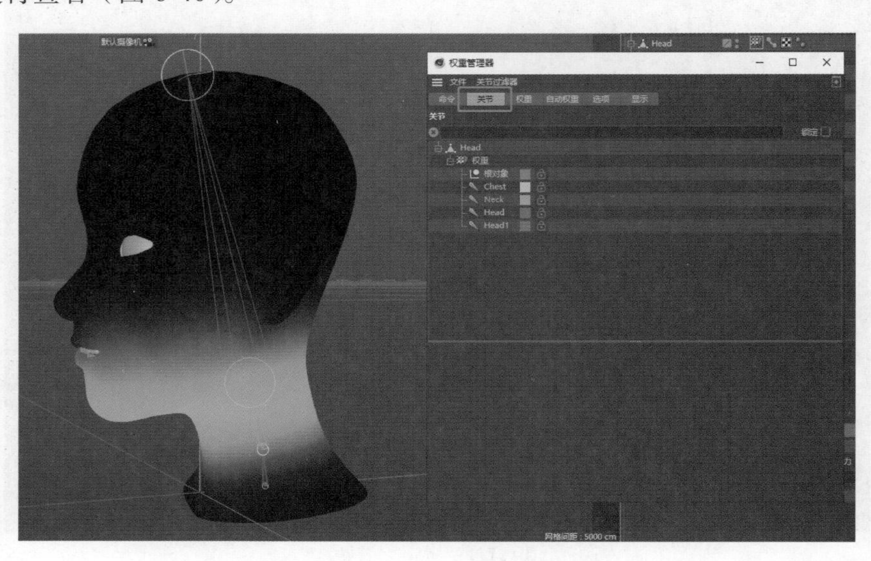

图 6-40　查看权重

（7）C4D 中的笔刷通过鼠标中键控制，按住鼠标中键左右拖曳控制笔刷的大小，上下拖曳控制“权重工具”的强弱（图 6-41），使用“权重工具”将人物的头部权重修改为整个头部（图 6-42）。

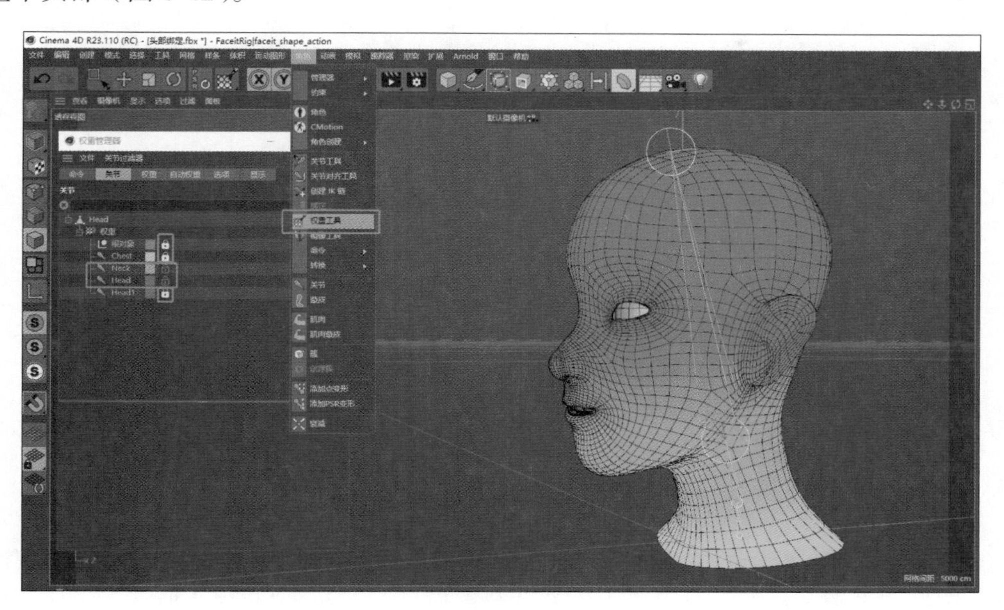

图 6-41　权重工具

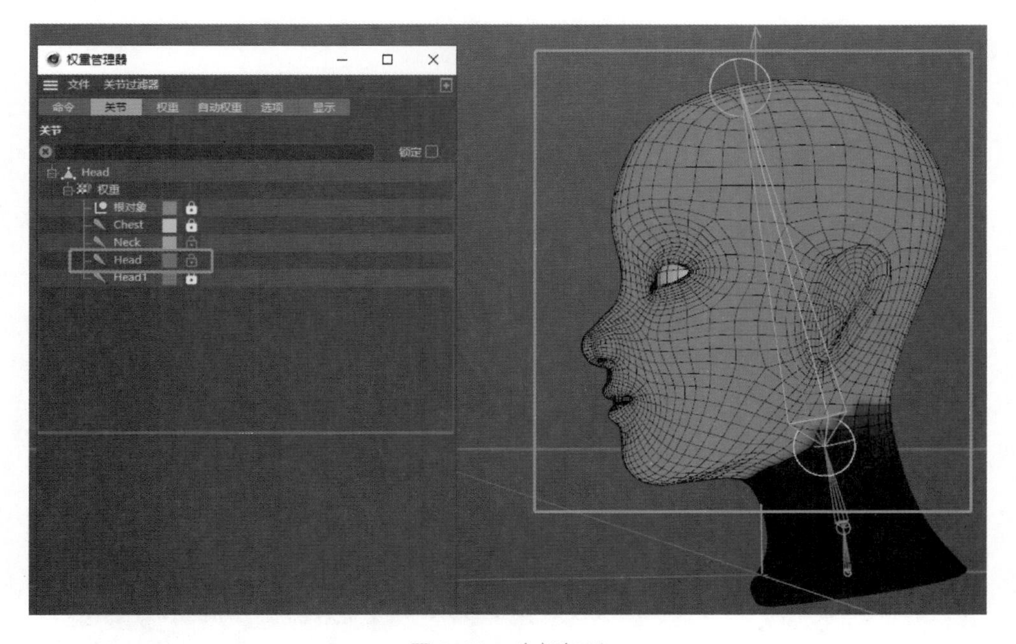

图 6-42　头部权重

（8）修改完成后按住 Ctrl 键选择头部和脖子两部分关节，可以看出权重的交界处过渡较为生硬（图 6-43），后期制作动画时会出现模型表面扭曲畸变，因此需要将交界处的权重进行平滑处理。

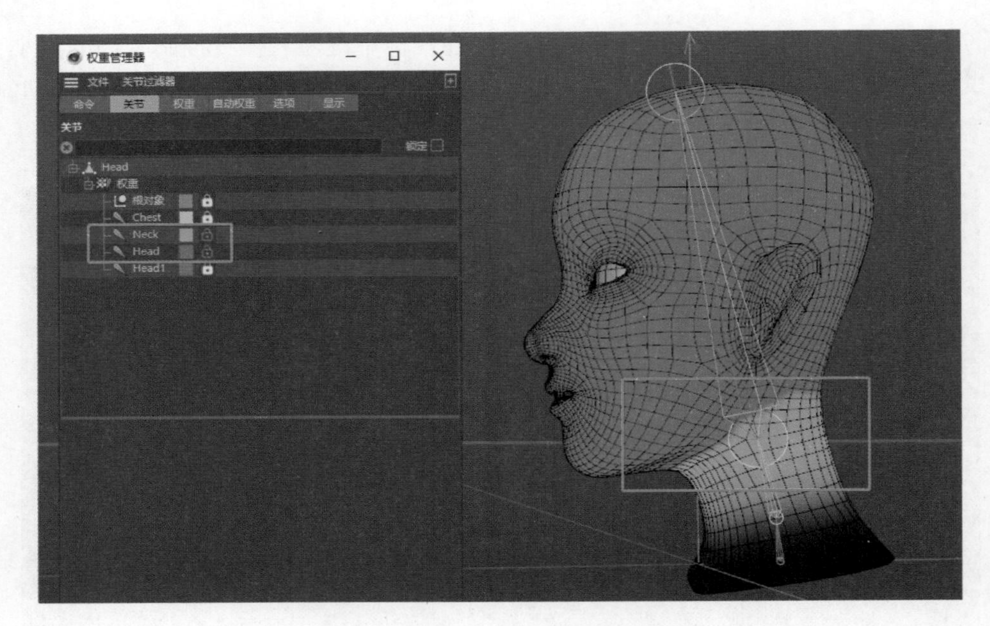

图 6-43　头部与脖子权重

（9）保持头部与脖子的关节选中，单击“权重管理器”对话框中的“命令”→“模式”选项，选择“平滑”模式，再单击下方的“全部应用”按钮（“应用于所选”适用于修改单个关节所控制的权重，两种模式可根据实际情况选择），可以多次单击，直到权重过渡自然。可通过此方法结合权重笔刷多次修改权重（图 6-44）。

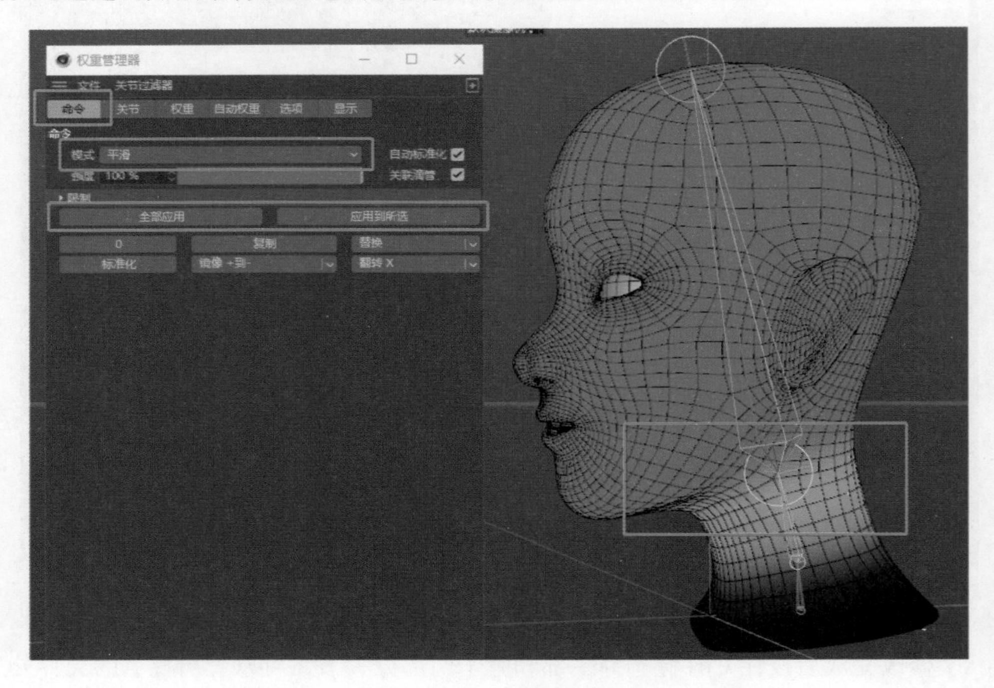

图 6-44　平滑权重

（10）修改完成后即可关闭权重管理器，继续进行后续的制作。

6.3.3 案例练习——使用模板绑定一个角色

本小节将学习如何使用C4D中的骨骼模板给角色的身体进行绑定，为后续的全身驱动做准备。在绑定开始前，模型的姿势（Pose）应为T-Pose（图6-45）或A-Pose（图6-46）。这是主流的两种绑定姿势，是人们进行创作时的初始Pose。使用这两种姿势往往会让角色呈现出一种比较自然和舒展的姿势，在权重计算上也减少了许多麻烦，便于修改。在姿势的选择上，A-Pose要比T-Pose更加自然放松，符合人体的自然姿态。因为在人体平举的时候，肩胛骨与锁骨已经微微上抬了，在绑定后还需要修改肩部及腋下的权重。因此对于比较复杂的角色，使用A-Pose更加合适。但是T-Pose也并非一无是处。为了绑定方便，建模师通常会尽量把角色身体复杂的曲线拉直，根据手臂运动的幅度，人的双手高举过头顶、自然下垂为两个极端，使用极端姿势绑定会发现许多部位不能分开，会造成制作动画时皮肤发生扭曲畸变问题，因此建模时就取其中间值，即平举姿势。对于比较简单的角色，T-Pose已足够使用。

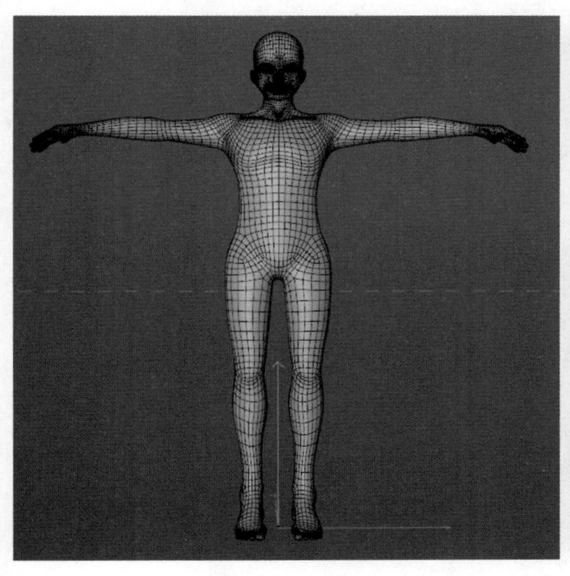

图6-45 T-Pose模型

图6-46 A-Pose模型

1. 适用于三维软件动画制作中的模板绑定法

模板绑定法：从系统预制的具有层级结构的骨骼系统中，选择部分骨骼，定制模型的骨骼，然后对定制的模型骨骼进行大小、位置调整，具体步骤如下。

（1）打开需要绑定的模型，将模型的轴心放在身体的中心，选择“网格”→“轴心”→“轴居中到对象”选项（图6-47），然后将轴心再继续调整到地面（两脚之间），选择“网格”→“轴心”→“轴对齐”选项（图6-48），在弹出的“轴对齐”对话框中将Y轴调整为−100%。将模型放在视图坐标中心（0，0，0）的位置（图6-49），完成后查看模型的位置（图6-50）。

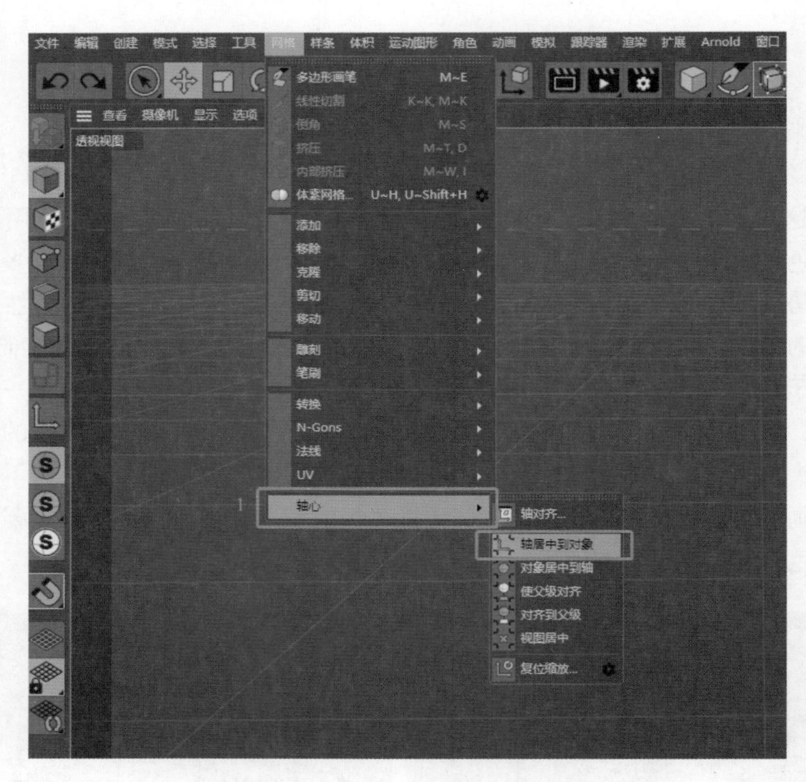

图 6-47 选择“轴居中到对象”选项

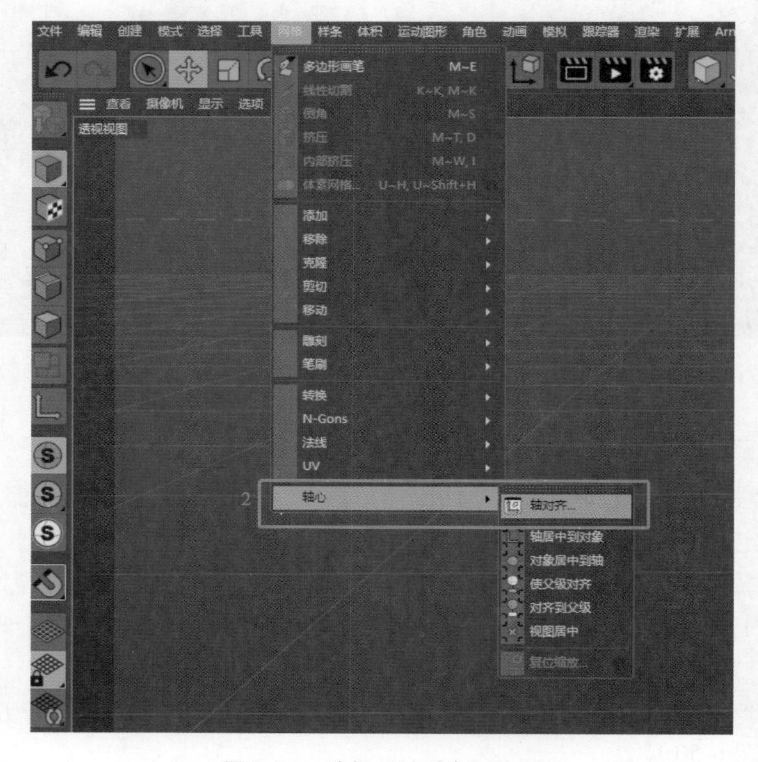

图 6-48 选择“轴对齐”选项

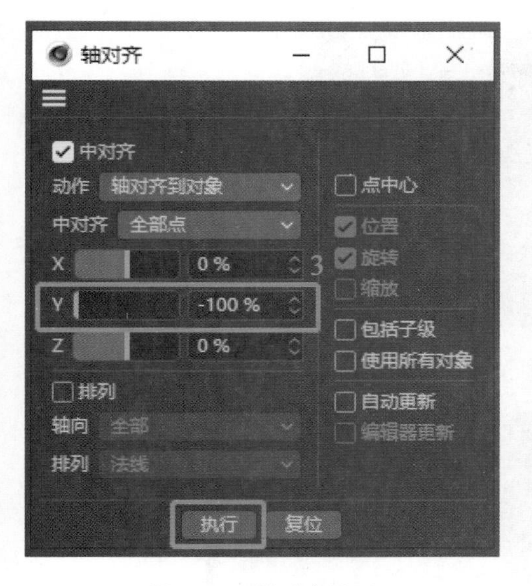

图 6-49 轴对齐设置

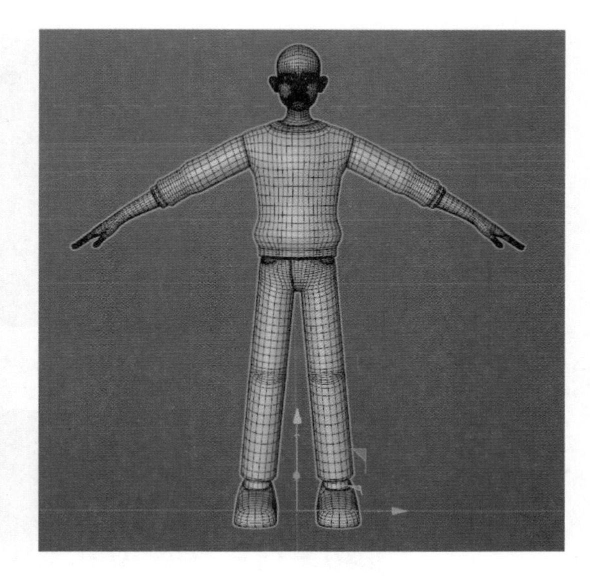

图 6-50 查看模型位置

（2）选择单击最上方菜单中的“角色”→“角色”选项（图 6-51）。

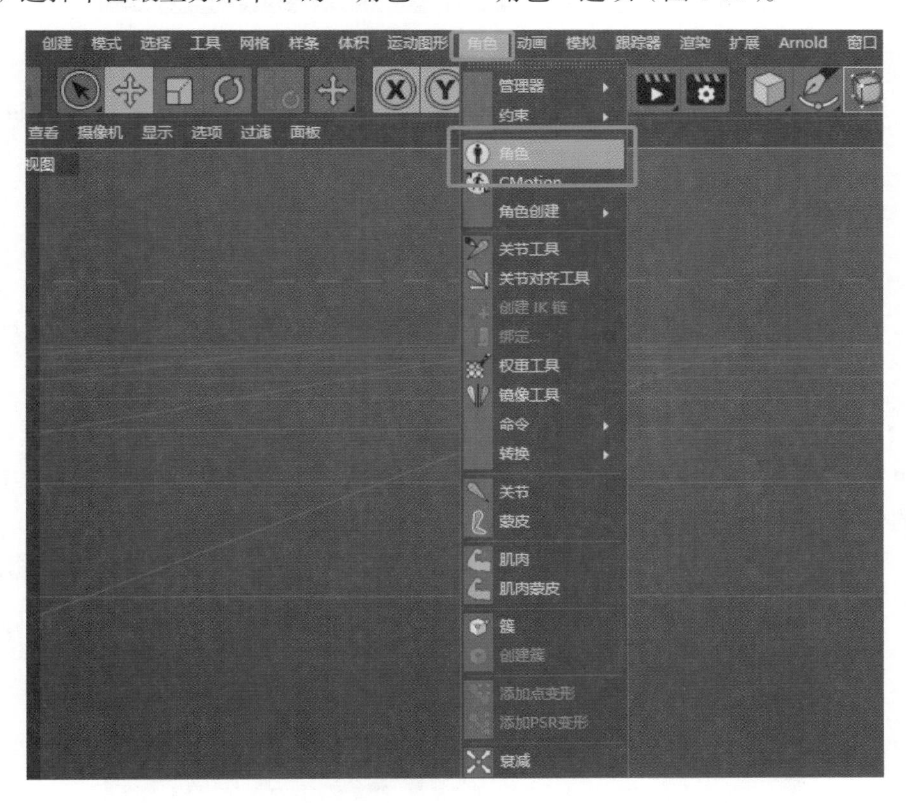

图 6-51 选择“角色”选项

（3）在右下方属性管理器中找到“对象”选项（图 6-52）。

（4）创建根对象，单击“对象”→“建立”→Root（图 6-53）。

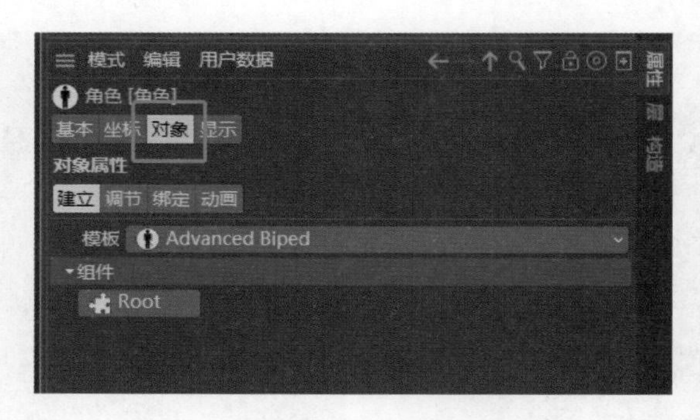

图 6-52　对象选项

图 6-53　创建根对象

（5）继续单击 Root 选项，找到 Spine（IK/FK blend），创建脊柱骨骼（图 6-54）。

图 6-54　创建脊柱骨骼

（6）单击 Spine (IK/FK blend) → Arm (IK/FK Only)……根据每一步提示进行手部和手指骨骼的构建（图 6-55 ～图 6-57），完成后在对象管理器中选择 Spine（图 6-58），再回到右下方的属性管理器中，按下 Ctrl 键，选择 Leg（IK/FK Only），继续进行腿部骨骼的构建。

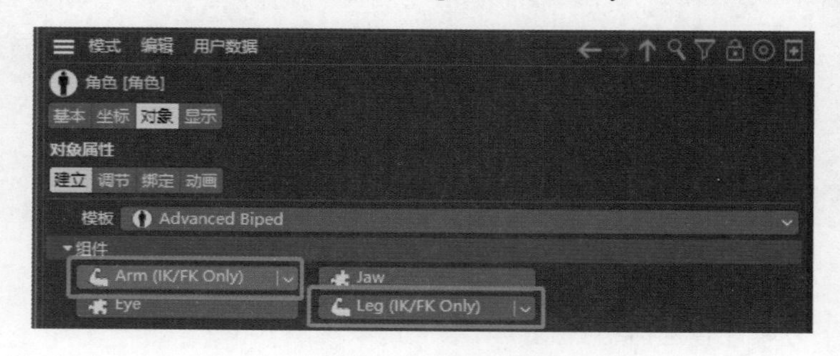

图 6-55　创建四肢骨骼

图 6-56　创建手掌骨骼

角色 [角色]
基本 坐标 对象 显示
对象属性
建立 调节 绑定 动画
模板 Advanced Biped
组件
FK (Thumb)
IK/Morph (Thumb)

图 6-57　创建手指骨骼

图 6-58　回到 Spine 继续创建腿部骨骼

（7）骨骼构建完成后在视图中出现骨骼形态，此时骨骼与模型不匹配（图 6-59）。

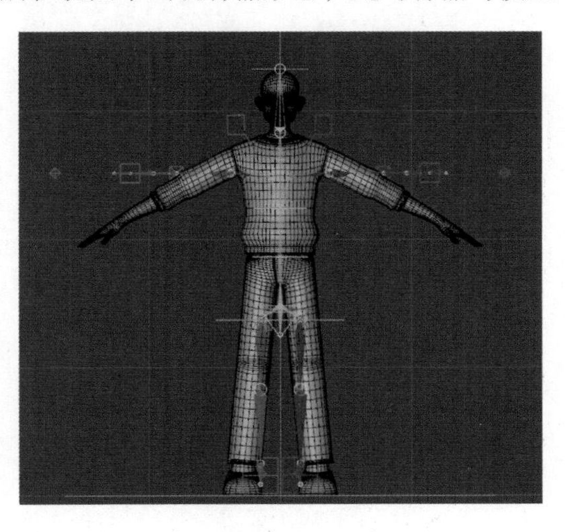

图 6-59　骨骼形态

（8）在属性管理器中“对象”选项里找到“调节”选项，选择“组件”选项（图 6-60），然后在视图中分别调节各个节点（图 6-61），使骨骼和模型匹配。要注意肘部和膝盖的弯曲方向（图 6-62），可切换视图查看骨骼的位置。

图 6-60 调节对象

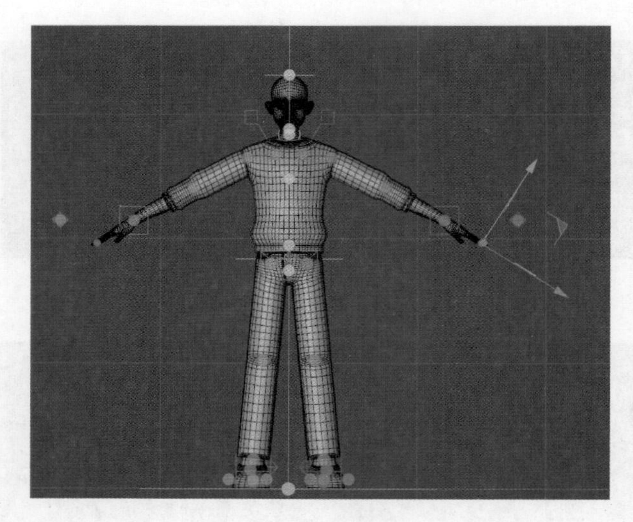

图 6-61 调整每个节点

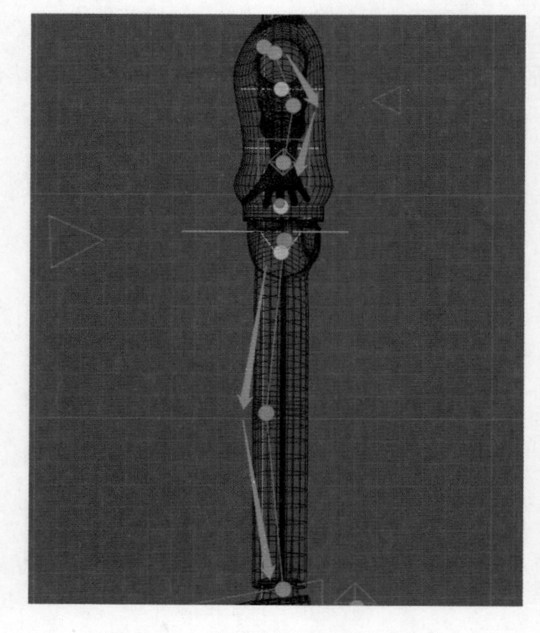

图 6-62 脊柱和腿部的骨骼曲度

（9）调节好以后，选择“绑定”选项，将人物模型拖曳到对象内，即可完成骨骼的绑定（图 6-63）。

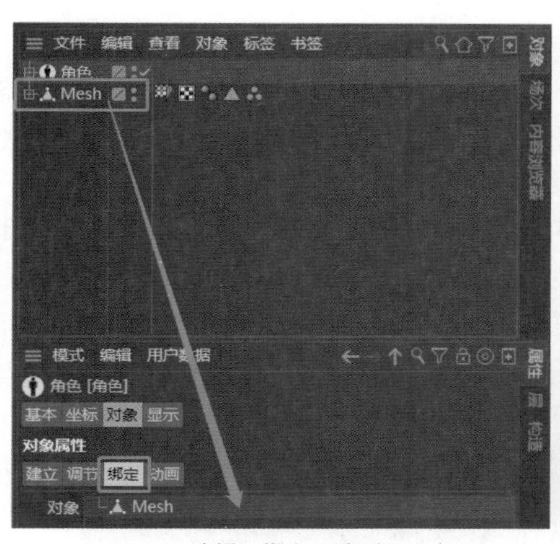

(a) 选择“绑定”选项

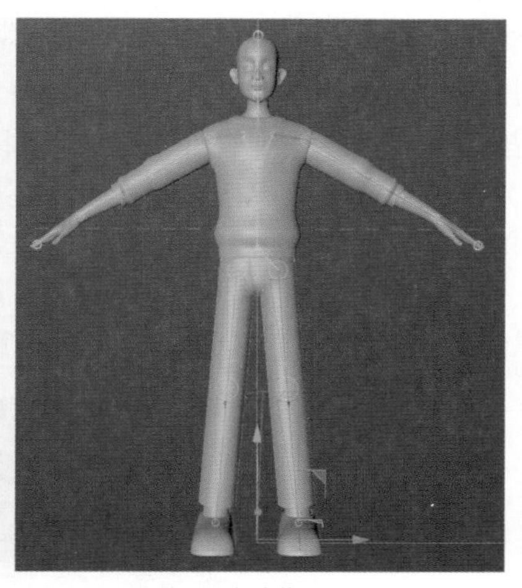

(b) 完成绑定

图 6-63　完成绑定

（10）完成后单击“动画”选项，模型上出现控制器，可调整查看模型是否变形，如人物可以调整姿势，即绑定成功（图 6-64）。

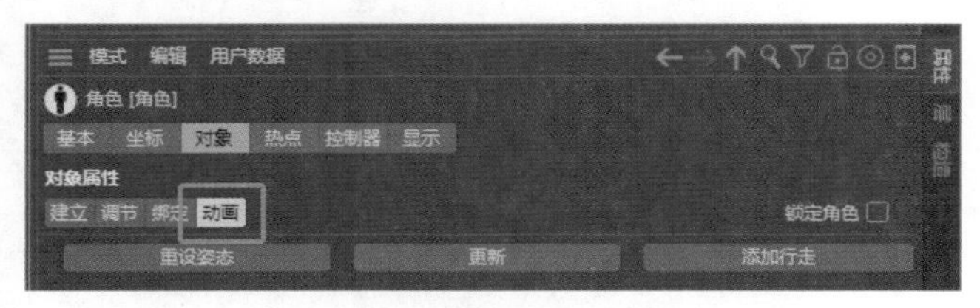

(a) 选择“动画”选项

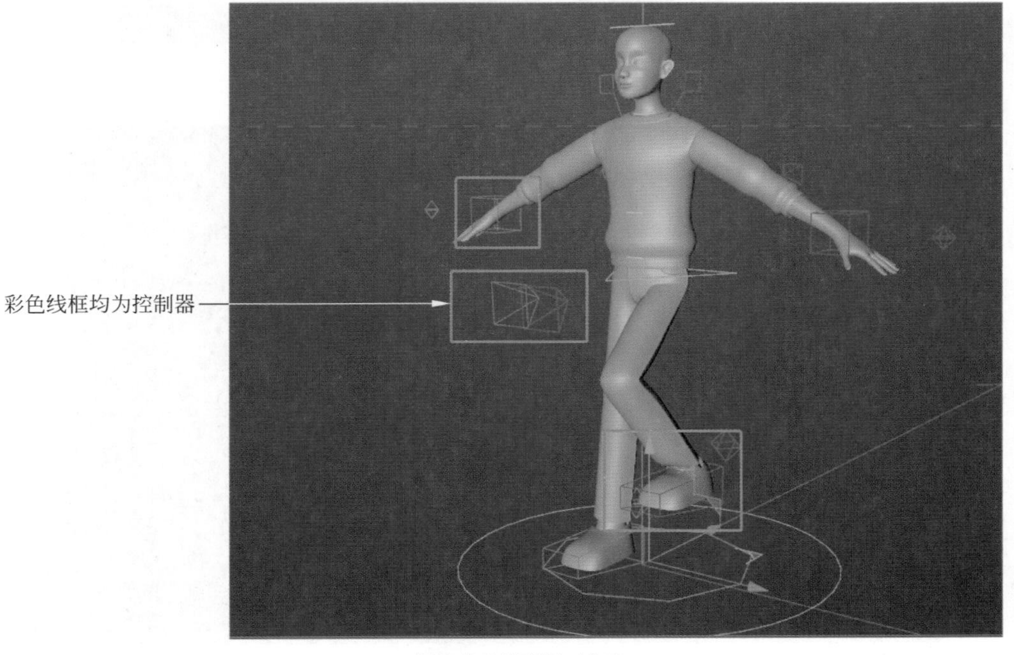

(b) 调整查看模型是否变形

图 6-64　查看效果

2. 适用于导入 Unity 中使用的手动绑定法

导出到 Unity 中的模型需要带有骨骼，并进行了蒙皮，即表面网格顶点与骨骼实现了绑定。虽然不需要在三维软件中生成控制器，手动调整动画，但创建骨骼时需要规范骨骼父子级关系，并对骨骼进行准确命名，还要进行权重绘制。

（1）选择“角色”→“关节工具”选项，按住 Ctrl 键，单击一半骨骼，从胯部位置开始创建（图 6-65），注意骨骼的轴线统一对齐，并将每个关节设置好父子级关系，修改骨骼命名（图 6-66），注意区分左右，如左肩膀为 L_ 肩膀。

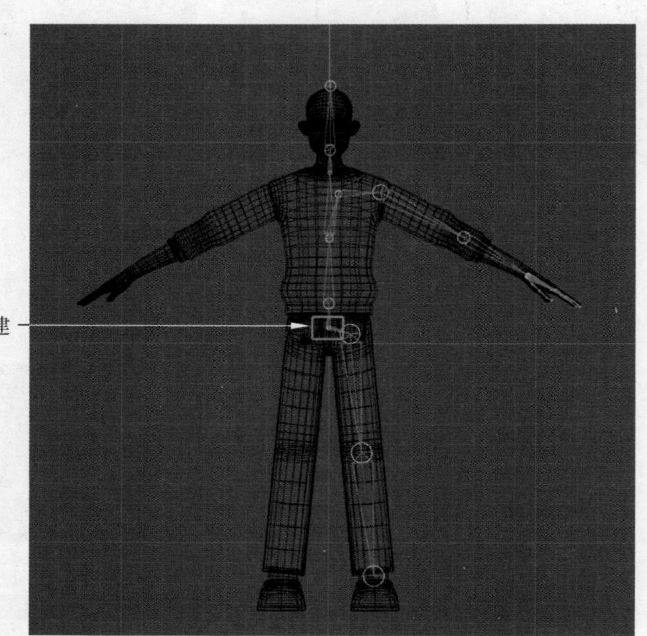

图 6-65　创建骨骼

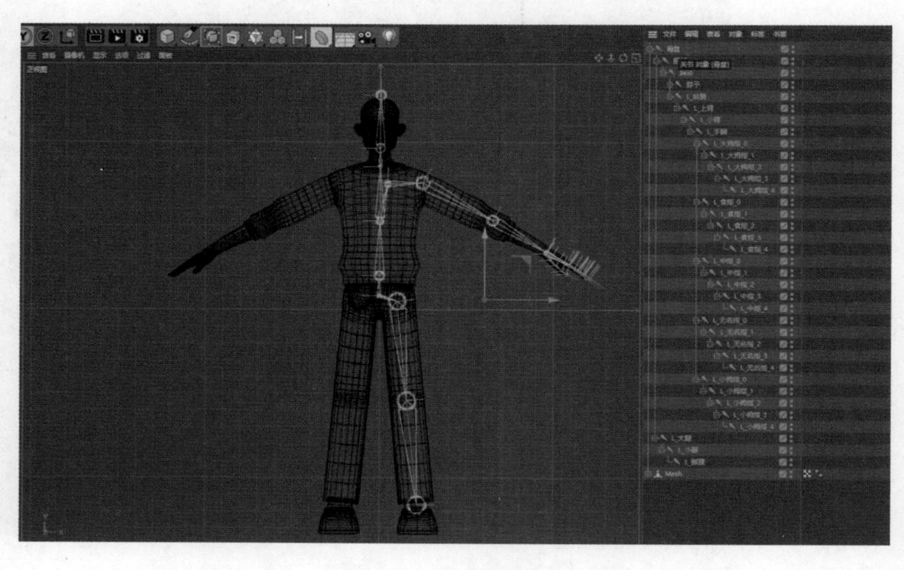

图 6-66　修改骨骼名称

（2）按住鼠标中键选择所有需要对称的关节，按 Shift 键加选肩膀及子级与大腿及子级（图 6-67）。

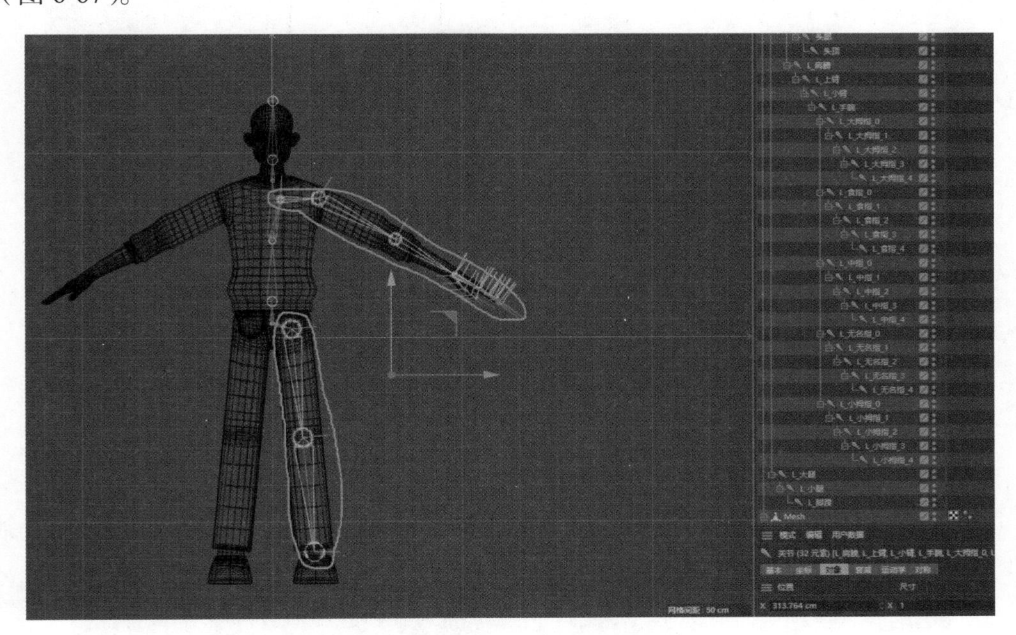

图 6-67　需要对称的骨骼

（3）选择“角色”→“镜像工具”选项（图 6-68），在右下方属性管理器中设置镜像方向（图 6-69）。

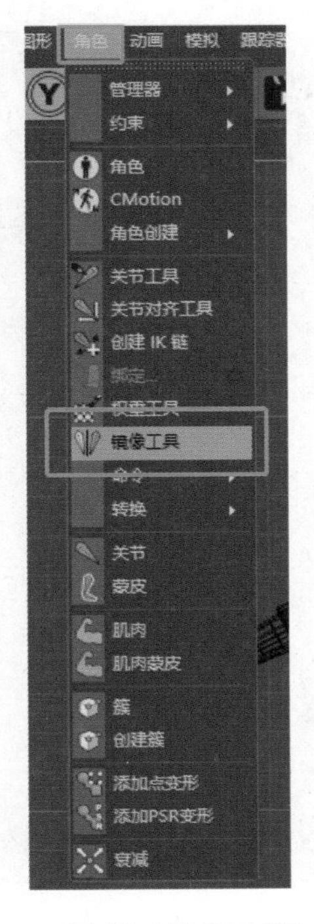

图 6-68　选择“镜像工具”选项

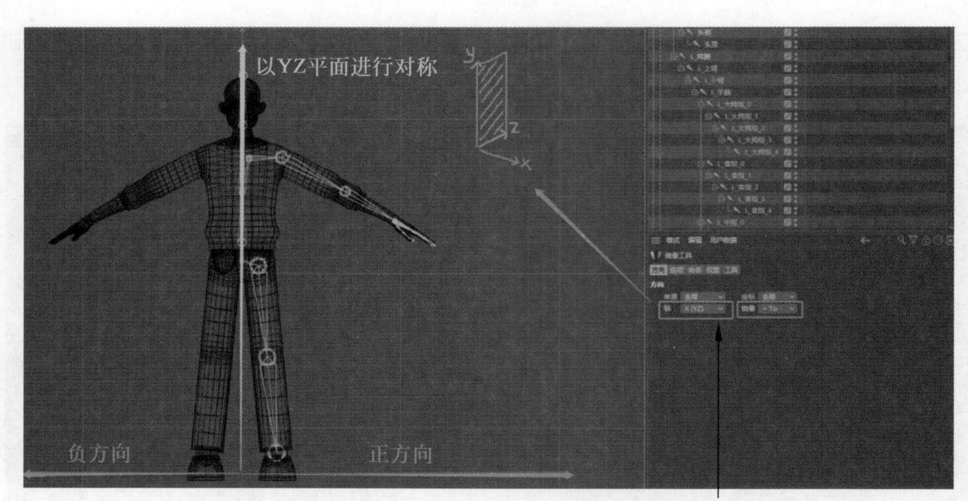

图 6-69　镜像的方向

（4）单击“命名”选项设置命名，包括需要识别的命名 L_ 和对称后生成的命名 R_（图 6-70）。

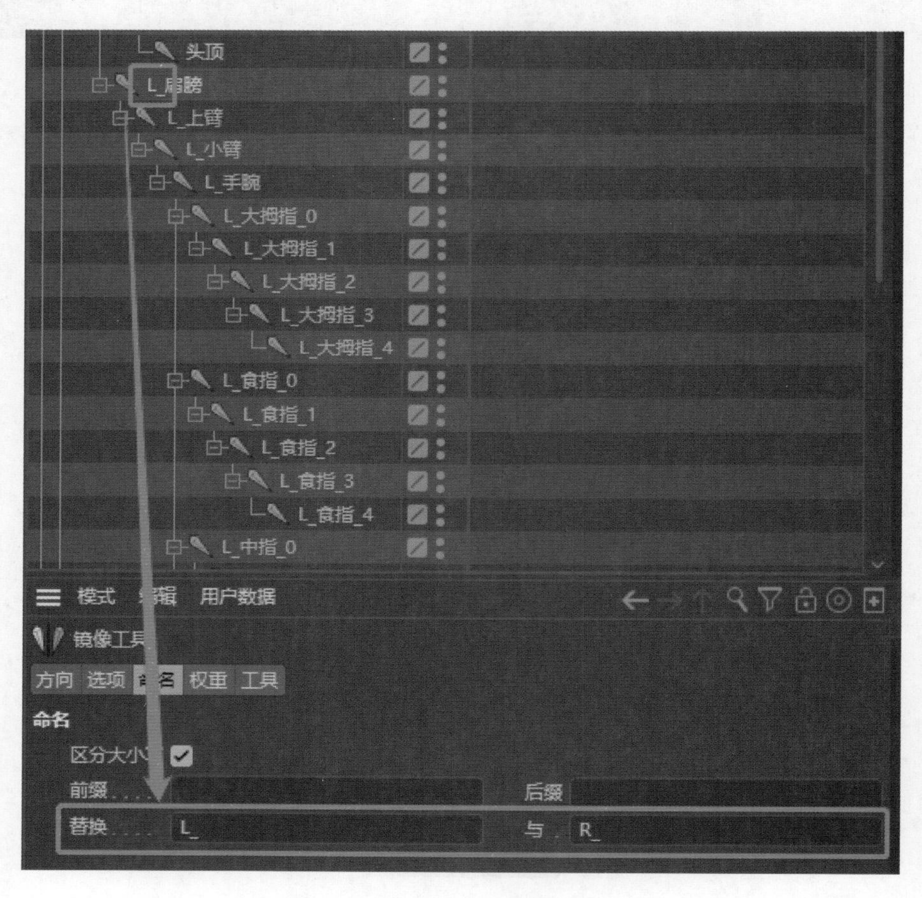

图 6-70　修改替换命名

（5）单击“工具”→“镜像”（图 6-71），完成对称设置（图 6-72）。

图 6-71 选择镜像工具

（6）所有骨骼新建完成后，检查修改命名与父子级关系，骨盆作为根关节，其他所有关节均作为骨盆的子级，每根手指中的关节也需要遵循父子级关系，每根手指属同一级（图 6-73）。

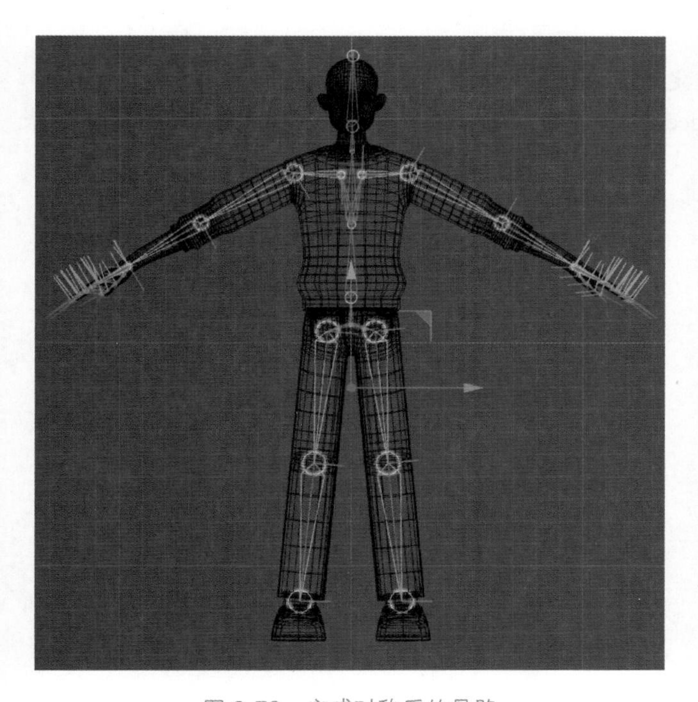

图 6-72 完成对称后的骨骼

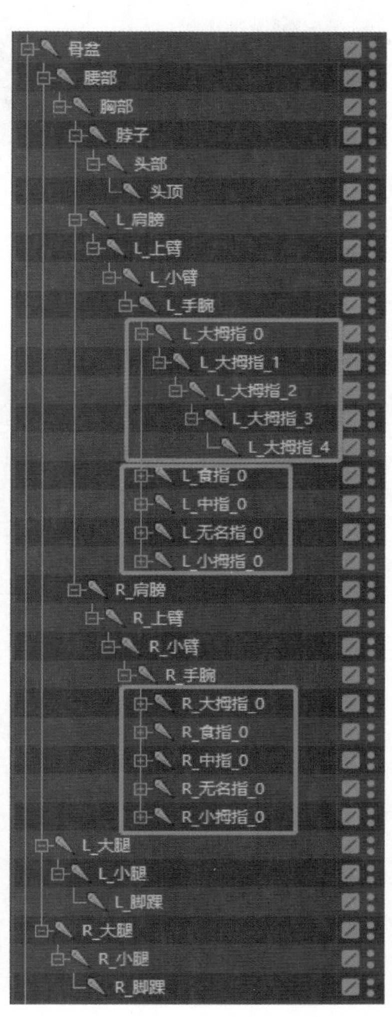

图 6-73 手指骨骼的父子级关系

（7）骨骼与模型对应齐后进行蒙皮与权重修改，为模型全身赋予权重（图 6-74），尤其是手部的权重分布（图 6-75），此过程需要一定的时间和耐心。修改步骤参见 6.3.2 小节。

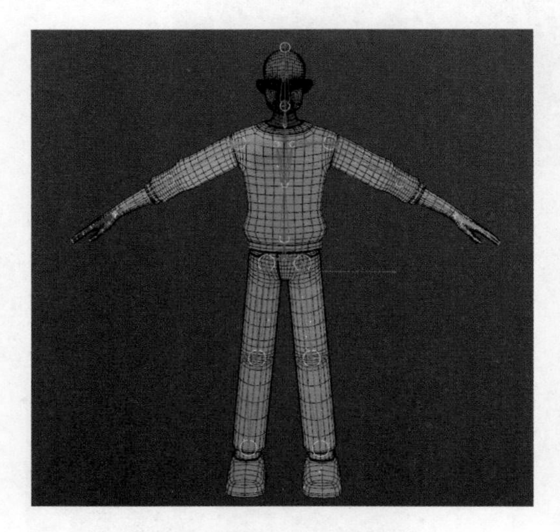

图 6-74　身体权重

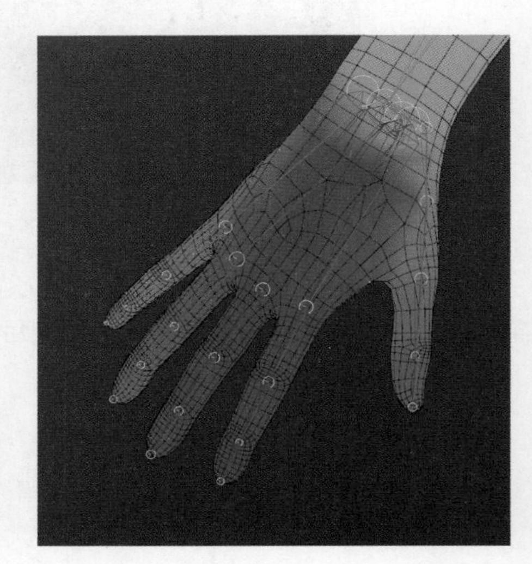

图 6-75　手指权重

（8）修改完成后即可进行导出。

课后练习

1. 请使用本章中介绍的简易绑定工具绑定一个数字人形象。

2. 请使用 Blender 软件中的 Faceit 插件绑定一个数字人头部，并观察表情库中每个表情的变化。

3. 请将自己建模好的数字人进行骨骼绑定。

第 7 章

数字人动画生成

本章导语

本章学习如何将数字人模型导入到 Unity，并使用运动捕捉插件，实现与外接设备连接生成实时驱动动画，为后续的交互设计研究打下基础。本章使用的 Unity 版本为 2021.3.1，在本章学习完成后，学习者能够完成自己的数字人互动项目。

学习目标

- 了解 Unity 常用工具。
- 思考 Unity 人脸驱动插件的映射原理。
- 掌握 Unity 人脸驱动插件的使用方法。
- 掌握 Unity 与 Kinect 的连接设置方法。
- 学会导出自己的项目。

7.1 数字人模型导入 Unity

7.1.1 Unity 界面初识

Unity 主界面如图 7-1 所示。

（1）菜单栏，包括新建、储存文件、设置工程、添加效果、添加组件、调整窗口等功能。

（2）工具栏，提供 Unity 账户、Unity 云服务、播放、暂停和步进控制等功能，以及统一搜索、层可见性菜单和布局菜单。

（3）Hierarchy 窗口，显示场景中每个游戏对象的父子级关系。

（4）Scene 视图，用于编辑场景，根据正在处理的项目类型，Scene 视图可以显示为 3D 或 2D 视图。

（5）Game 视图，通过摄像机模拟最终渲染的游戏效果，单击 Play 按钮时，启动模拟状态。

（6）Inspector 窗口，用于查看和编辑当前所选游戏对象的所有属性。

（7）Assets 窗口，显示可在项目中使用的资源库。将资源导入项目中时，这些资源将在此处显示。

（8）状态栏，提供关于各种 Unity 进程的通知，可以快速访问相关工具和设置。

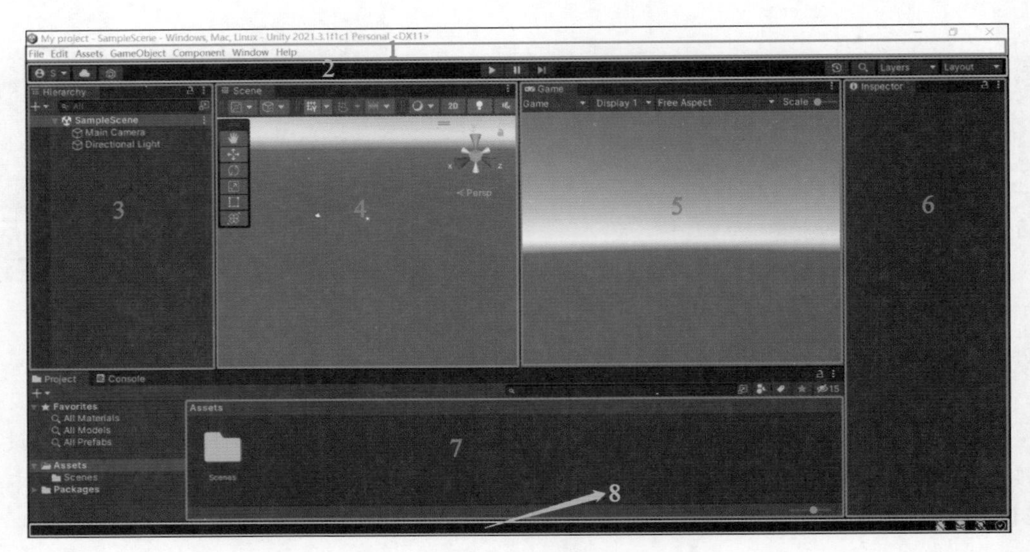

图 7-1 Unity 主界面

7.1.2 导入模型

将模型和贴图文件拖曳进 Assets 窗口中（图 7-2），当素材较多时，应在 Assets 窗口新建相应的文件夹，在空白处右击，在弹出的快捷菜单中，选择 Greate → Folder 选项（图 7-3），规范素材的管理，方便查找。

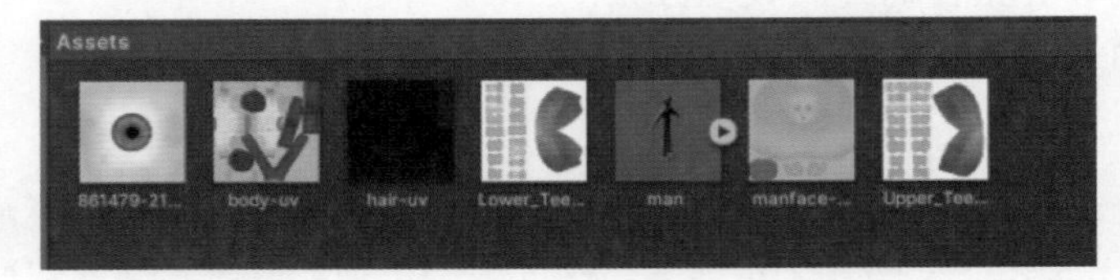

图 7-2 Assets 窗口

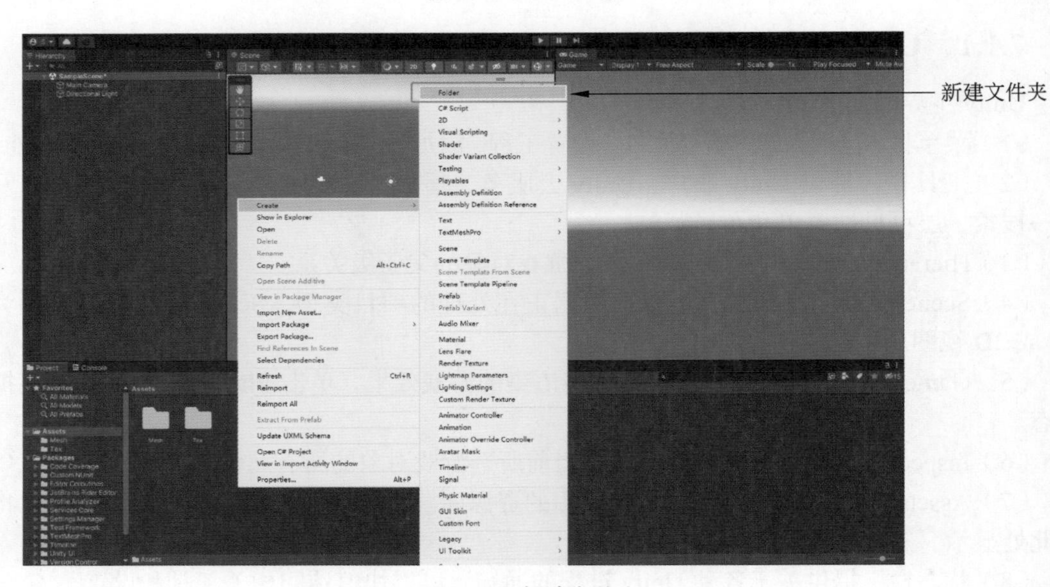

图 7-3 新建文件夹

7.1.3 显示材质

单击模型，可以看到右下角的预览图中模型的材质没有显示，在 Inspector 窗口中单击 Materials，修改材质创建模式 Material Creation Mode 与位置 Location，选择 Import via MaterialDescription 与 Use External Materials（Legacy）继承外部材质，并单击 Apply 按钮，此时模型的材质成功显示，可以看到 Assets 窗口中自动新建了两个文件夹（图 7-4）。

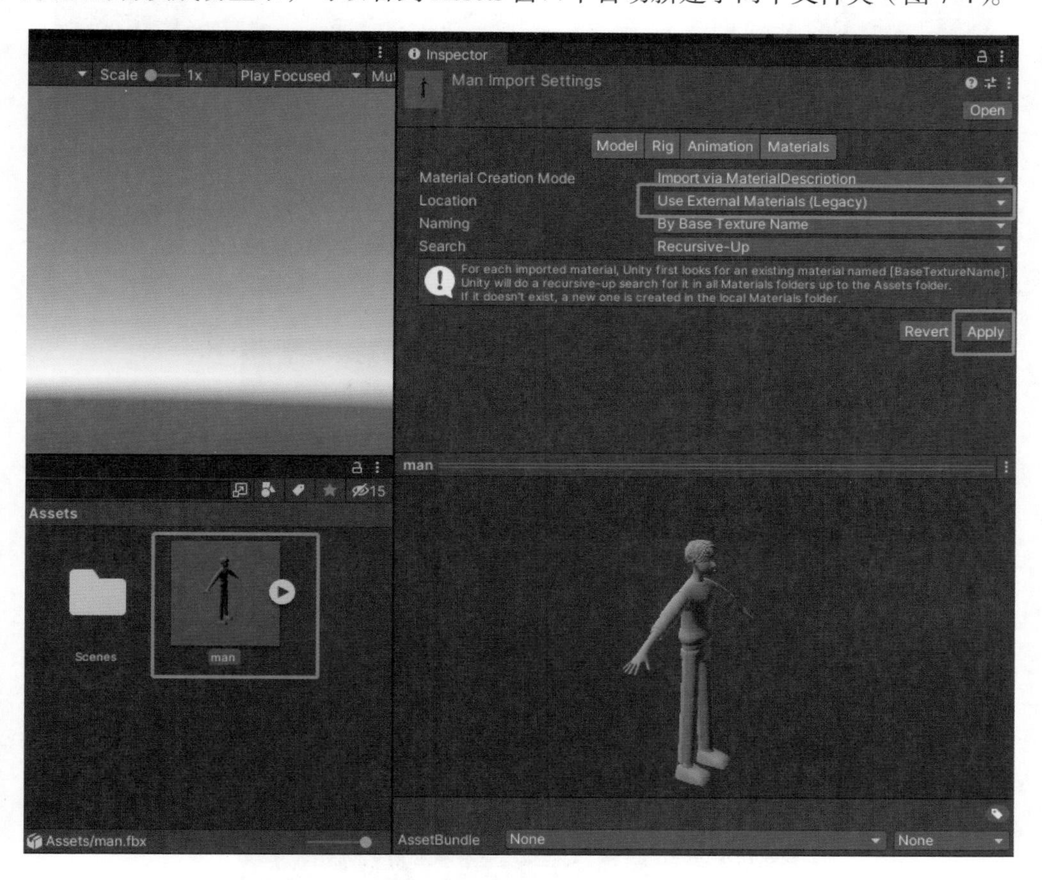

图 7-4 修改材质模式

7.1.4 创建新材质

当模型的材质无法导入时，可以先将模型拖入场景中，在 Assets 窗口中新建材质球，在空白处右击，在弹出的快捷菜单中，选择 Create → Material 选项（图 7-5），在 Inspector 窗口中调整材质属性，将材质球拖到相应的物体上，即可显示材质，可以在 Inspector 窗口的 Albedo 中修改颜色或使用自己的材质贴图（图 7-6）。

7.1.5 导入骨骼

对于后期需要驱动骨骼的模型，在将模型拖入场景之前，还需要在 Inspector 窗口中调整骨骼属性，单击 Rig → Animation Type → Humanoid，单击 Apply 按钮进行应用（图 7-7）。

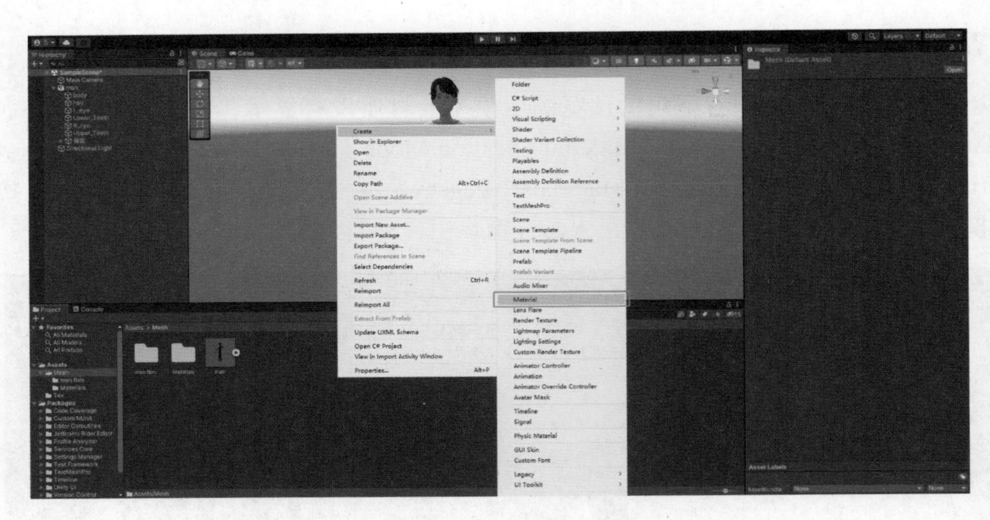

图 7-5　新建材质球

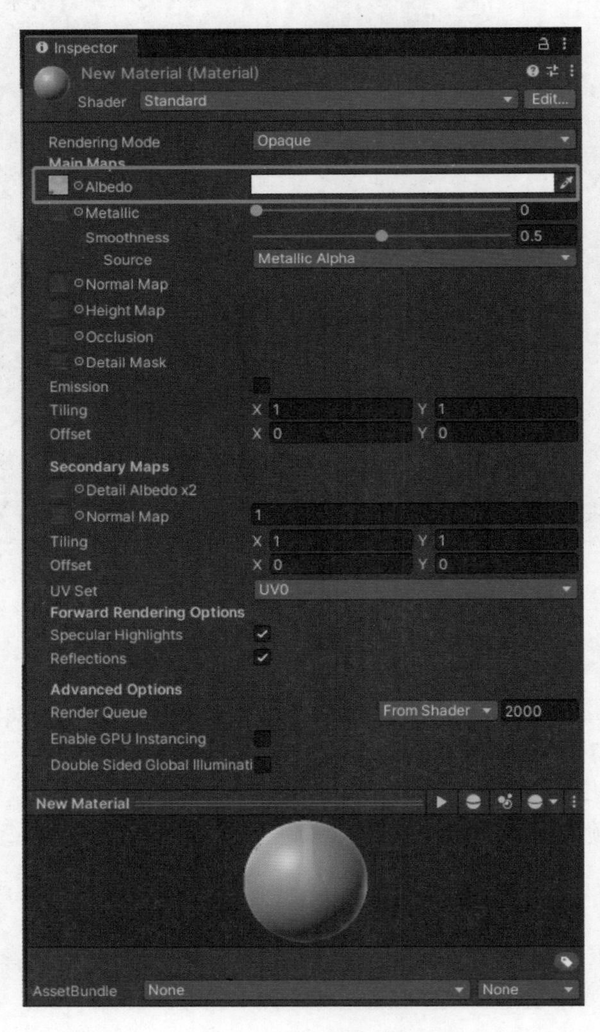

图 7-6　选择颜色贴图

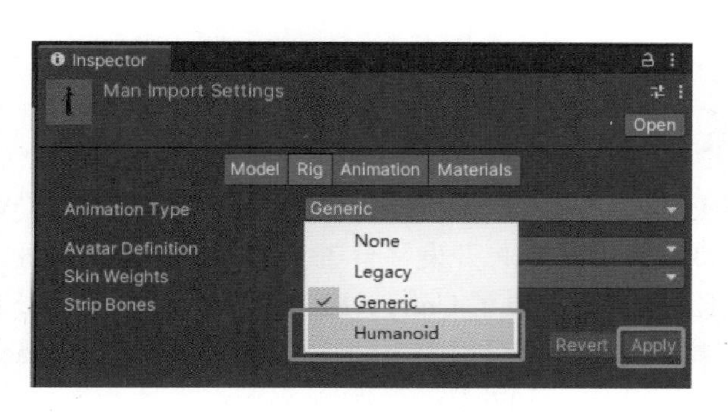

图 7-7　设置骨骼属性

7.1.6　定义预制体

对于普通场景，将模型直接拖入场景中即可使用。对于需要重复使用的模型，要先将模型转换为预制体才能在某些插件中正常使用，Assets 窗口空白处右击→ Greate → Prefab（图 7-8）。

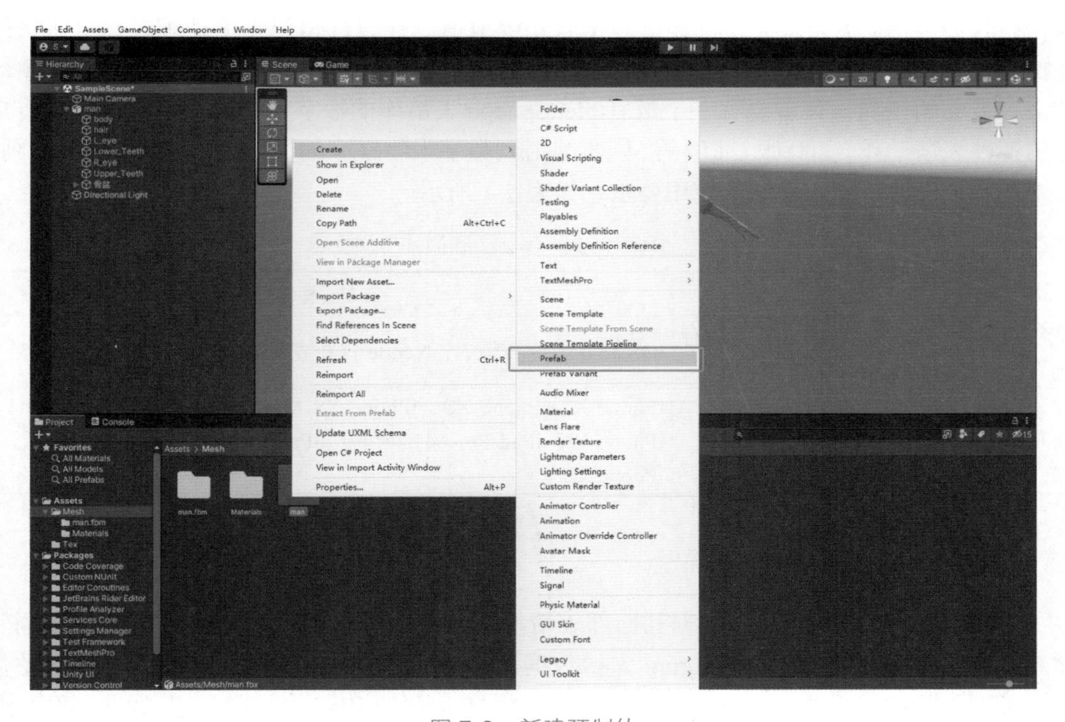

图 7-8　新建预制体

7.2　数字人面部动画生成

本节将对 Unity 中人脸驱动相关插件进行介绍和学习，并通过一个实际案例讲述互动项目的设计开发过程，使学习者逐渐掌握插件的使用方法及原理，体验人脸实时驱动数字

人的乐趣。

7.2.1 ARKit Face Tracking 简介

ARKit Face Tracking 是苹果公司 2017 年在全球开发者大会（Worldwide Developers Conference，WWDC）上推出的 AR 开发平台工具。苹果公司从一开始就与 Unity 公司紧密合作，在发布 ARKit 的同时提供了 Unity ARKit 插件。ARKit Face Tracking 等已经成为在 Unity 中常用的工具，开发人员可以在 Unity 中安装使用 ARKit Face Tracking 插件，连接 iPhone 或 iPad 等设备实现项目的制作。

ARKit Face Tracking 利用前置深度摄像头识别用户的面部，跟踪获取脸部的位置、朝向、拓扑结构及表情特征等信息。通过这些数据信息，可以实现各种与人脸相关的项目制作，如模拟妆容和脸谱等。

另外，插件中支持对一系列“混合形状”（blendShape）的面部表情追踪，用来描述不同的面部特征。ARKit 中提供了 52 种特征非常明显的面部表情形变参数，表示了从无表情的初始状态到某些部位产生表情时的偏移程度，取值范围为 0 ～ 1。0 表示面部无表情的初始状态取值，1 表示完全呈现该表情状态的取值。在设计角色表情动画时，可以采用全部 52 种表情参数，也可只采用某几个参数来达成目标表情。此功能为人物面部的驱动带来了极大的便利，只需要有一个带有 blendShape 表情库的数字人物模型，即可实现将自己的各种表情动作，如眨眼、张嘴等，同步映射到数字人物模型的面部，实现实时驱动动画。

ARKit Face Tracking 插件使用要求，如表 7-1 所示。

表 7-1　ARKit Face Tracking 插件使用要求

硬　件	系统版本
能够执行面部跟踪的 iOS 设备（拥有前置原深感摄像头或 A12 仿生芯片）	iOS 11.0 或更高版本、Xcode 11.0 或更高版本
手机型号	iPhone X、iPhone XS、iPhone XS Max、iPhone XR、iPhone 11、iPhone 12、iPad Pro（11 英寸）、iPad Pro（12.9 英寸，第三代）、iPhone SE

7.2.2 Live Capture 简介

Live Capture 将面部视频数据和面部表情特征数据传输到 Unity，为 Unity 面部动画驱动系统提供数据支撑。Live Capture 支持数据源和 Unity 之间的连接管理，还支持运动数据的录制、管理和回放，用户可以使用此插件将 iPhone 或 iPad 中捕捉和记录的面部运动，应用于 Unity 场景中的角色。

Live Capture 插件的使用要求，如表 7-2 所示。

表 7-2　Live Capture 插件的使用要求

系统要求	Windows 或 macOS 平台
网络要求	移动设备和 Unity 必须能够访问相同网络。防火墙必须允许 Unity，获得入站连接从本地网络的外部应用程序（可将防火墙直接关闭）
Unity 版本要求	Unity 2020.3.16f1 或更高版本

7.2.3 移动设备应用程序：Unity Face Capture

Unity Face Capture 是苹果设备中捕捉用户面部表情的应用程序，它将跟踪捕捉的数据，通过网络传输到 Unity 程序，作为驱动面部动画的数据源，控制面部表情的动画生成。除了表情数据外，还有反映头部旋转、移动的数据，用于生成头部运动动画。

Unity Face Capture 应用程序使用要求，如表 7-3 所示。

表 7-3　Unity Face Capture 应用程序使用要求

移动设备硬件要求	移动设备软件要求
带深度摄像头的 iPad 或 iPhone（支持 Face ID 的设备或者带有 A12 仿生芯片的设备）	iOS 14.5 或更高版本

7.2.4 案例练习——驱动一张脸

本小节将学习如何在 Unity 中操作实现人物面部动画驱动，包括安装人脸动画驱动相关插件、制作模型的预制体、创建面部捕捉设备、创建面部映射文件、添加并设置人脸驱动相关组件、重写映射信息、连接设备，最终将用户的面部表情映射至模型，实现人脸动画实时驱动。

1. 安装人脸驱动相关插件

在菜单栏中单击 Window，Package Manager 打开插件包管理器（图 7-9），安装插件 ARKit Face Tracking 与 Live Capture（图 7-10）。

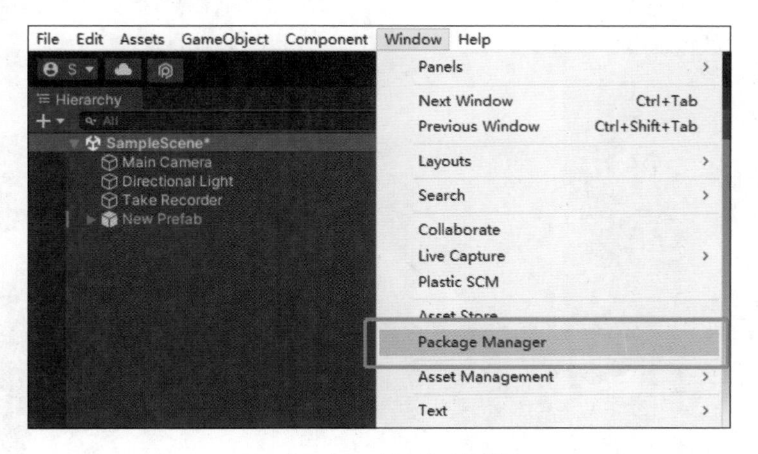

图 7-9　打开插件包管理器

2. 制作预制体并导入场景中

将 FBX 格式模型导入 Unity，制作预制体，然后放入场景。制作一个导入模型的预制体：在 Assets 窗口上，右击 Assets，在弹出的快捷菜单中，选择 Create → Prefab 选项（图 7-11），将模型拖动到新创建的 Prefab 资源上（图 7-12）（弹出提示窗口时选择第一项 Original Prefab）。

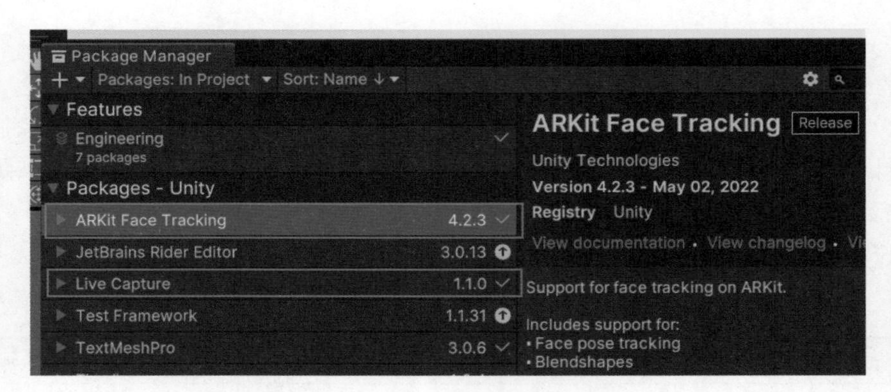

图 7-10 搜索插件

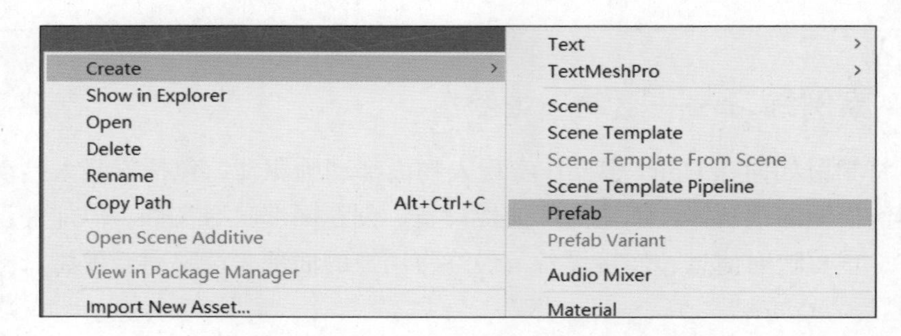

图 7-11 新建预制体

图 7-12 制作预制体

3. 创建面部捕捉设备

将预制体放入场景后，继续创建面部捕捉设备。在 Hierarchy 窗口中右击，在弹出的快捷菜单中选择 Live Capture → Take Recorder 选项，在 Inspector 窗口中添加捕捉设备，选择 ARKit Face Device（图 7-13）此时在 Take Recorder 出现了新子级 ARKit Face Device。

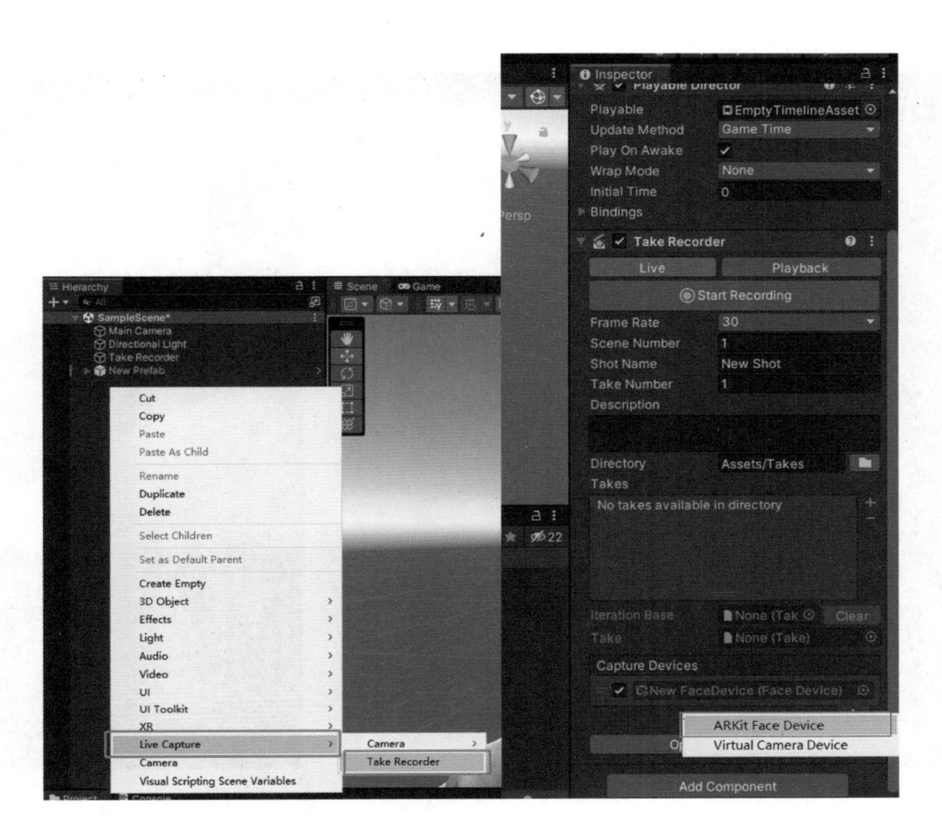

图 7-13 添加捕捉设备

4. 将角色模型指定到 ARKit Face Device 中

选中 Take Recorder 的子级 New Face Device，将带有 blendShape 的角色模型指定到 ARKit Face Device 中，并将不需要控制的参数关闭，在这里将 Head Position 关闭（图 7-14）。

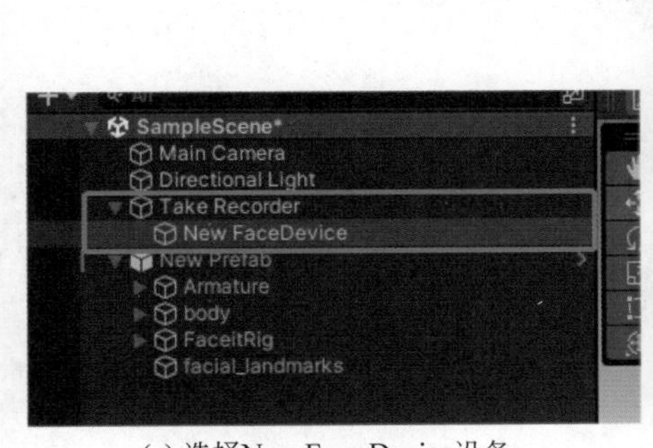

(a) 选择New Face Device设备

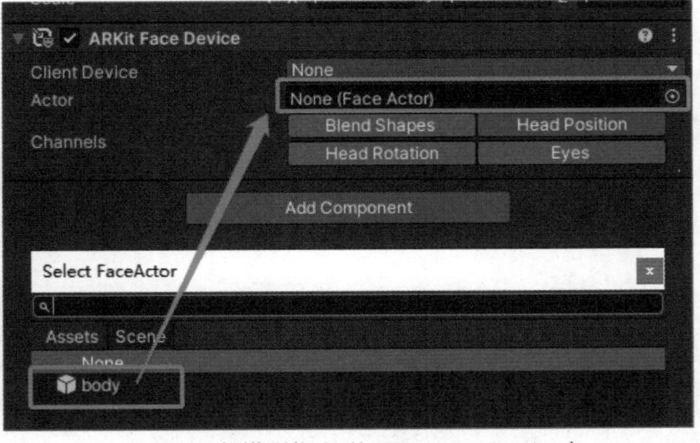

(b) 将角色模型指定到ARKit Face Device上

图 7-14 将演员与捕捉设备相连接

5. 创建面部映射文件

新建面部映射，在 Assets 窗口空白处右击，在弹出的快捷菜单中，选择 Create → Live Capture → ARKit Face Capture → Mapper 选项，生成 New Face Mapper 文件（图 7-15）。

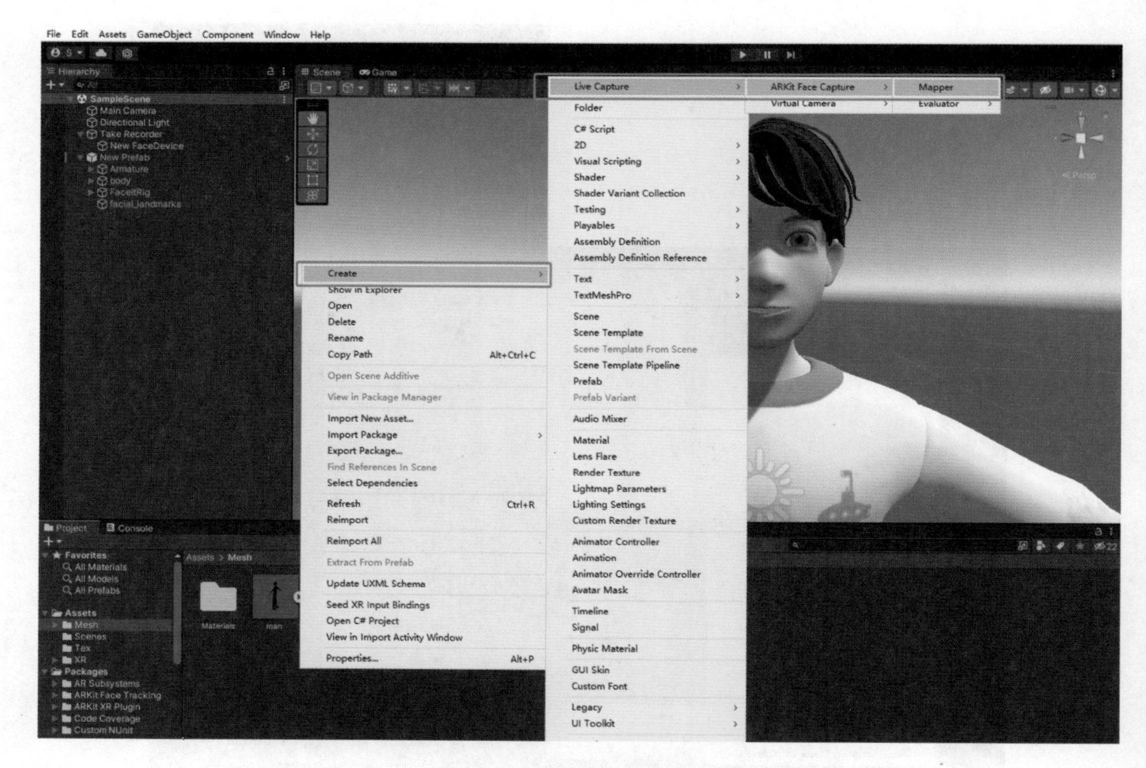

图 7-15 新建面部映射文件

6. 关键面部映射文件及角色模型

面部映射文件创建后，为模型添加 ARKit Face Actor 组件（在 Inspector 窗口下面的 Add Component 中添加）（图 7-16），将刚才新建的面部映射文件指定到组件的 Mapper 中，在面部映射文件与需要驱动的角色模型之间建立关联。将不需要控制的参数关闭，在这里可以将 Head Position 关闭（图 7-17）。

图 7-16 新建 ARKit 演员

图 7-17　指定面部映射

7. 指定映射文件

再次选择 New Face Mapper 文件，在 Inspector 窗口中设置参数，出现红色惊叹号提示（图 7-18），此时人物面部的骨骼与 blendShape 映射信息还没有被写入。

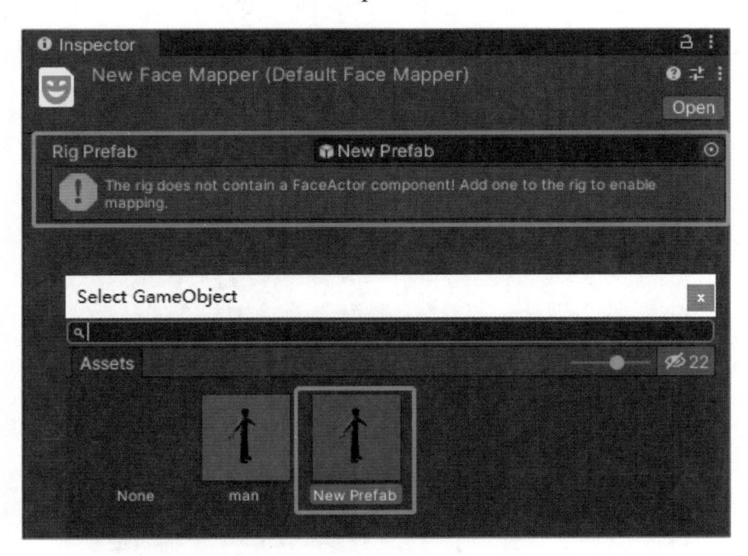

图 7-18　指定映射文件

8. 设置预制体覆盖的元素

在 Hierarchy 窗口中找到预制体 New Prefab，单击 Inspector 窗口中的 Overrides，并单击 Apply All 按钮，重新写入预制体覆盖的信息（图 7-19），完成后再次选择 New Face Mapper，此时红色惊叹号提示消失，参数出现。

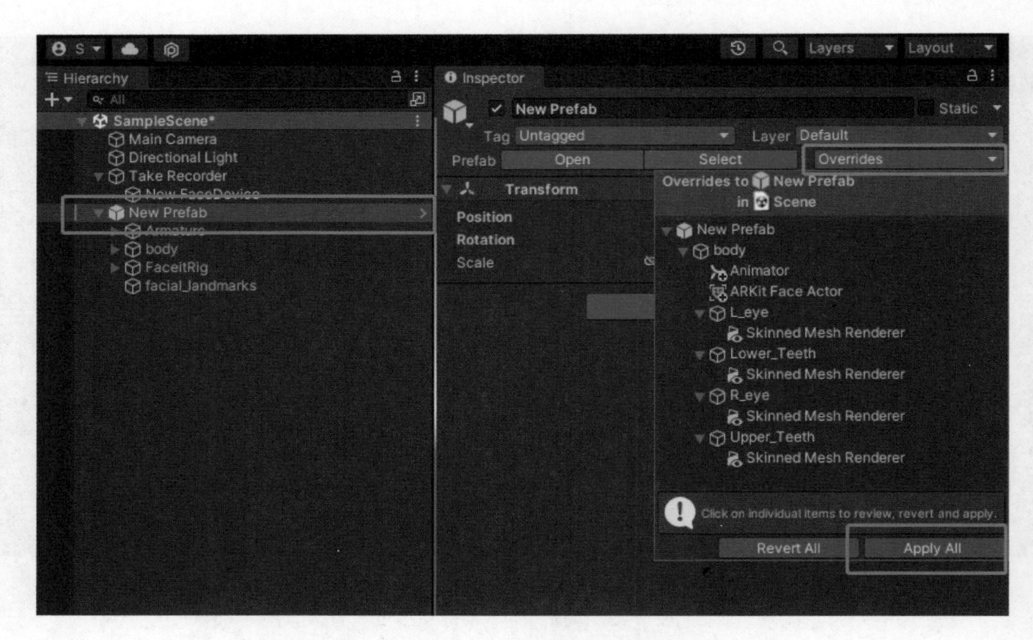

图 7-19　设置预制体覆盖的元素

9. 添加驱动部位

单击 Inspector 窗口下方的 Add Renderer，将所有 blendShape 添加到映射中，如需要脖子转动，需要将角色模型的脖子骨骼添加到 Head Rotation 位置（图 7-20）。

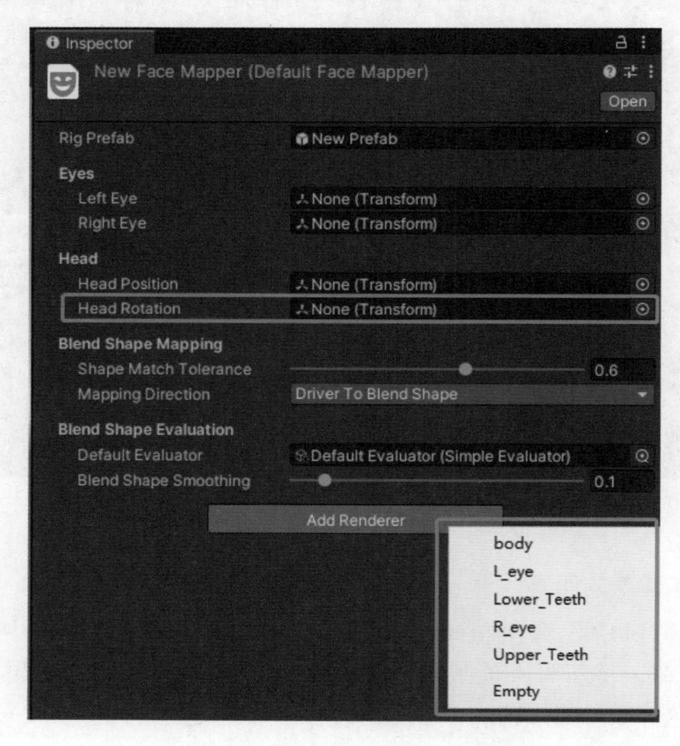

图 7-20　添加驱动部位

10. 连接移动设备

（1）使用 iPhone X 以上型号的手机或 iPad Pro 下载 Face Capture。

（2）关闭计算机上所有的防火墙（图 7-21）。

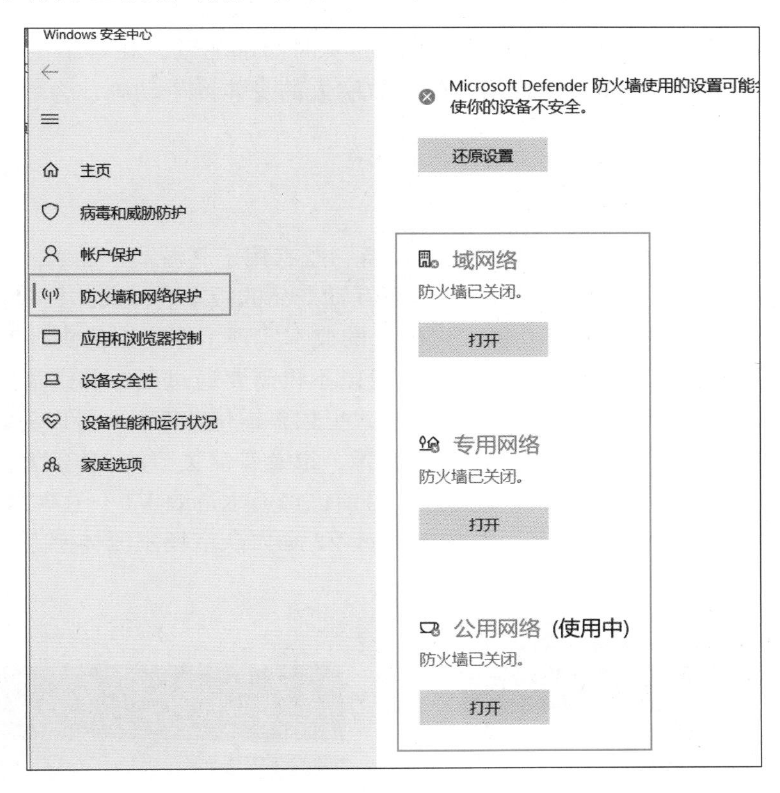

图 7-21　关闭防火墙

（3）打开 Unity 中的 Live Capture 连接：选择菜单栏中的：Window → Connections 选项（图 7-22）。

（4）手机与计算机设备连接相同的网络，设置相同的 IP 地址与端口号，完成后单击 Start 按钮运行（图 7-23），站在移动设备摄像头 2m 以内体验。

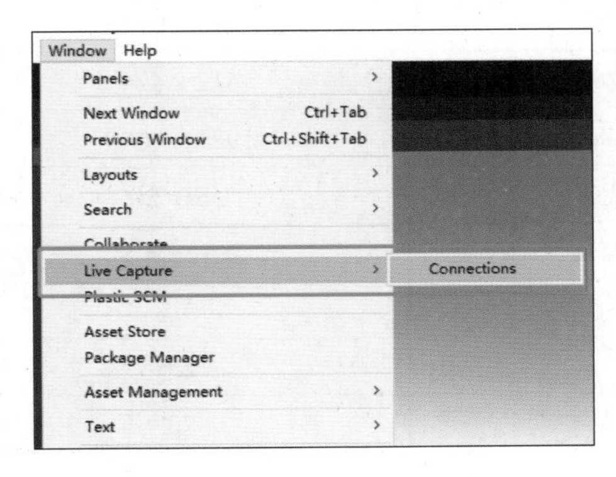

图 7-22　打开设备连接面板

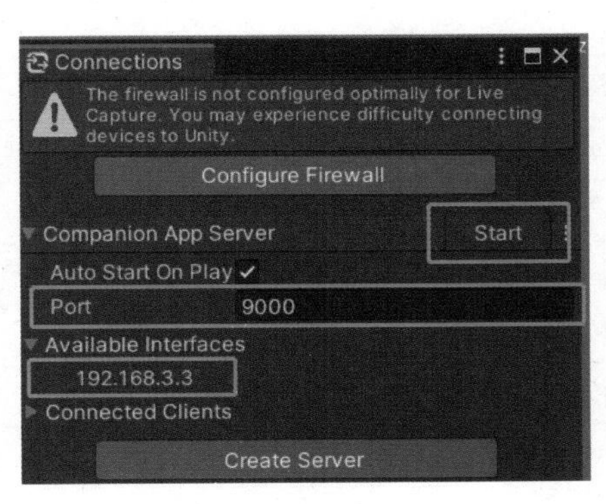

图 7-23　设置端口号并运行

7.3 数字人肢体动画生成

7.2 节介绍了在 Unity 中如何实现数字人的实时面部驱动，在本节中将讲解如何在 Unity 中连接体感设备——Kinect，用于驱动数字人的身体产生动画，为数字人的互动式应用提供支撑。

7.3.1 Kinect 简介

Kinect 是微软公司推出的一种 3D 体感设备，既有用于其游戏产品 Xbox 360 的版本，也有用于连接 PC 设备、开发 Windows 系统下互动产品的版本。Kinect 具有动作识别、骨骼追踪、语音识别、人脸识别等功能，以廉价的成本实现了深度摄像头、RGB 彩色信息及相控阵麦克风，实现对玩家的感知，人们可以不再需要通过鼠标和键盘等传统输入设备就可以与机器进行隔空交互，使人机交互形式更加多样化。Kinect 可以为设计开发者提供普通彩色视频图像、深度图像、人物标签图像，以及骨骼关节的 3D 位置信息和旋转角度信息，并提供了功能完善的开发工具包。目前已经有 Kinect V1（图 7-24）、Kinect V2（图 7-25）、Kinect Azure 三代产品，其中 Kinect V2 是大众市场主流体感互动设备，本文以 Kinect V2 为例展开介绍。

图 7-24　Kinect V1 外观（来自 Kinect 产品出售宣传图）

图 7-25　Kinect V2 外观（来自 Kinect 产品出售宣传图）

Kinect V1 与 Kinect V2 基本配置参数比较，如表 7-4 所示。

表 7-4　Kinect V1 与 Kinect V2 基本配置参数比较

参数列表		Kinect V1	Kinect V2
深度图像分辨率 / 像素		320 × 240	512 × 424
颜色图像分辨率 / 像素		640 × 480	1920 × 1080
数据接口		USB 2.0	USB 3.0
检测范围 /m		0.8 ～ 4.0	0.5 ～ 4.5
检测姿势 / 个		2	6
检测关节 /（个 / 每人）		20	25
角度	水平 /（°）	57	70
	垂直 /（°）	43	60
系统要求		Windows 7 或 Windows 8	Windows 8 或 Windows 8.1 以上

Kinect V1 与 Kinect V2 关节检测点如图 7-26 和图 7-27 所示。

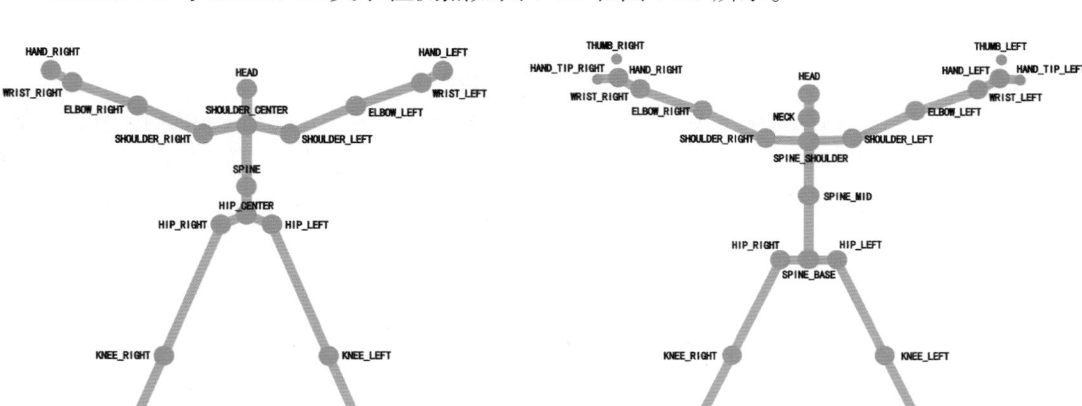

图 7-26　Kinect V1 骨骼关节检测点（共 20 个）　　图 7-27　Kinect V2 骨骼关节检测点（共 25 个）

7.3.2　Unity 与 Kinect V2 连接

1. 硬件准备

1）计算机配置

（1）64 位（x64）处理器物理双核 3.1GHz（每个物理 2 个逻辑核心）或更快的处理器，USB 3.0 接口。

（2）2GB RAM 支持 DirectX 11 的显卡（Intel HD4000，AMD Radeon HD6470M，NVIDIA Geforce 610m，AMD Radeon HD 6570）。

（3）Windows 8 或 Windows 8.1 及以上。

2）Kinect 硬件组成

Kinect V2 硬件组成如图 7-28 所示。

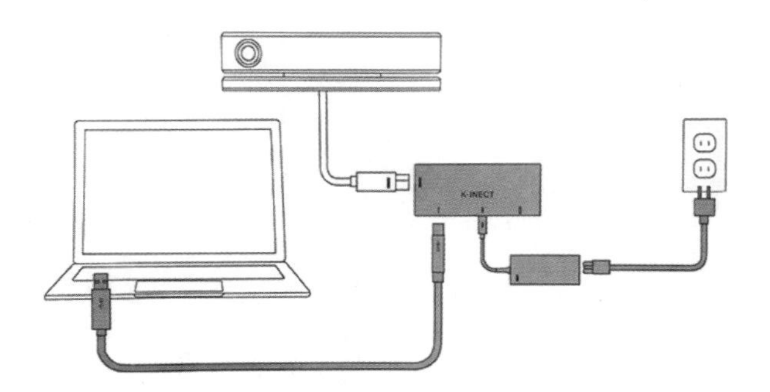

图 7-28　Kinect V2 连接图（来自 Kinect 产品出售宣传图）

（1）第二代 Kinect for Windows 感应器及连接线。

（2）电源与电源线。

（3）USB 3.0 连接线。

2. 安装程序

（1）在官方网站下载 Kinect for Windows SDK2.0（Software Development Kit，软件工具开发包）。下载完成后双击图标进行安装（图 7-29）。

（2）安装完成后在设备连接的状态下查看“设备管理器”，找到 Kinect 传感器设备。右击“此电脑”图标，在弹出的快捷菜单中，选择“属性”→“设备管理器”选项，查看 Kinect sensor devices（图 7-30）。

图 7-29　Kinect SDK 2.0

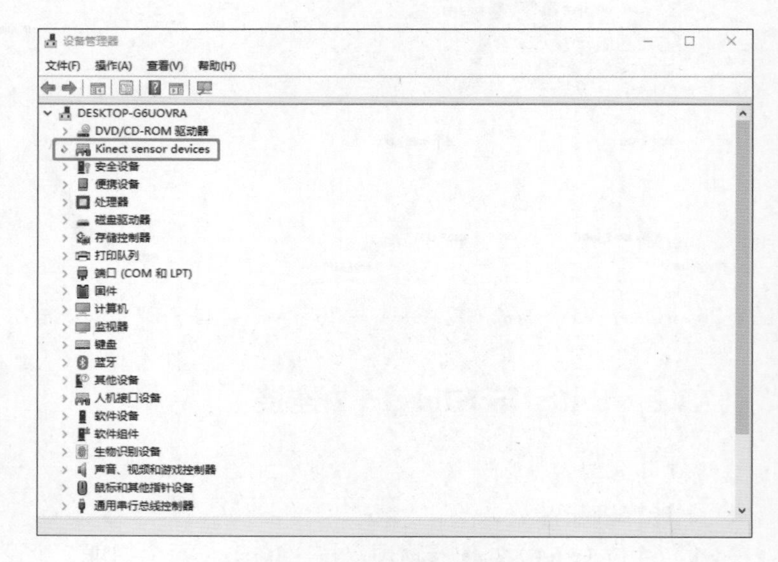

图 7-30　查找 Kinect 传感器设备

（3）在安装路径中找到 KStudio.exe 运行文件（图 7-31）。

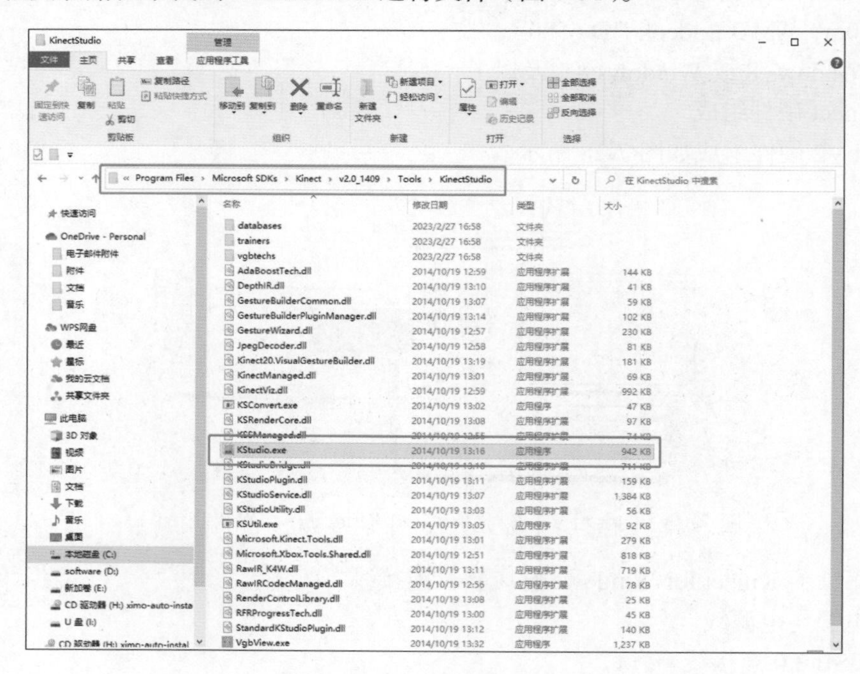

图 7-31　KStudio 运行文件

（4）双击 KStudio.exe 打开 KStudio，选择界面左上角的 FILE → Connect to Service 选项。配置成功后在 MONITOR 监视器中将会看到检测到的人体（图 7-32）。

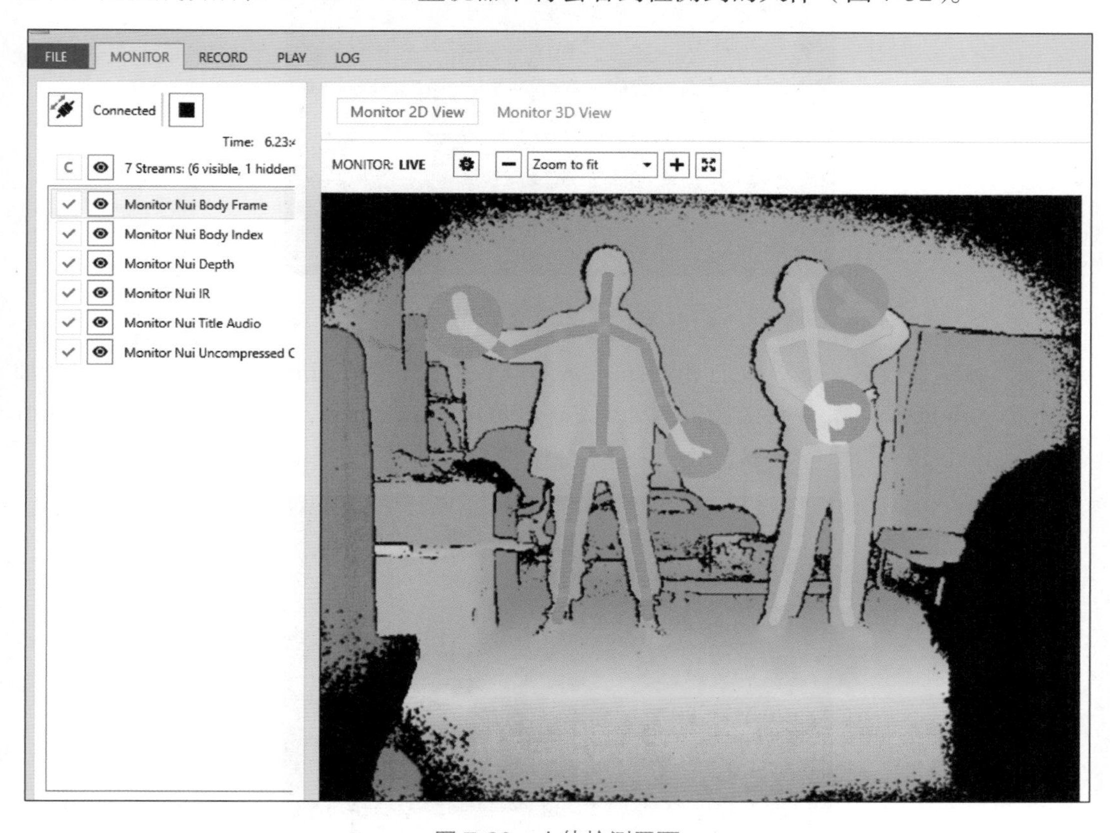

图 7-32　人体检测画面

3. Unity 连接设置

（1）在官网中下载支持 Unity 的 Kinect V2 SDK 插件包（图 7-33）。

（2）打开 Unity，将 Kinect V2 插件包导入 Assets 窗口（图 7-34）。

图 7-33　Kinect V2 SDK 插件包

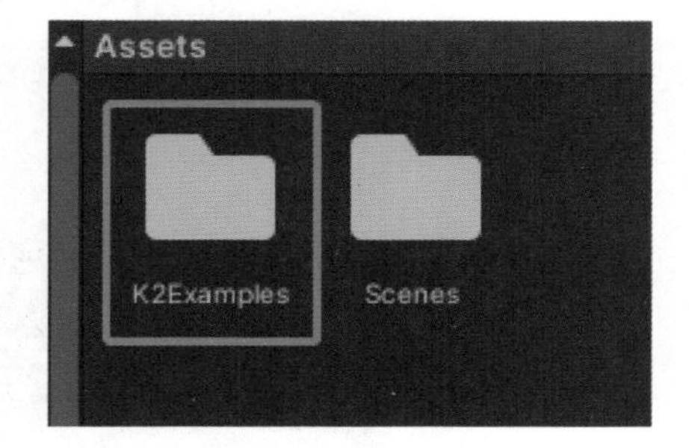

图 7-34　导入插件包

（3）将角色模型导入 Assets 窗口，在右侧 Inspector 窗口中单击 Rig，将 Animation Type 改为 Humanoid，匹配模型的骨骼类型，并单击 Apply 按钮（图 7-35）。

图 7-35　骨骼类型

（4）将模型放入场景，在右侧 Inspector 窗口中单击 Add Component 添加组件，添加 Avatar Controller 脚本，并将摄像机拖曳到 Pos Relative To Camera，以设定模型相对于相机的位置（图 7-36）。

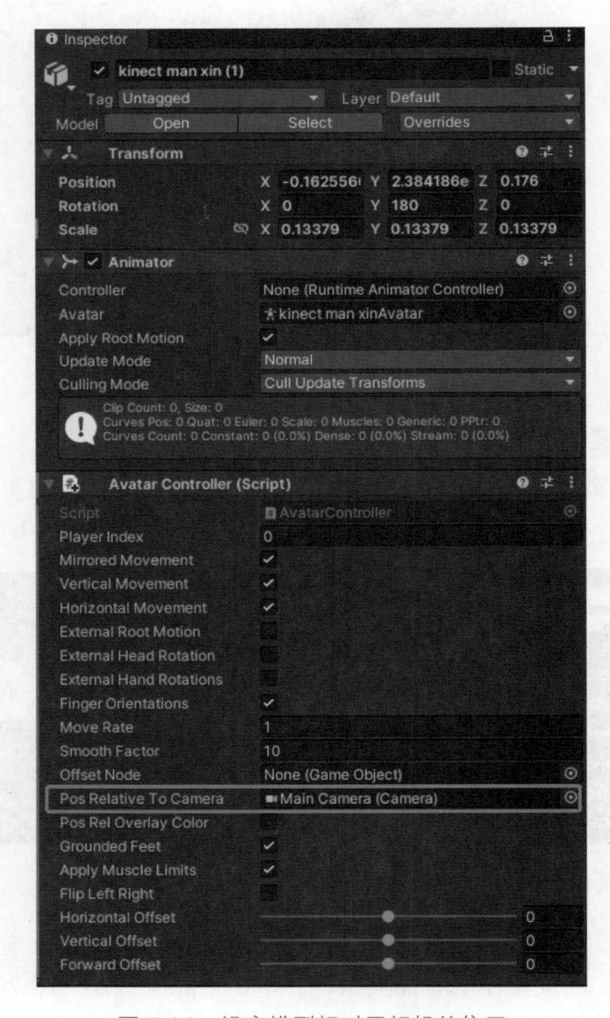

图 7-36　设定模型相对于相机的位置

（5）在左侧 Hierarchy 窗口中新建空对象 Create Empty，更名为 KinectController 作为控制器。在右侧 Inspector 窗口中单击 Add Component 添加组件，添加 Kinect Manager 脚本与 Kinect Gestures 脚本（图 7-37）。

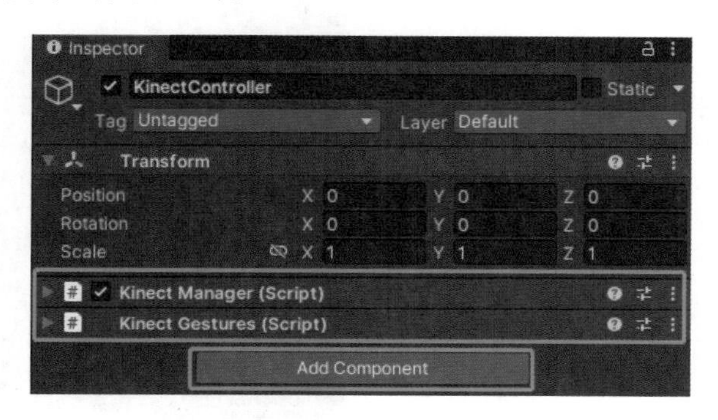

图 7-37　添加 Kinect 脚本

（6）运行项目，在 Game 视图中查看驱动效果（图 7-38）。

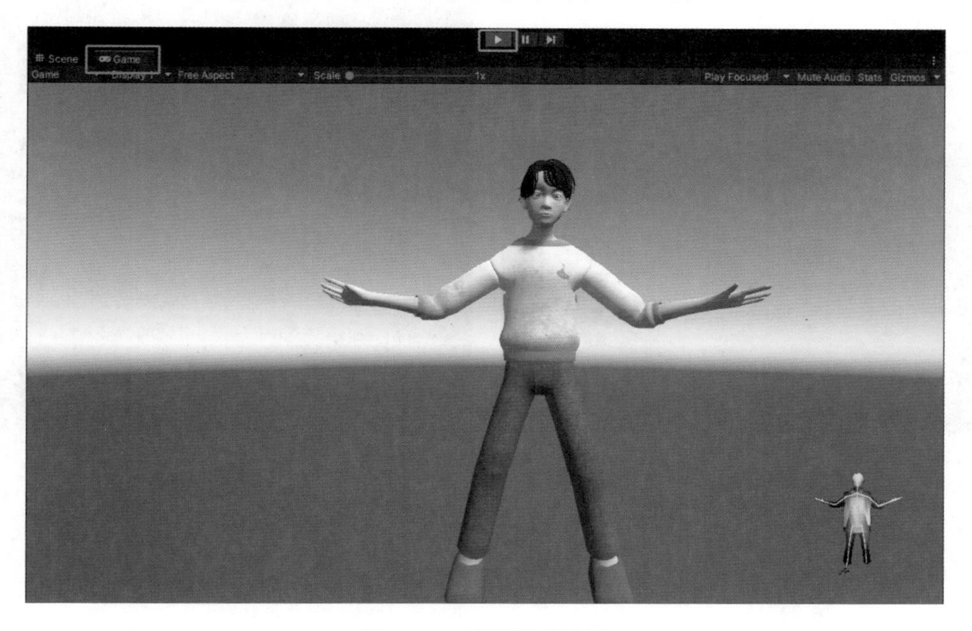

图 7-38　查看驱动效果

小贴士

人物模型的骨骼对应关系如何在 Unity 中修改

单击 Assets 窗口中导入的模型，在右侧 Inspector 窗口中选择 Rig，单击 Configure，进入骨骼映射界面（图 7-39），依次选择 Body、Head、Left Hand、Right Hand，在下面的列表中选择正确部位的骨骼与前面的默认名称对应，系统判断匹配正确的骨骼前面的点变为绿色，否则为红色。完成后单击 Apply 按钮，即可修改映射不正确的骨骼（图 7-40）。

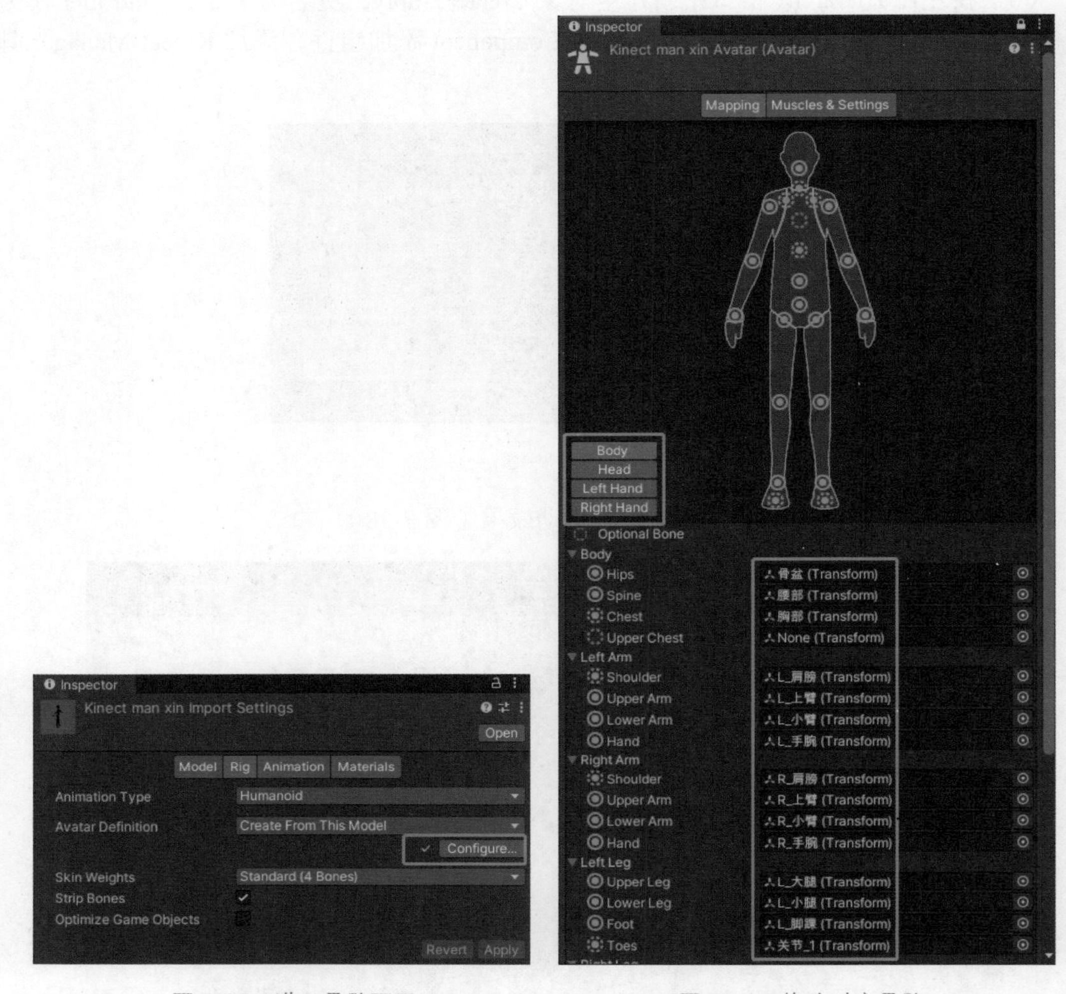

图 7-39　进入骨骼配置　　　图 7-40　修改对应骨骼

7.4　数字人交互作品发布

应用了 ARKit Face Tracking 与 Live Capture（1.1.1）插件的人脸实时驱动 Unity 项目的发布，按照常规方法发布出来不能正常运行，需要将 Live Capture 插件包进行迁移等操作，包括选择导出场景、复制插件包、卸载原有插件包、替换脚本文件、创建 asset 文件、最后进行完成项目的发布。

书中所提供的脚本文件，包括 PackageUtility.cs、LiveCaptureInfo.cs、Resources 文件夹、ClientTimeEstimator.cs、LiveCaptureServer.cs、LiveCaptureExample.cs、CompanionAppDevice.cs。

（1）选择需要导出的场景。选择 File → Build Settings 选项，单击 Add Open Scenes，选择当前打开的场景，选择完成后先关闭 Build Settings 窗口（图 7-41）。

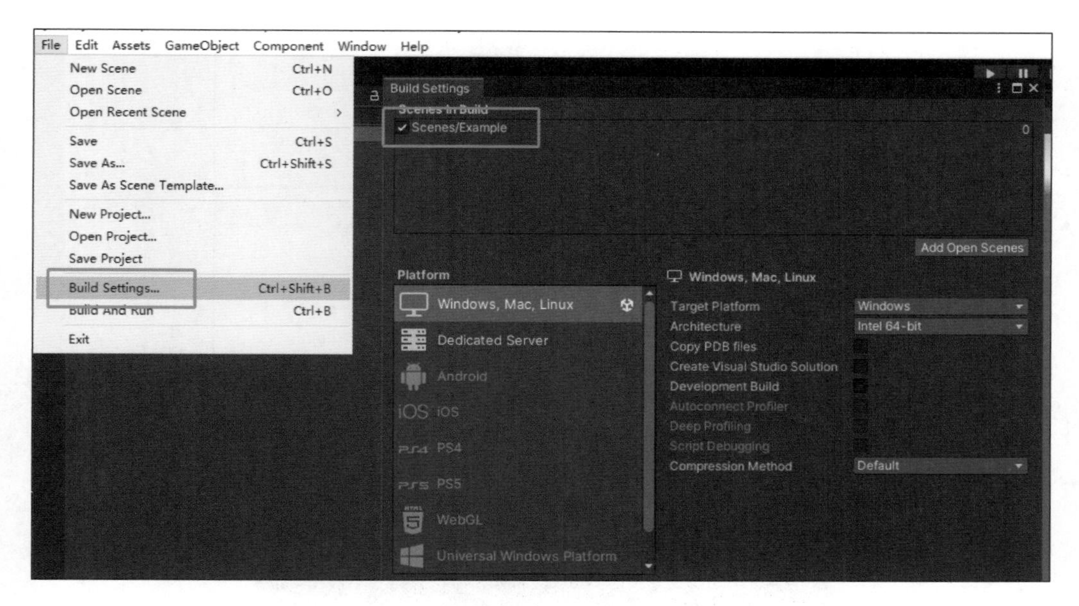

图 7-41　导出设置窗口

（2）复制插件包，将 Live Capture 插件从 Package Manager 中迁移到工程 Assets 目录下。

① 默认情况下，Live Capture 在 Package 中，打开 Live Capture 所在文件夹（图 7-42），将整个文件夹复制，暂时粘贴到桌面，文件夹重命名为 Live Capture（图 7-43）。

② 打开 Package Manager，单击 Remove 按钮将 Live Capture 插件移除（图 7-44）。

③ 将桌面上的 LiveCapture 文件夹导入 Assets 目录下（图 7-45）。

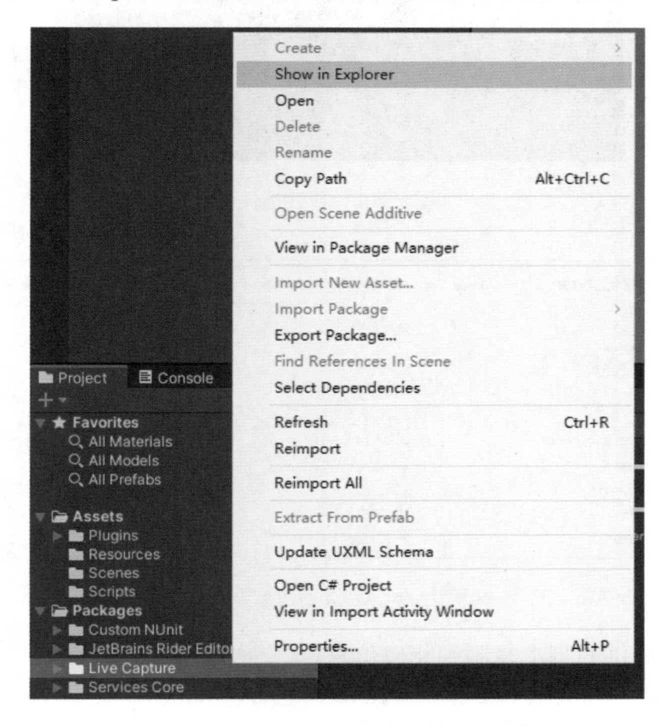

图 7-42　Live Capture 在资源管理器中打开

图 7-43　将文件夹复制粘贴到桌面并重命名为 Live Capture

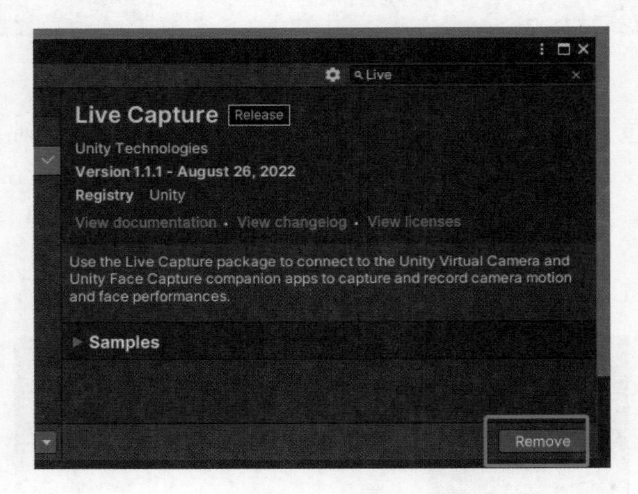

图 7-44　卸载插件

图 7-45　将桌面上的 LiveCapture 导入 Assets 目录下

（3）将本书中提供的脚本复制到相应位置。

① 复制 PackageUtilities.cs 脚本到 Assets → LiveCapture → Runtime → Core → Utilities 中（图 7-46）。

图 7-46 复制 PackageUtilities.cs 脚本

② 复制 LiveCaptureInfo.cs 脚本到 Assets → LiveCapture → Runtime → Core 中（图 7-47）。

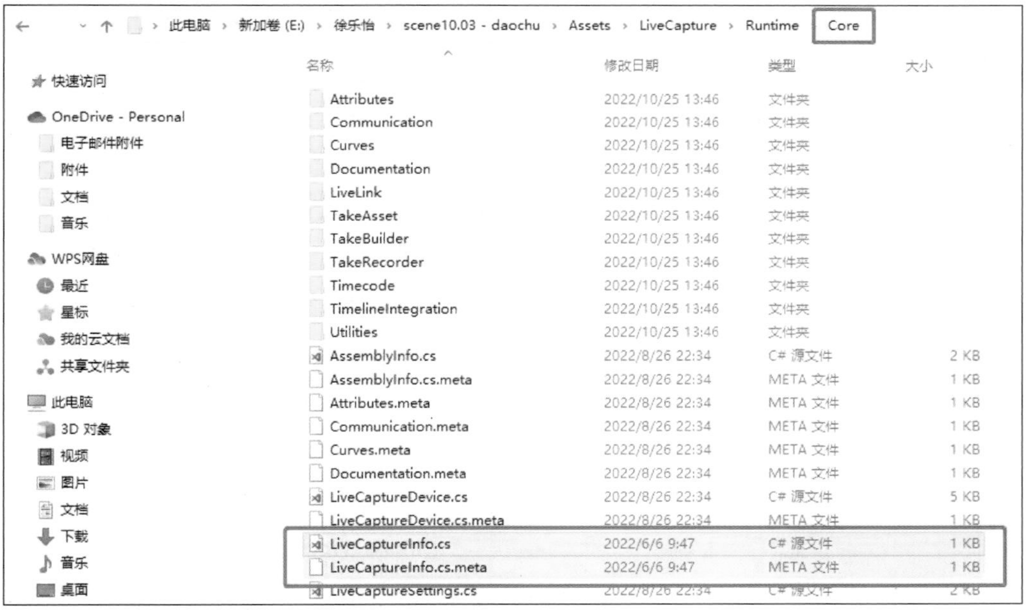

图 7-47 复制 LiveCaptureInfo.cs 脚本

③ 复制 Resources 文件夹和 ClientTimeEstimator.cs 脚本到 Assets → LiveCapture → Runtime → CompanionApp 中（图 7-48）。

④ 复制 CompanionAppDevice.cs 和 LiveCaptureServer.cs 脚本到 Assets → LiveCapture → Runtime → CompanionApp 中（图 7-49）。

← ↑ « Assets › LiveCapture › Runtime › CompanionApp　在 CompanionApp 中搜索

快速访问 / OneDrive - Personal / 电子邮件附件 / 附件 / 文档 / 音乐 / WPS网盘 / 最近 / 星标 / 我的云文档 / 共享文件夹 / 此电脑

名称	修改日期	类型	大小
Communication	2022/10/25 13:46	文件夹	
Data	2022/10/25 13:46	文件夹	
Resources	2022/10/25 13:48	文件夹	
AssemblyInfo.cs	2022/8/26 22:34	C# 源文件	1 KB
AssemblyInfo.cs.meta	2022/8/26 22:34	META 文件	1 KB
ClientAttribute.cs	2022/8/26 22:34	C# 源文件	1 KB
ClientAttribute.cs.meta	2022/8/26 22:34	META 文件	1 KB
ClientMappingDatabase.cs	2022/8/26 22:34	C# 源文件	9 KB
ClientMappingDatabase.cs.meta	2022/8/26 22:34	META 文件	1 KB
ClientTimeEstimator.cs	2022/6/6 9:47	C# 源文件	1 KB
ClientTimeEstimator.cs.meta	2022/6/6 9:47	META 文件	1 KB
Communication.meta	2022/8/26 22:34	META 文件	1 KB
CompanionAppDevice.cs	2022/8/26 22:34	C# 源文件	17 KB
CompanionAppDevice.cs.meta	2022/8/26 22:34	META 文件	1 KB

图 7-48　复制 Resources 文件夹和 ClientTimeEstimator.cs 脚本

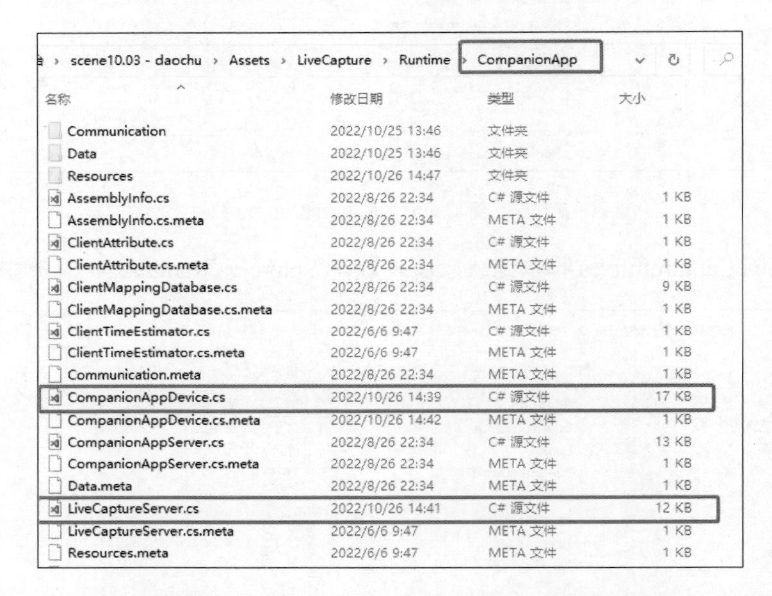

图 7-49　复制 CompanionAppDevice.cs 和 LiveCaptureServer.cs 脚本

（4）在 Assets 文件夹下再新建一个 Resources 文件夹（图 7-50）。

电脑 › 桌面 › 新建文件夹 › Unity-Face-Capture-master › Assets

名称	修改日期	类型	大小
LiveCapture	2022/6/6 9:47	文件夹	
Plugins	2022/10/30 15:45	文件夹	
Resources	2022/6/6 9:47	文件夹	
Scenes	2022/6/6 9:47	文件夹	
Scripts	2022/10/30 15:45	文件夹	
LiveCapture.meta	2022/10/30 15:45	META 文件	1 KB
LiveCaptureExample.cs	2022/6/6 9:47	Visual C# Sourc...	1 KB
LiveCaptureExample.cs.meta	2022/10/30 15:45	META 文件	1 KB
Plugins.meta	2022/6/6 9:47	META 文件	1 KB
Resources.meta	2022/6/6 9:47	META 文件	1 KB
Scenes.meta	2022/6/6 9:47	META 文件	1 KB
Scripts.meta	2022/6/6 9:47	META 文件	1 KB

图 7-50　新建 Resources 文件夹

（5）创建 asset 文件。在 Project 窗口右击，在弹出的快捷菜单中，选择 Create → LiveCapture → Server 选项，产生一个 New Live Capture Server.asset 文件，更名为 Live Capture Server.asset，右侧参数不要改，保持 Port9000，将这个 asset 文件放到刚才新建的 Resources 文件夹内（图 7-51）。

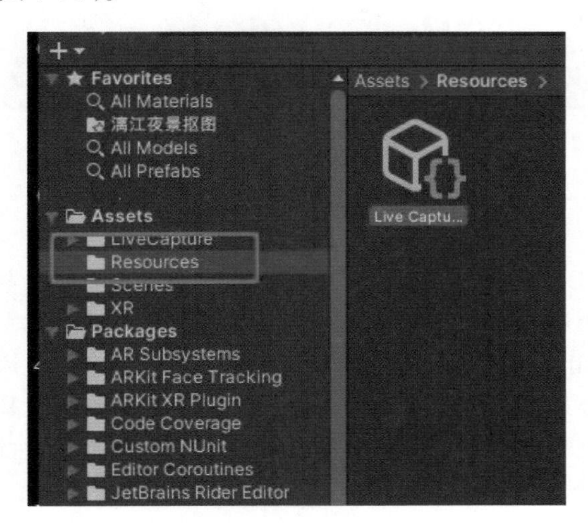

图 7-51　新建 LiveCaptureServer.asset 文件

（6）在场景中新建空对象，将 Live Capture Example 脚本导入，添加到空对象上，保持选中状态（图 7-52）。

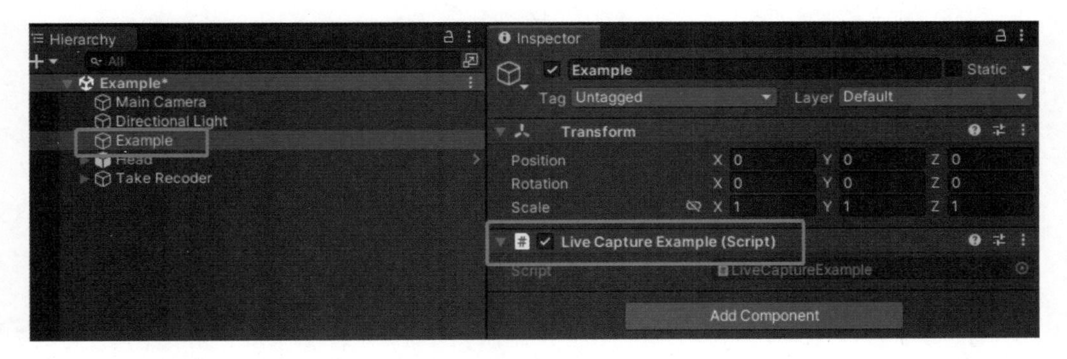

图 7-52　在空对象上添加脚本

（7）运行场景检查无误后导出，选择 File → Build Settings → Build And Run 选项。

（8）如遇脚本报错，双击打开错误脚本，在“using Unity.LiveCapture.Editor;”前添加“//”双斜杠注释，保存后再次运行即可解决报错问题。

课后练习

1. 请使用本书中介绍的 Unity 插件实现一个人脸驱动项目。
2. 请使用 Kinect 体感器使自己的数字人动起来。

第8章

数字人项目效果优化

本章导语

在本章将学习如何在Unity中使用一些插件工具优化数字人和场景的效果，包括数字人的皮肤材质表现，使用SSS材质渲染数字人的皮肤纹理；数字人的头发与服装动力学的实现，使用MagicaCloth插件，在Unity中表现服饰毛发动力学方法，模拟物理碰撞，增强画面真实感；使用后处理插件Post Processing，进行画面整体效果的把控和调整，方便学习者在创作自己的项目时，使人物和场景表现更加丰富与可控，改善场景视觉效果。

学习目标

- 掌握数字人皮肤SSS材质制作方法。
- 掌握Unity碰撞及服饰毛发等动力学表现方法。
- 掌握Unity后处理插件使用方法，增强画面视觉效果。

8.1 数字人皮肤材质设定

8.1.1 SSS材质的概念

（1）本小节简要介绍SSS（sub-surface scatterring，次表面散射）材质的原理及基本特点。SSS材质模拟光线进入物体后，在物体内部产生反弹和吸收，经过散射，只有很少部分光线从物体表面射出，形成一种半透明效果，它的特征是透光不透明（图8-1）。

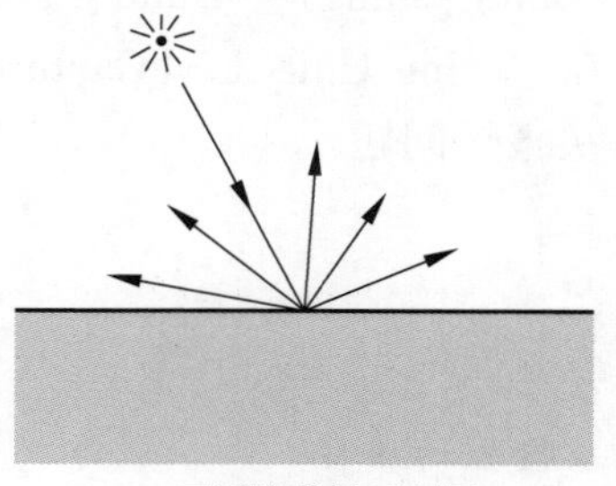

(a) 不透明物体反射图

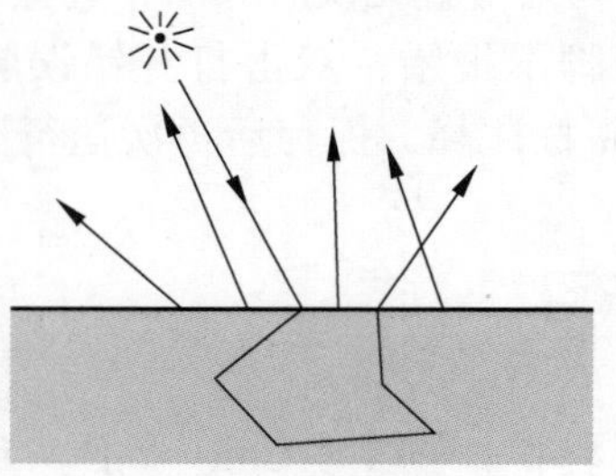

(b) 次表面散射图

图8-1 物体反射图

（2）SSS 材质通常用来表现牛奶、蜡烛、玉石、树叶、皮肤、植物果实等半透明材质。在项目创作中合理使用 SSS 材质，可以增强效果，丰富画面细节。对于数字人创作来说，通常使用 SSS 材质模拟现实中人物皮肤的通透感（图 8-2）。

8.1.2 SSS 材质获取

（1）选择 Window → Asset Store 选项（图 8-3），打开资源商店，在搜索栏中直接输入关键词查找 SSS 材质，或者通过浏览各类资源选择 SSS 材质（图 8-4）。

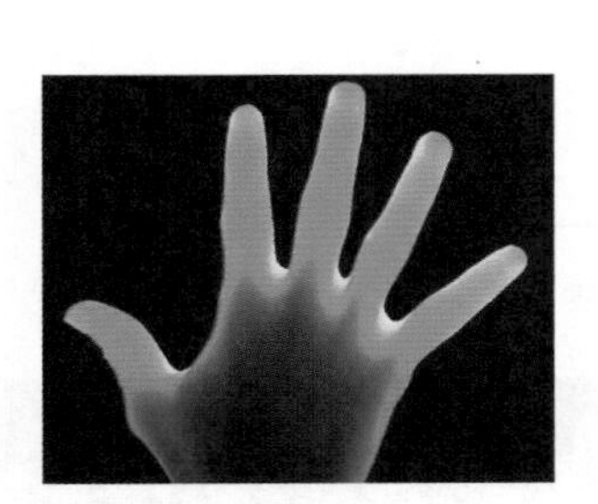

图 8-2 SSS 材质效果

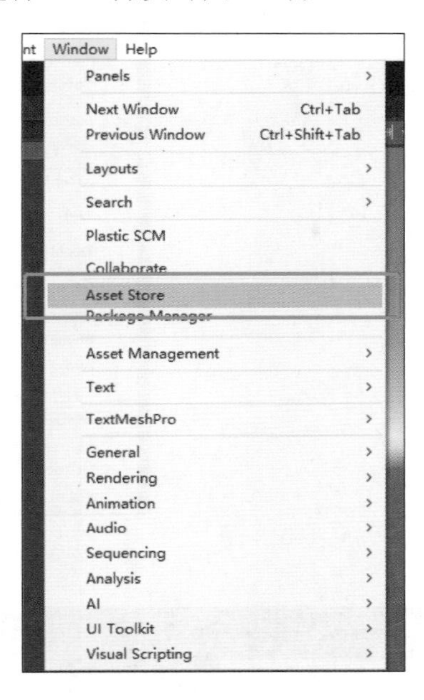

图 8-3 插件通道

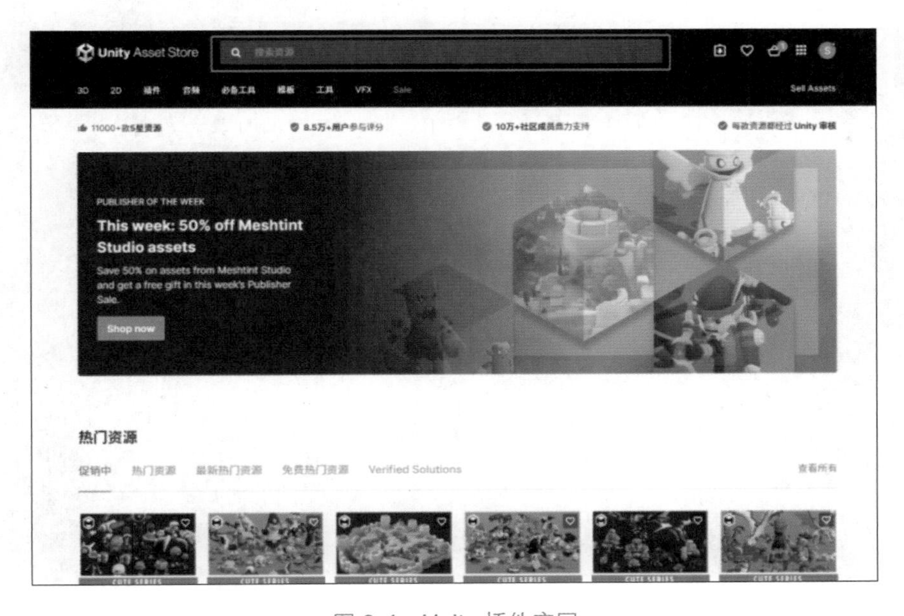

图 8-4 Unity 插件官网

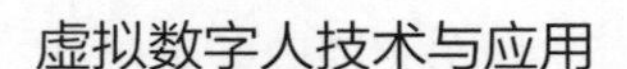

（2）购买并添加至“我的资源”。

（3）选择 Window → Package Manager（图 8-5）命令，找到 My Assets，可查看自己已经拥有的资源，单击 Download 按钮后即可导入到场景中使用（图 8-6）。

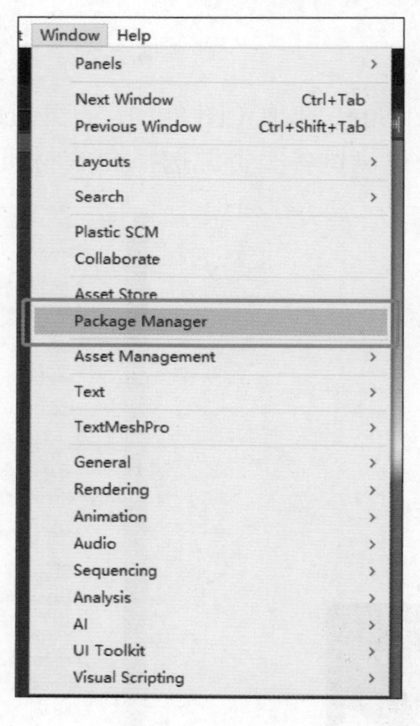

图 8-5　插件管理

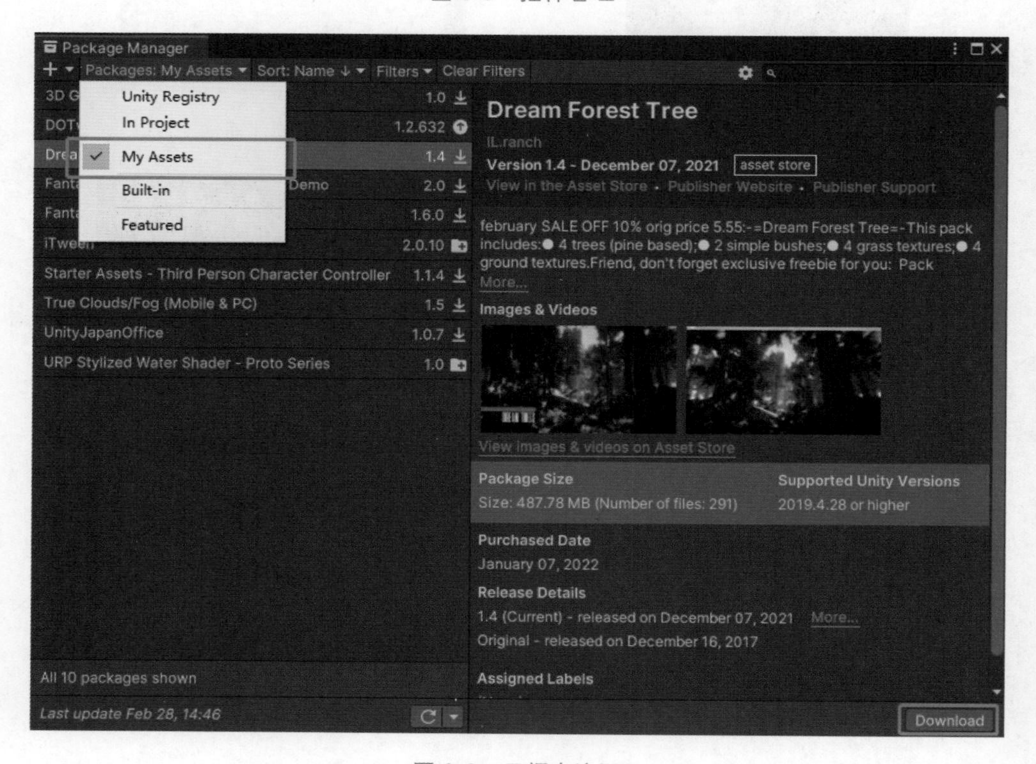

图 8-6　已拥有资源

8.1.3 Subsurface Scattering Shader 皮肤 SSS 材质的使用

（1）在资源商店中找到并安装 Subsurface Scattering Shader 插件。

（2）导入数字人模型，注意材质的导入设置（见 7.1 节）。

（3）将数字人拖入场景，找到皮肤材质球，此时材质球为标准默认材质球（图 8-7）。

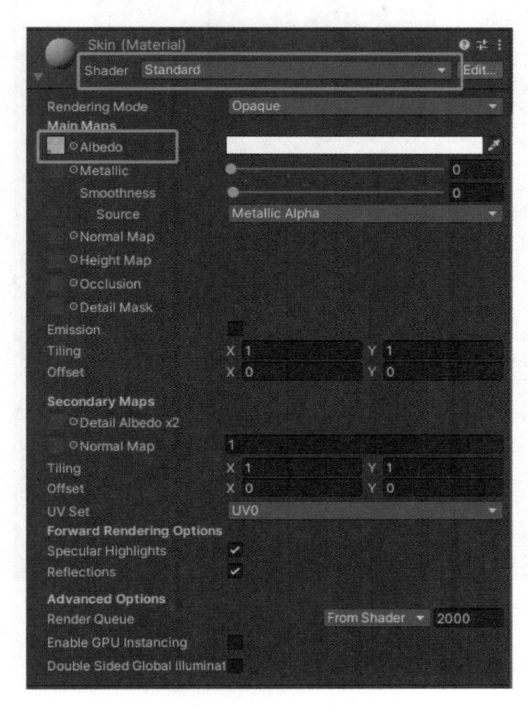

图 8-7 标准材质球

（4）单击 Shader，找到插件提供的 Amazing Assets/Subsurface Scattering 材质（图 8-8），可尝试选择不同的 SSS 材质效果（图 8-9）。

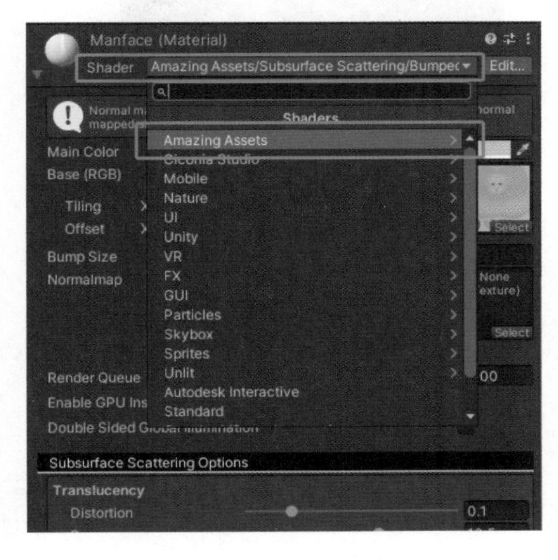

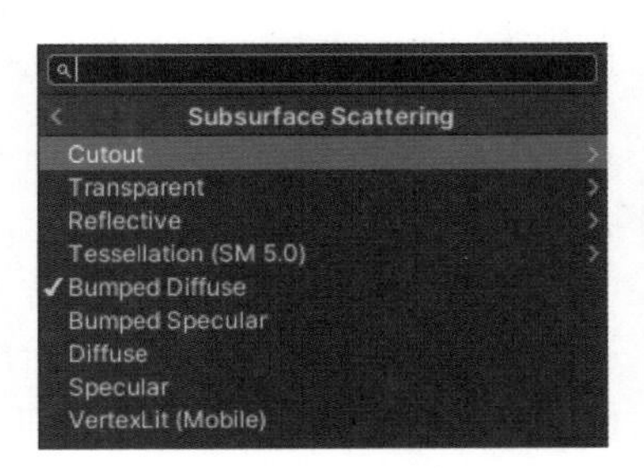

图 8-8 切换 SSS 材质

图 8-9 最终材质选择

（5）设置贴图与次表面反射参数，调整出合适效果（图 8-10）。

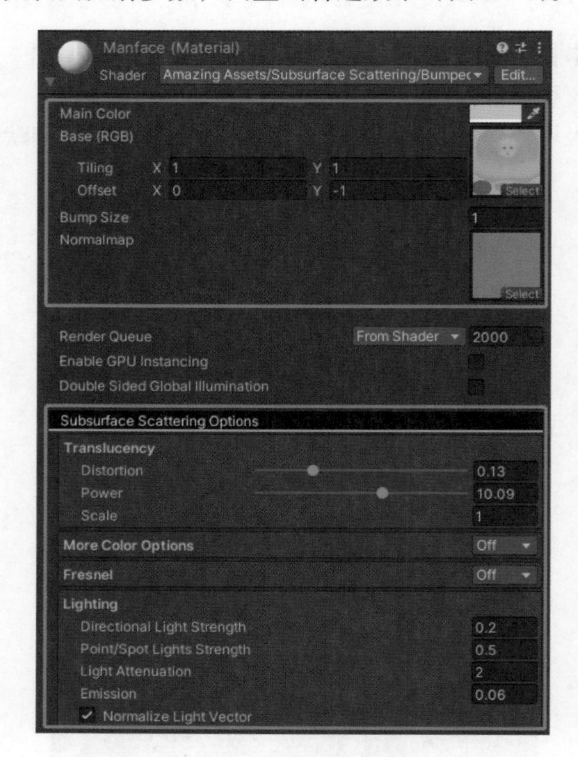

图 8-10　调整材质参数

SSS 材质与普通材质使用效果对比如图 8-11 所示。

(a) SSS材质皮肤

(b) 普通材质

图 8-11　材质效果对比

8.1.4　URP-Skin Shaders 皮肤 SSS 材质的使用

Universal Render Pipeline-Skin Shaders（URP-Skin Shaders）皮肤 SSS 材质的使用方法如下。

（1）在资源商店中找到并安装 URP-Skin Shaders 插件。

（2）导入数字人模型，注意材质的导入设置（见 7.1 节）。

（3）将数字人拖入场景，找到皮肤材质球，此时材质球为标准默认材质球，此插件既支持 URP 渲染管线，也支持默认渲染管线（图 8-12）。

（4）单击 Shader，找到插件提供的 Ciconia Studio → CS_Skin → Builtin → SSS Skin 材质（图 8-13），可尝试选择不同的 SSS 材质，查看渲染的效果（图 8-14）。

（5）在 Head → CS Skin Shader 材质球参数中，根据模型素材设置贴图基本参数，如基本色等（图 8-15）。

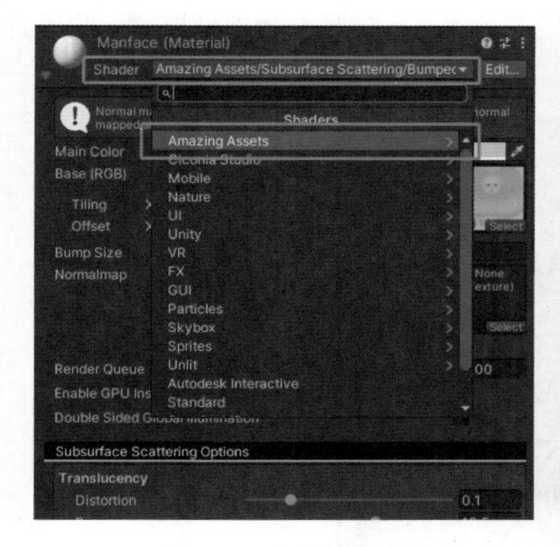

图 8-12 切换材质类型

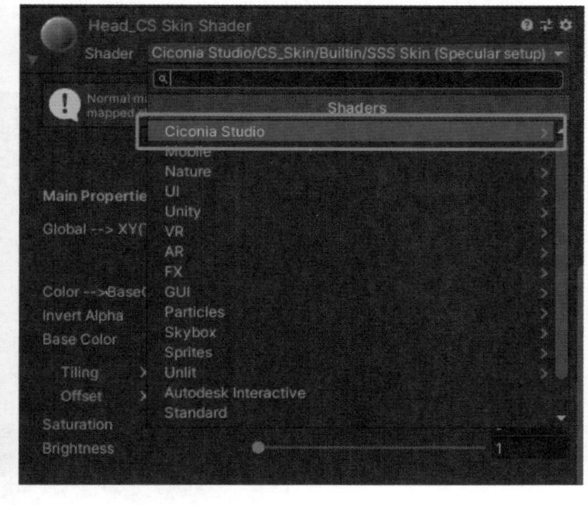

图 8-13 选择材质类型

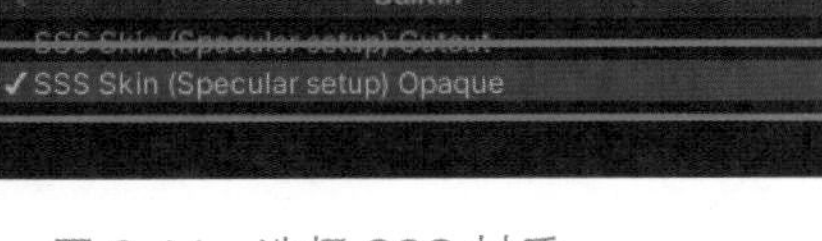

图 8-14 选择 SSS 材质

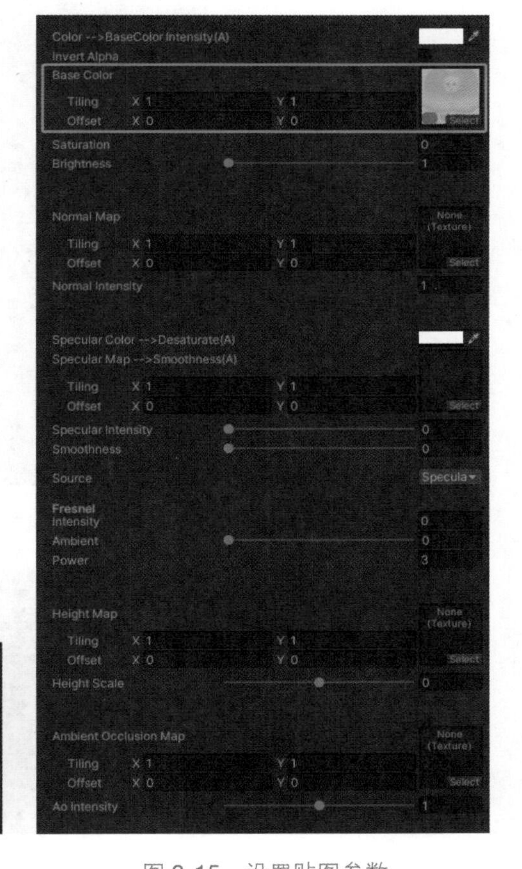

图 8-15 设置贴图参数

（6）再设置 SSS Skin Properties（SSS 皮肤属性）参数（图 8-16），如半透明颜色、饱和度等，另外还需要绘制半透明贴图遮罩（可利用其他 3D 软件生成）。黑色部分为不透明，白色部分为透明，体现在皮肤效果上为贴图黑色部分没有 SSS 材质效果，白色和灰色过渡部分拥有 SSS 材质效果（图 8-17）。

完成使用后，模型的皮肤纹理会比普通材质更加透亮，更具有物理世界的皮肤质感（图 8-18）。

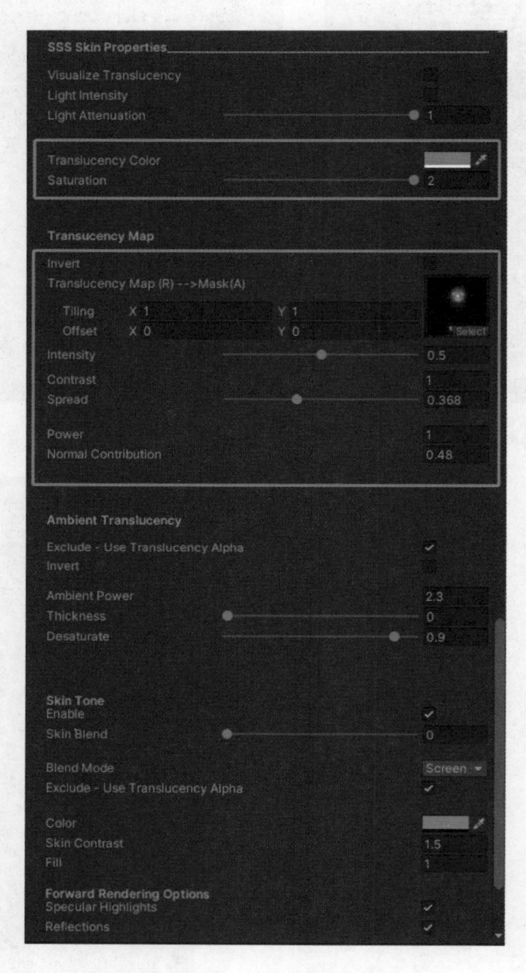

图 8-16　设置皮肤参数

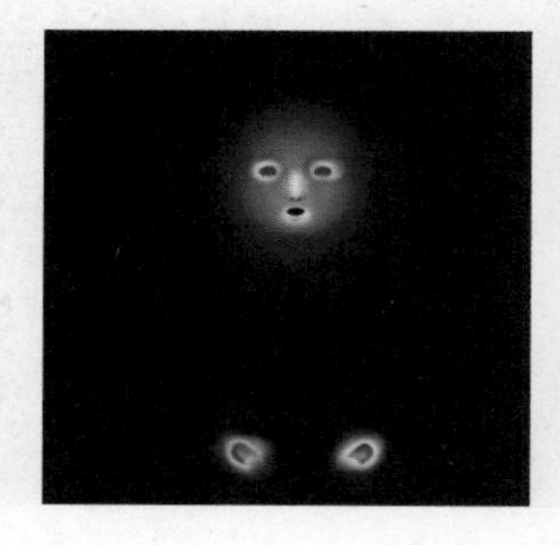

图 8-17　绘制遮罩贴图

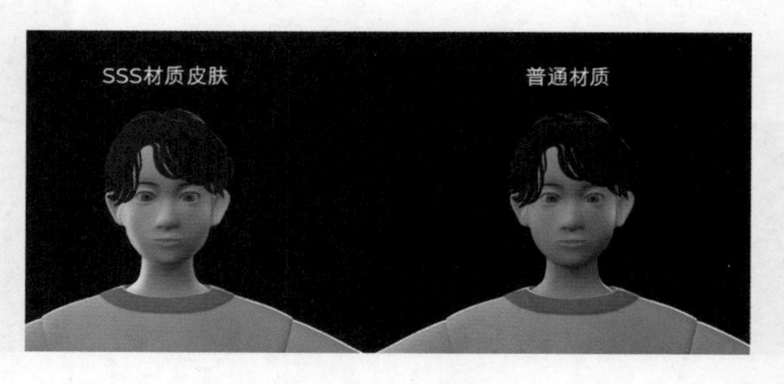

图 8-18　效果对比

8.2 数字人头发与服装的动力学实现——Magica Cloth

8.2.1 插件介绍

Magica Cloth 是一款使用 Unity Burst Compiler 和 Job System 来进行实时布料演算的插件，可以基于骨骼模拟，或者顶点模拟，是 Unity 商城内的官方插件。它使用自己的虚拟网格进行布料演算，包含运动骨骼、实时布料演算、风力影响等实用内容。

Magica Cloth 的使用分为两种方式，分别针对已绑定骨骼的物体和未绑定骨骼的物体（图 8-19），可以分别进行骨骼模拟及顶点模型。本小节将分为骨骼模拟和顶点模拟两个模块来讲解该布料解算系统。以场景里发髻上的两根发带为例，一根添加骨骼节点，另一根不添加骨骼节点，这个插件在这两种状态下都可以进行重力学模拟，两种方法所使用的组件不同，下面将分别进行讲解。

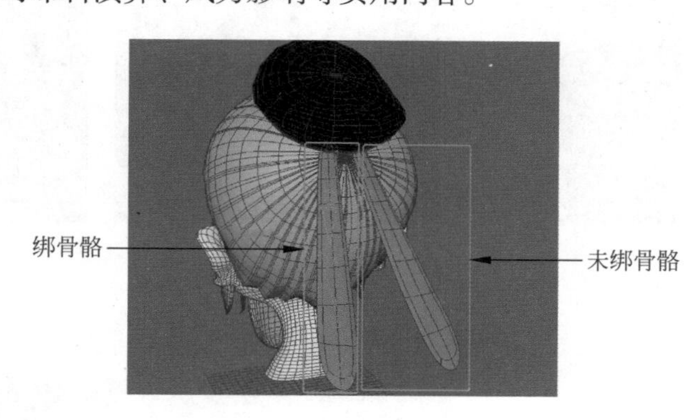

图 8-19 骨骼绑定对比

无论模型是否绑定骨骼，都有共同必要完成的步骤。

（1）在此之前，需要购买并安装 Unity 官方商店中的插件 Magica Cloth（图 8-20）。

（2）在使用前下载 Package manager 官方自带的 4 个插件（图 8-21）：Burst（仅 2019 用下载）、Mathematics、Jobs、Collections。

（3）下载安装完成后，将模型导入 Unity，同时设置模型 Inspector 中的可读写功能（图 8-22）。

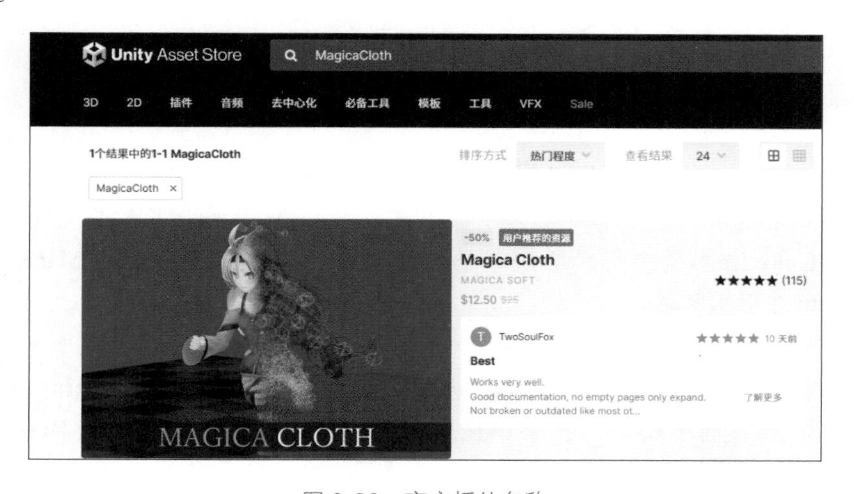

图 8-20 商店插件名称

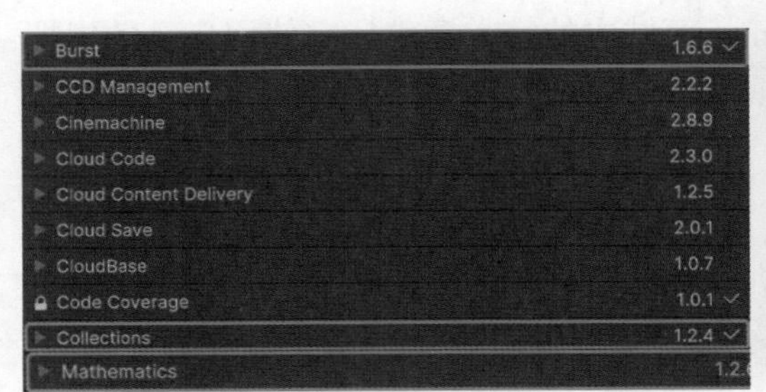

图 8-21　勾选所需插件

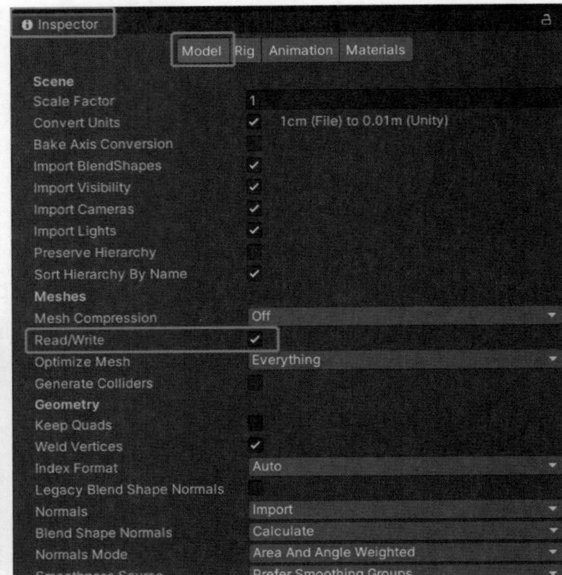

图 8-22　导入模型基础设置

（4）将 Magica Physics Manager 拖入场景（图 8-23）

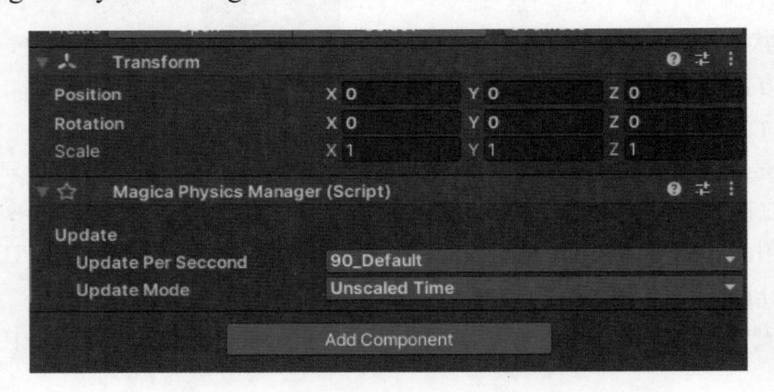

图 8-23　Magica Physics Manager 插件

Magica Physics Manager 组件介绍

Magica Cloth 有自己完整的物理引擎系统，与 Unity 的物理引擎完全分开，它并不会干扰 Unity 的物理系统，所以每个场景需要一个 Magica Physics Manager 组件，Magica Cloth 才能正常运行。

（5）同时为了方便寻找骨骼节点，选择下载使用 Animation Rigging 来绘制骨骼（图 8-24），下载后选中模型，在菜单栏中单击 Animation Rigging → Bone Renderer Setup（图 8-25），骨骼将被显示出来（图 8-26）。

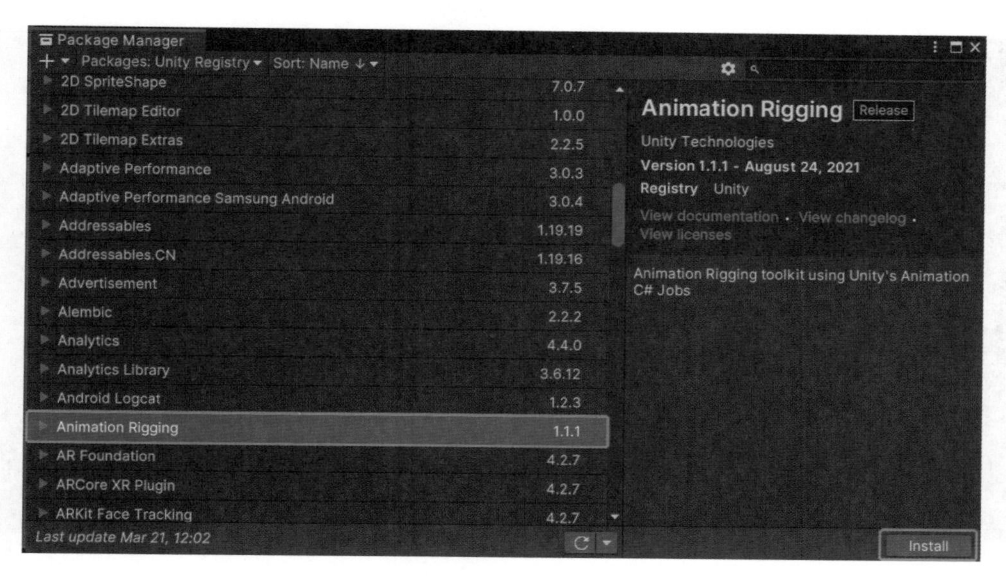

图 8-24 Animation Rigging 插件下载

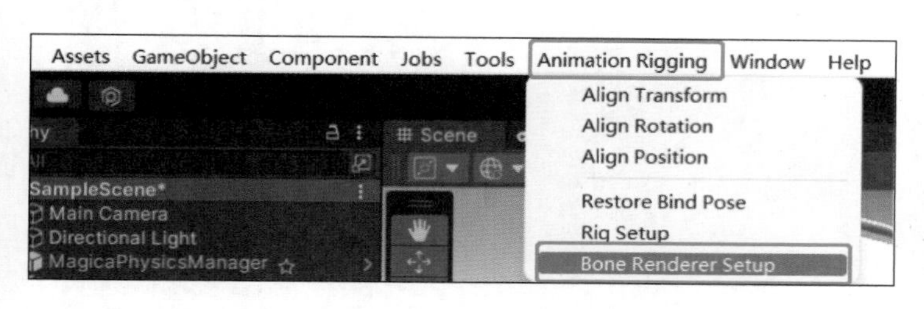

图 8-25 选择 Bone Renderer Setup

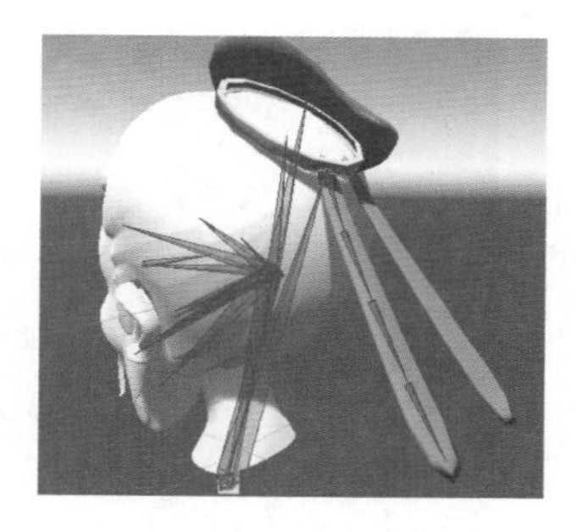

图 8-26 骨骼显示

8.2.2 基于骨骼模拟案例演示

（1）前面一系列操作完成后，选择带骨骼物体，在该物体上右击→ Creat Other → Magica Cloth → Magica Bone Cloth（图 8-27），全选骨骼节点，全部拖入 Magica Bone Cloth 中的 Root List（图 8-28），然后单击 start Point Selection，将固定的骨骼节点标记为红色，运动的骨骼节点标记为绿色，调整完成后，单击 End Point Selection（图 8-29），可以选择预设中的飘动模式（图 8-30），在下方的物理属性中，可以调整物体的重力等属性（图 8-31），最终完成后，滑动至最下方单击 Creact。运行后拖动物体，即可查看飘动效果（图 8-32）。

Magica Bone Cloth 骨骼模拟组件

用骨骼节点带动物体模拟运动时，需要物体绑定骨骼并且权重设置正确，更适合模拟带骨骼的毛发、飘带、绳子等这些易于飘动的物体。

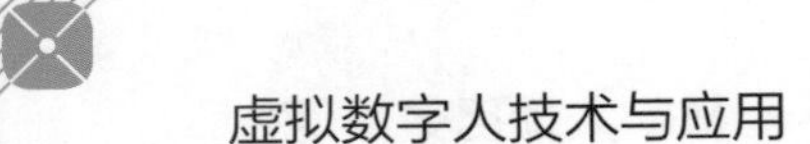
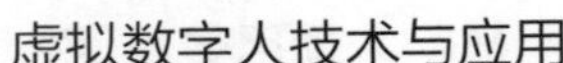

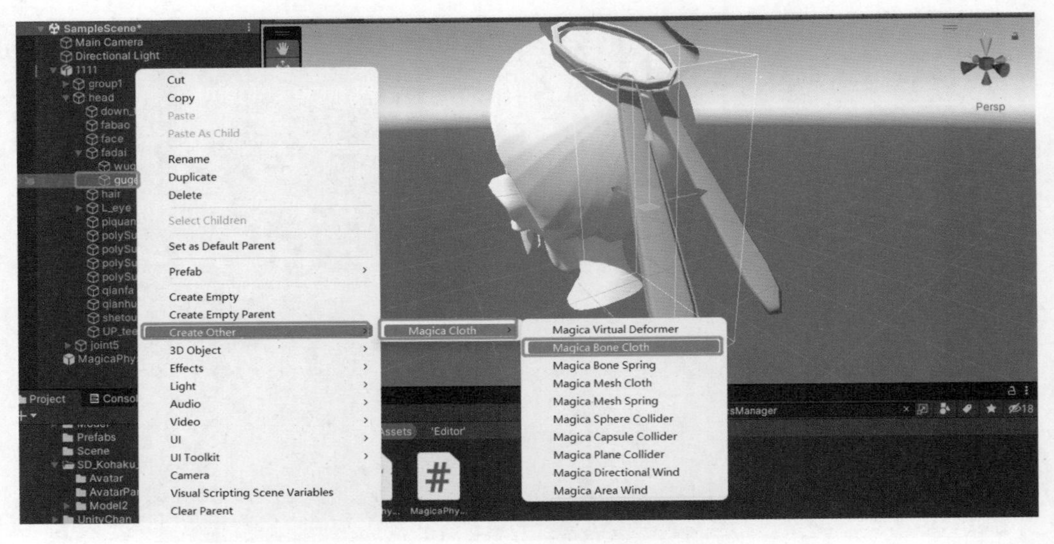

图 8-27　创建 Magica Bone Cloth

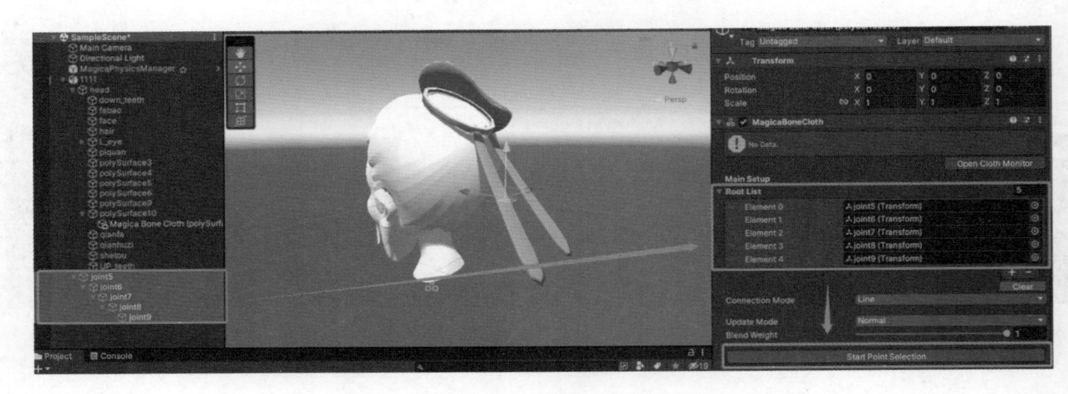

图 8-28　骨骼拖入插件

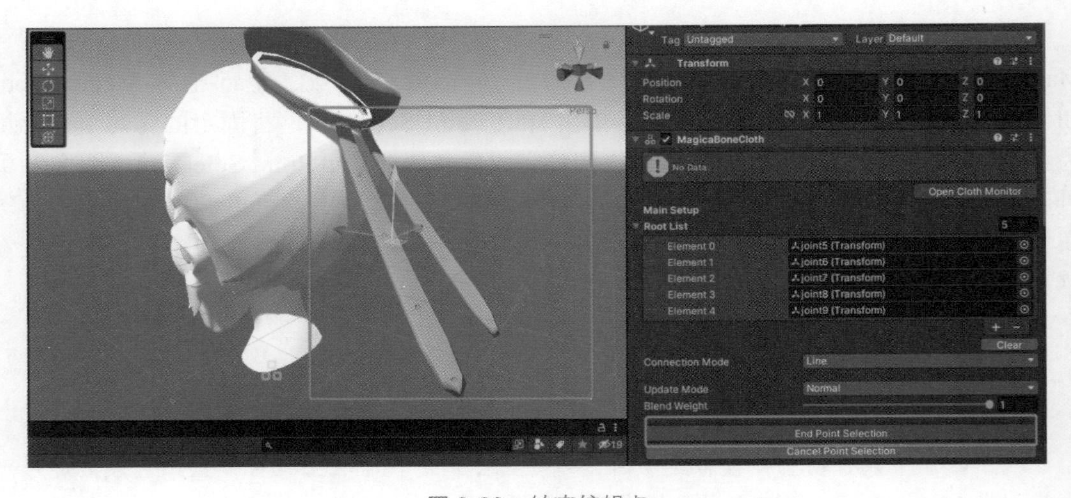

图 8-29　结束编辑点

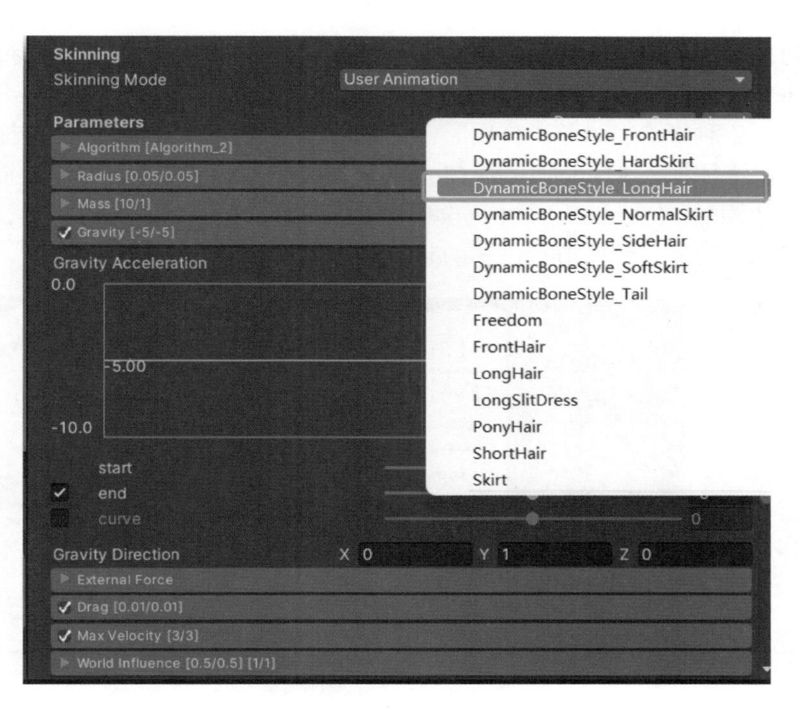

图 8-30 选择动力学预设

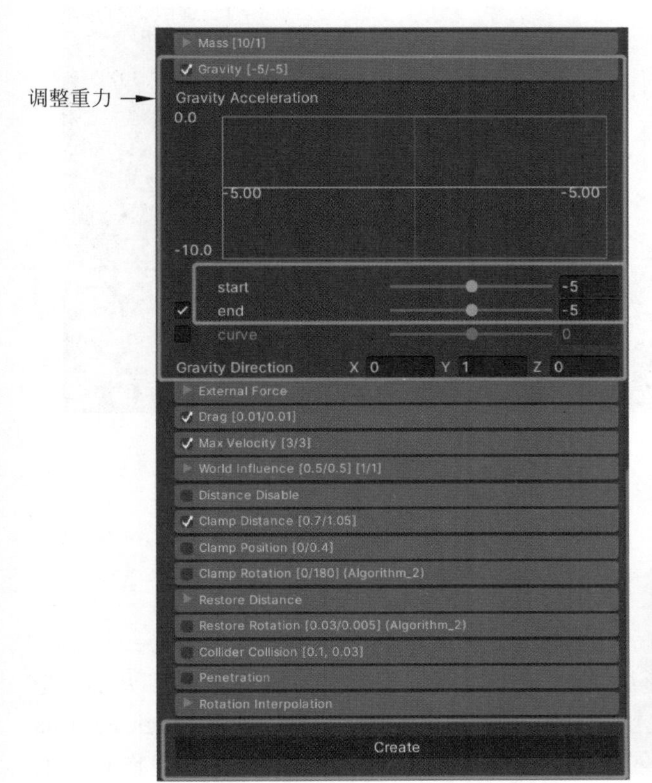

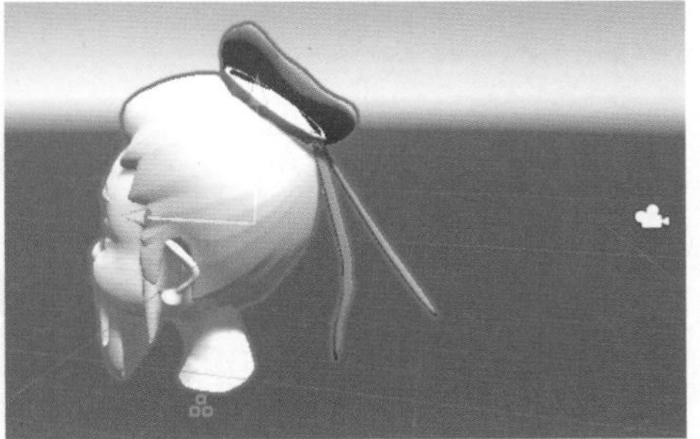

图 8-31 调整重力

图 8-32 飘动演示

（2）此时飘动部分由于受到重力影响，呈现出下垂形态，观察会发现有穿模现象出现，不用担心，进行下面一系列步骤即可防止穿模。在将与之产生碰撞的模型上右击，选择合适的防碰撞体（三种形态：球形、胶囊形、平面）（图 8-33）。在调整好防碰撞体的大小和位置后，将防碰撞体拖入 Magica Bone Cloth 的 Collider List 中（将需要防碰撞的物体都用该方法进行创建添加）（图 8-34），并再次单击 Creact，运行测试（此时注意，使用骨骼节点做飘动的物体，只能与骨骼节点创建的防碰撞体相互碰撞）。

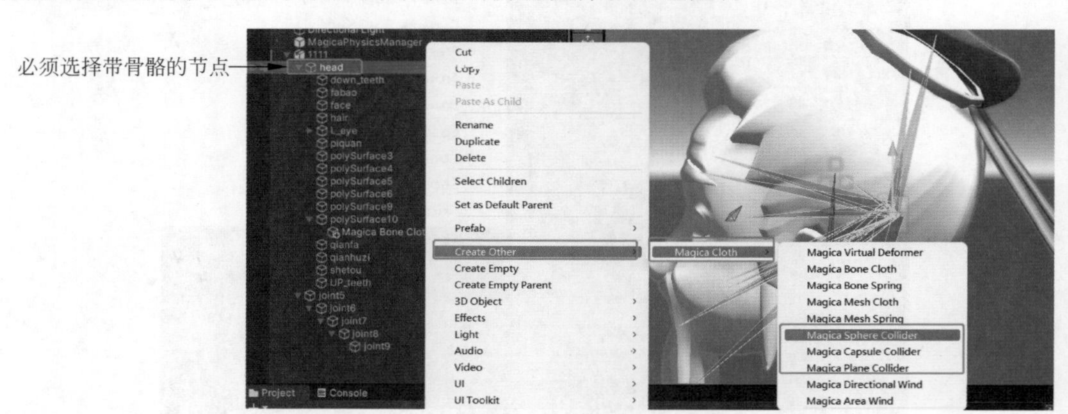

图 8-33　添加防碰撞物体

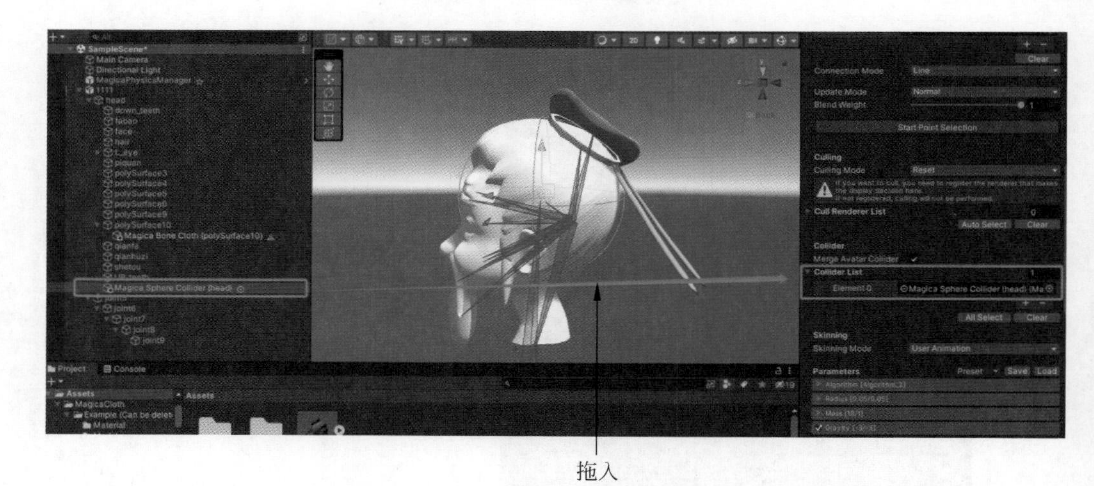

图 8-34　拖入防碰撞体

8.2.3　基于顶点模拟案例演示

（1）在完成前面准备性工作基础上，选中需要基于顶点飘动物体，在 Inspector 内创建 Magica Render Deformer 组件（变形渲染器）（图 8-35），当模型读写功能打开后，它会自动显示白色叹号，在场景内右击→ Creact Other → Magica Cloth → Magica Virtual Deformer（虚拟变形器）（图 8-36），创建后将 Magica Render Deformer（红色图标）拖入 Magica Virtual Deformer（橘色图标）中（图 8-37），单击 Creact 后，红色警告将变为白色叹号，即为正常运行。之后在该物体上创建 Magica Mesh Cloth（顶点模拟组件）

（图 8-38），将 Magica Virtual Deformer 拖入 Virtual Deformer 并单击 Start Point Selection（图 8-39），编辑网格点，红色为固定点，绿色为可动点（图 8-40），完成设定后，单击 End Point Selection，并调整预设，最终单击 Creact，运行文件测试效果。

小贴士

1. Magica Render Deformer 变形渲染器

这个组件需要挂在模型网格上，可以使网格变形，进行布料模拟。

2. Magica Virtual Deformer 虚拟变形器

配合 Magica Render Deformer 使用，将 Magica Render Deformer 拖入 Magica Virtual Deformer 上，可进行模型网格的重建，原理是将模型外围包裹一层封套，使得顶点数过多或者有复杂层级的布料具有更好的可控性，降低穿模的概率。

3. Magica Mesh Cloth 顶点模拟组件

在网格顶点上实现布料以顶点为单位的模拟，性能消耗大于骨骼模拟。

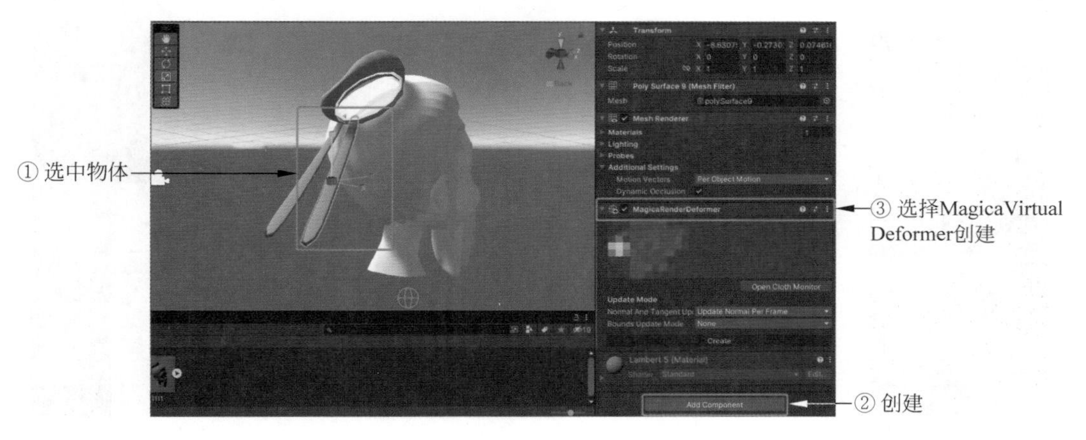

图 8-35 创建 Magica Render Deformer

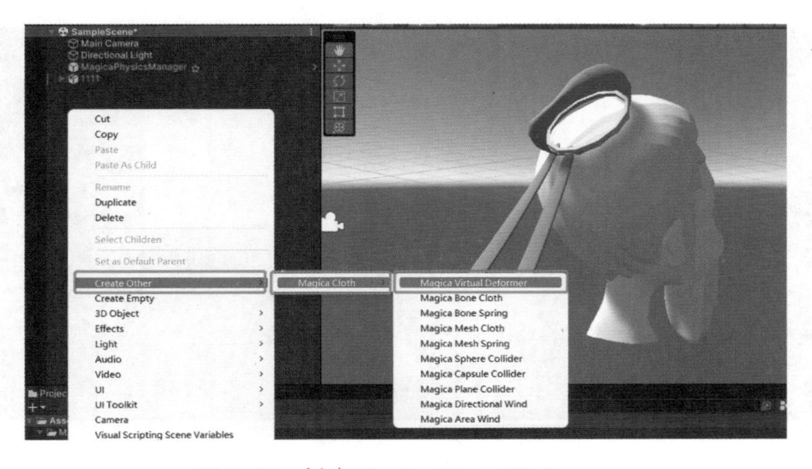

图 8-36 创建 Magica Virtual Deformer

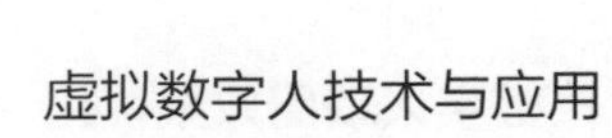
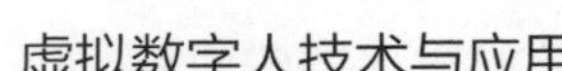

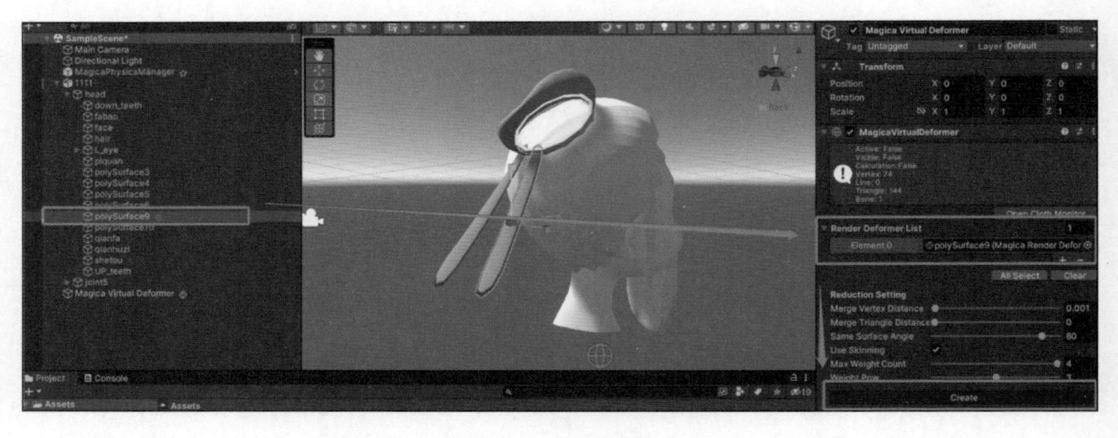

图 8-37　拖入物体

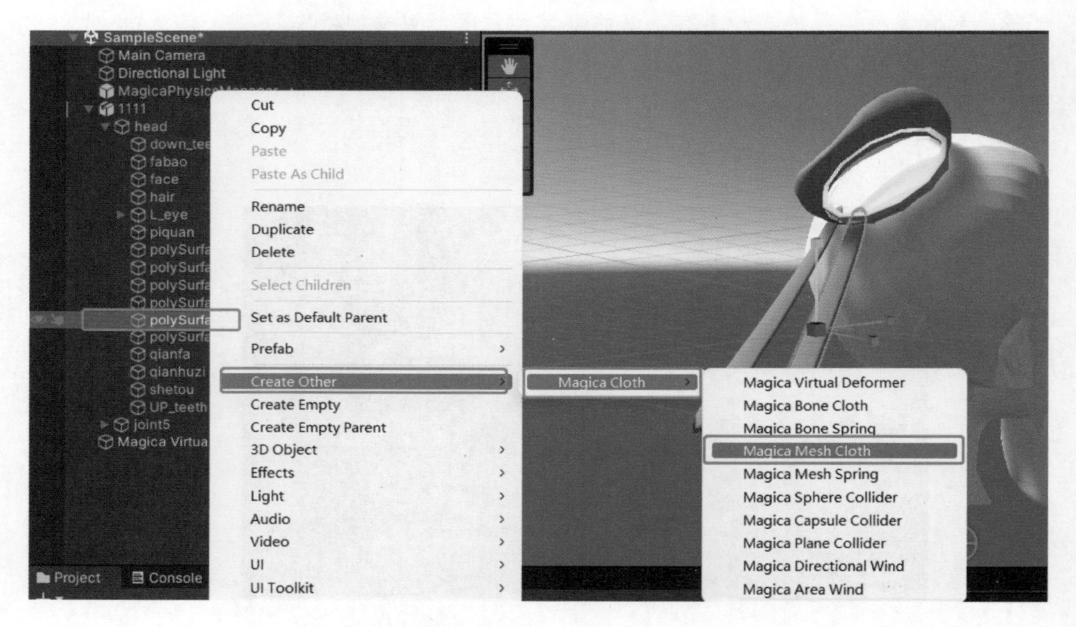

图 8-38　创建 Magica Mesh Cloth

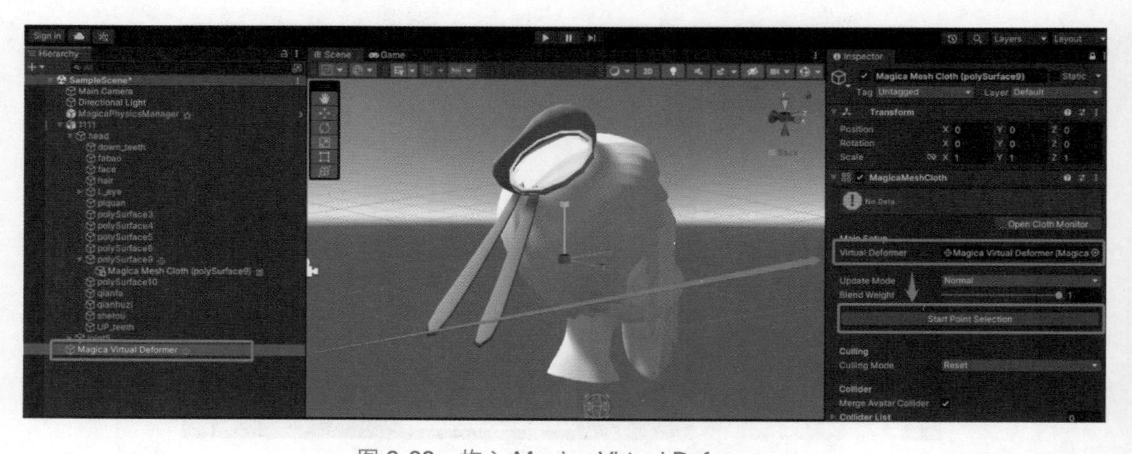

图 8-39　拖入 Magica Virtual Deformer

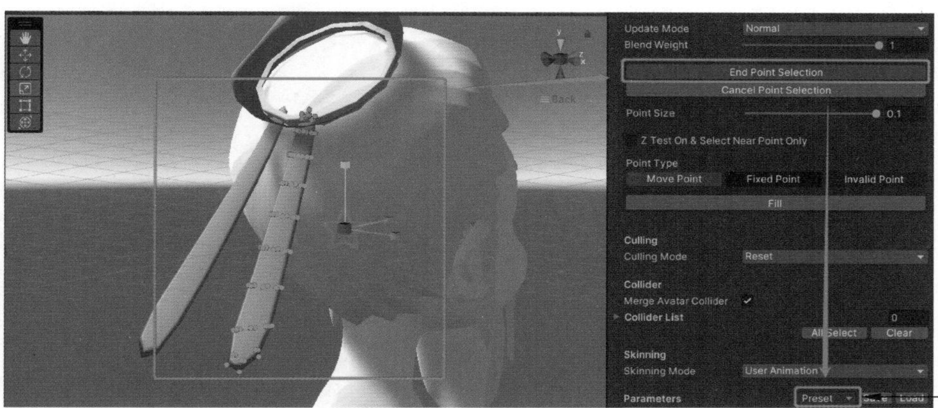

图 8-40 选择编辑点

（2）完成新生成的网格设定后，在容易被穿模的物体上右击，创建防碰撞体（圆形 / 胶囊体 / 平面）（图 8-41），并调整位置，后将防碰撞体拖入 Collider List，之后选择合适的预设值（图 8-42），单击 Creact，效果如图 8-43 所示。

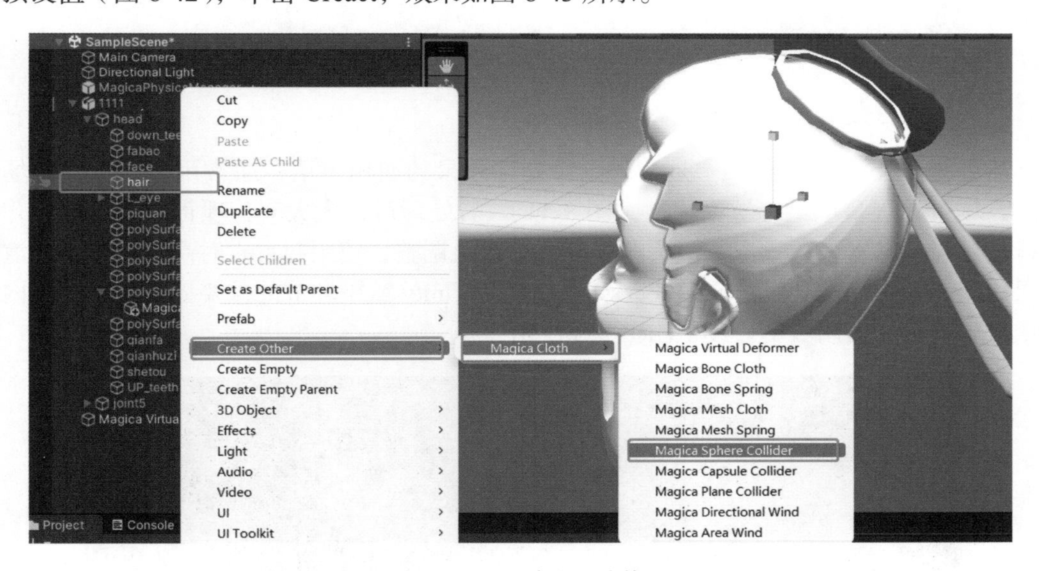

图 8-41 创建防碰撞体

图 8-42 选择预设值

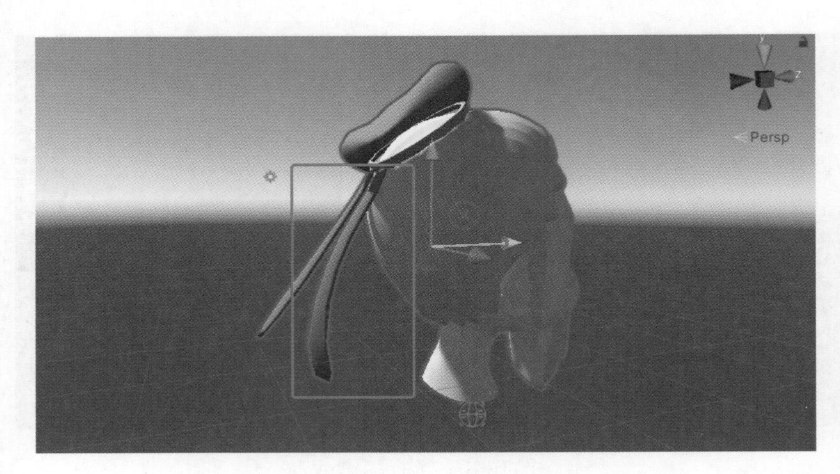

图 8-43　展示效果

8.3　Unity 后处理插件 Post Processing

8.3.1　后处理插件简介

后处理（post processing）是全屏图像处理效果的通用术语，通常用在相机绘制场景之后，场景在屏幕上最终渲染之前（图 8-44）。后处理可以大大改善项目的视觉效果，能进行抗锯齿、曝光度、景深、镜头畸变等多种效果调整，使用起来省时高效，后处理渲染效果如图 8-45 所示。目前 Post Processing 已成为 Unity 渲染环节的重要插件，支持在内置默认渲染管线和通用渲染管线（URP）中使用。

图 8-44　普通渲染效果

图 8-45 后处理渲染效果

小贴士

什么是渲染管线

渲染管线执行一系列操作来获取场景的内容，并将这些内容显示在屏幕上。概括来说，这些操作包括剔除、渲染、后期处理。不同的渲染管线具有不同的功能和性能特征，并且适用于不同的游戏、应用程序和平台。Unity 中提供以下 3 种渲染管线。

（1）内置渲染管线：Unity 的默认渲染管线，是通用的渲染管线，其自定义选项有限但兼容性较好。

（2）通用渲染管线（URP）：一种可快速轻松自定义的可编程渲染管线，允许在各种平台上创建优化的图形。

（3）高清渲染管线（HDRP）：一种可编程渲染管线，可在高端平台上创建出色的高保真图形。

8.3.2 安装设置

1. 通用渲染管线（3D）

（1）Window → Package Manager，找到 Post Processing 插件并安装（图 8-46）。

图 8-46 Post Processing 插件安装

（2）设置渲染层。在 Inspector 窗口单击 Add Component → Rendering → Post-process Layer，只有添加该组件后的相机才会进行后处理效果。

（3）设置相机所在的层。可以新建一个 Layer，名字自定义，如新建一个 Post Processing 层（图 8-47）。将相机设为此层，并将组件里的 Layer 也设为此层。

（4）添加效果器。此时可以设置后处理效果了，在 Camera 下单击 Add Component → Rendering → Post-process Volume。勾选 Is Global（摄像头范围内全局生效），单击 Profile 右侧的 New，新建一个 Main Camera Profile 预设（图 8-48）。

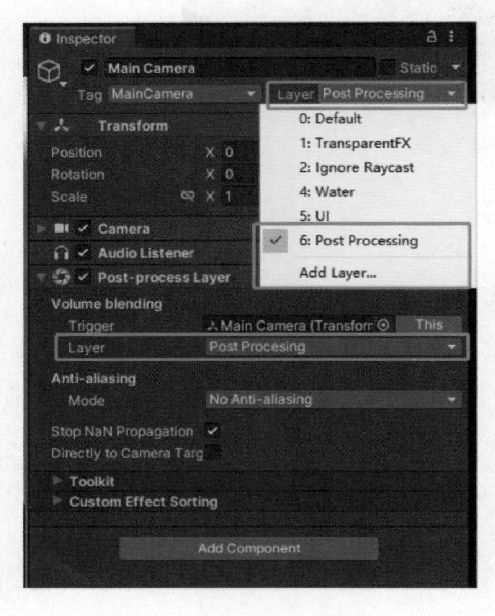

图 8-47　新建 Post Processing 层

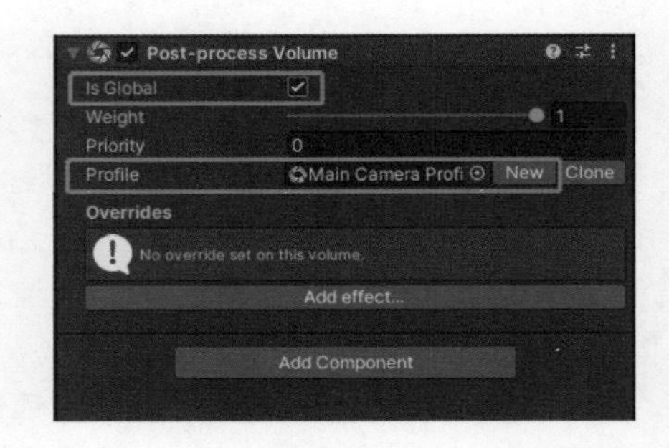

图 8-48　新建 Main Camera Profile 预设

（5）单击 Add effect 选择需要的效果。

2. URP 渲染管线

相较于通用渲染管线，URP 渲染管线（图 8-49）下的 Unity 项目自带后处理效果，无须安装插件。

图 8-49　新建 URP 文件

（1）在 Hierarchy 面板右击→ Volume → Global Volume（图 8-50），添加全局效果（可根据需要选择其他效果）。

（2）选中 Global Volume，在 Inspector 面板找到 Profile，单击右侧的 New，新建一个 Global Volume Profile 预设。

（3）单击 Add Override 选择需要的效果。

（4）回到 Main Camera 主摄像机的 Inspector 面板，勾选 Camera → Rendering → Post Processing，启用 Post Processing 效果（图 8-51）。

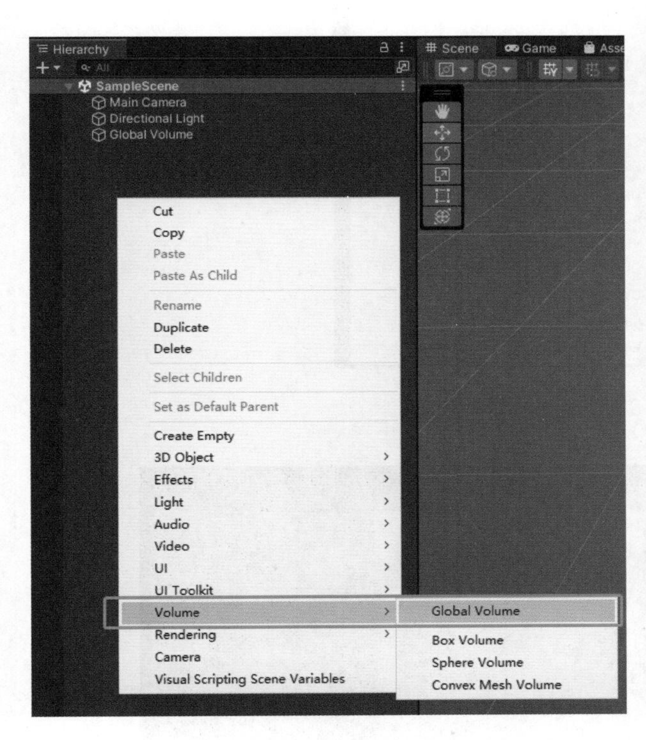

图 8-50 创建 Global Volume

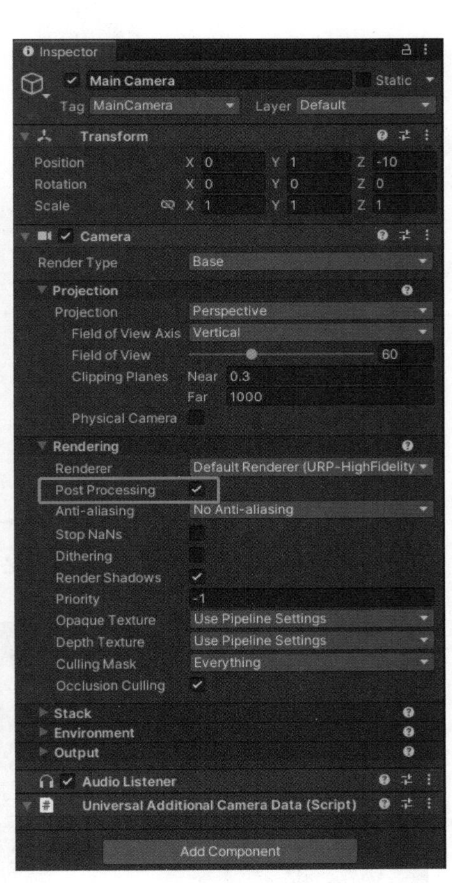

图 8-51 启用 Post Processing 效果

小贴士

只在局部使用效果的设置

如果只需要在场景局部区域应用效果，则不在相机上添加 Post Process Volume 组件。需要在场景中创建一个空物体，在 Hierarchy 面板右击→ Creact Empty（图 8-52），设置此空物体的 Layer 层与相机的 Layer 层相同，在该物体上添加 Post-process Volume 组件（图 8-53），Is Global 不勾选。再添加 Box Collider 碰撞体组件，调整碰撞体的大小。此时相机进入碰撞体范围内才会有效果，超出范围外效果就消失。

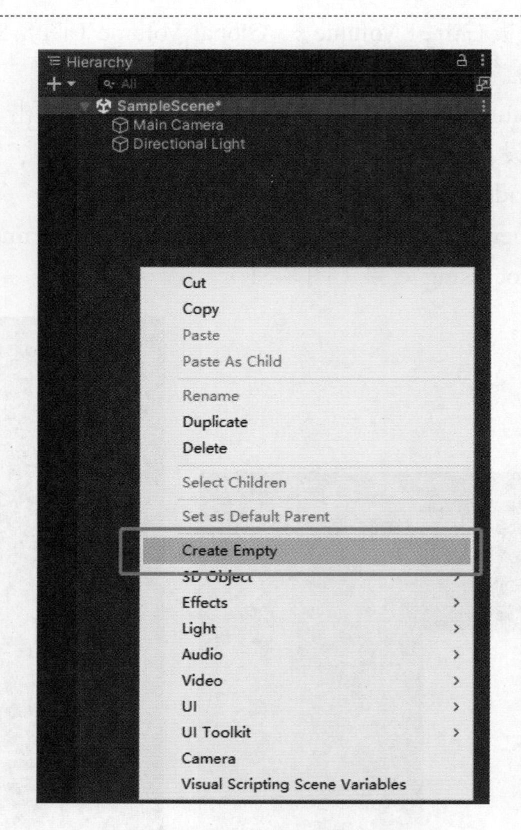

图 8-52　创建空物体

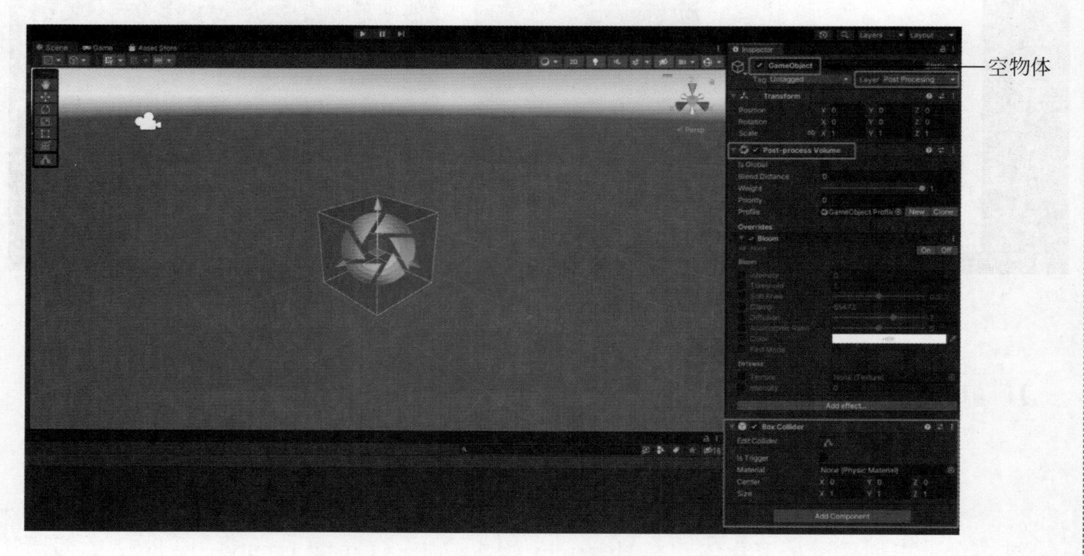

图 8-53　创建碰撞体

8.3.3 常用效果简介（以默认管线为例）

效果在 Post-process Volume 中添加（图 8-54）并调节参数，在场景中查看变化，主要有以下几种效果。

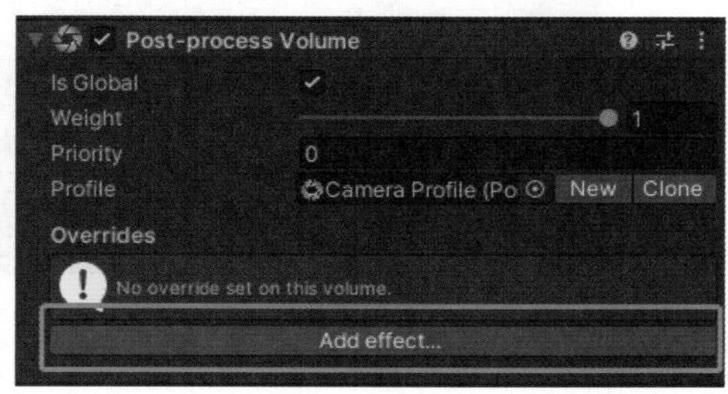

图 8-54 添加效果

1. Ambient Occlusion

该效果会使环境中光线照射不到的区域变暗，如折痕、洞和靠得很近的对象之间的空间。Ambient Occlusion（环境遮挡）有两种模式，Multi Scale Volumetric Obscurance（MOV）模式（图 8-55）和 Scalable Ambient Obscurance（SAO）模式（图 8-56），可通过 Mode 参数右侧的下拉列表框进行切换。MOV 模式速度快，节省性能，其各项参数功能如表 8-1 所示。SAO 模式效果好，但性能开销大，其各项参数功能如表 8-2 所示。

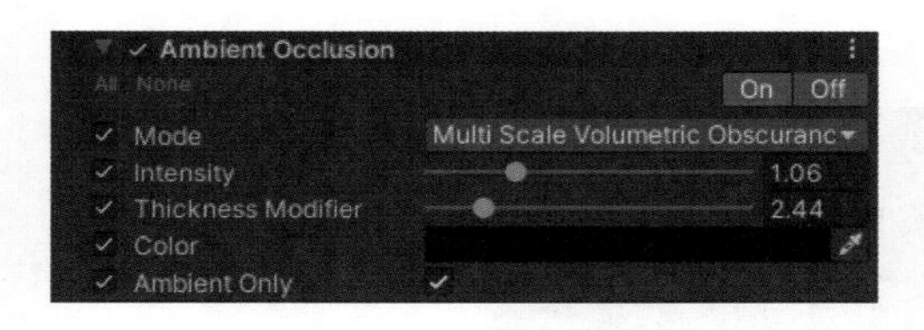

图 8-55 Ambient Occlusion 界面（MOV 模式）

图 8-56 Volumetric Occlusion 界面（SAO 模式）

表 8-1 MOV 模式参数功能

参　数	功　能
Mode	选择 Ambient Occlusion 模式
Intensity	调节场景中暗处的黑暗程度
Thickness Modifier	修改遮挡的厚度，增加暗区，但会在物体周围引入黑暗光晕
Color	设置环境遮挡的色调颜色
Ambient Only	勾选此复选框使 Ambient Occlusion 效果只影响环境照明。此选项仅在 Deferred 渲染路径和 HDR 渲染时可用

表 8-2 SAO 模式参数功能

参　数	功　能
Mode	选择 Ambient Occlusion 模式
Intensity	调节场景中暗处的黑暗程度
Radius	设定采样点的半径，它控制变暗区域的范围
Quality	定义影响质量和性能的采样点数量
Color	设置环境遮挡的色调颜色
Ambient Only	勾选此复选框使 Ambient Occlusion 效果只影响环境照明。此选项仅在 Deferred 渲染路径和 HDR 渲染时可用

两种模式使用效果对比，如图 8-57 所示。

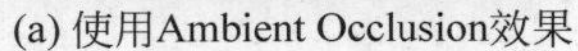

(a) 使用Ambient Occlusion效果　　(b) 未使用Ambient Occlusion效果

图 8-57　Volumetric Occlusion 使用效果对比

2. Auto Exposure

Auto Exposure（自动曝光）效果模拟人眼如何实时调整亮度变化。为此，它会动态调整图像的曝光，以匹配图像的中间色调。Auto Exposure 界面如图 8-58 所示，其各项参数功能如表 8-3 所示。

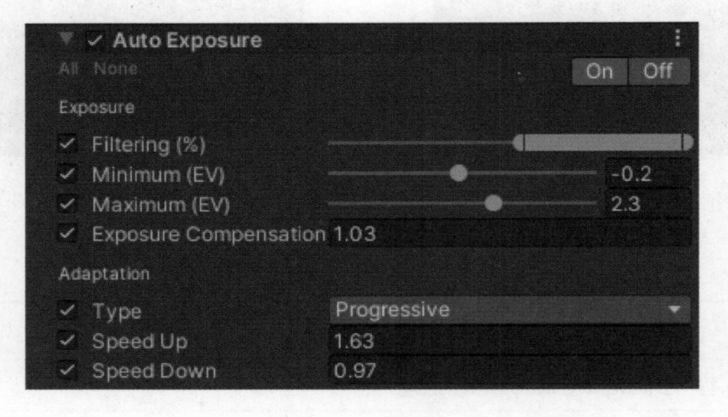

图 8-58　Auto Exposure 界面

表 8-3　Auto Exposure 参数功能

项　目	参　数	功　能
Exposure（曝光参数）	Filtering	设置直方图的较低和较高百分比，以找到稳定的平均亮度。超出此范围的值将被丢弃，不会影响平均亮度
	Minimum	以 EV 为单位设置自动曝光要考虑的最小平均亮度
	Maximum	以 EV 为单位设置自动曝光要考虑的最大平均亮度
	Exposure Compensation	设置中间灰度值以补偿场景的全局曝光
Adaptation（适应参数）	Type	选择适应类型。Progressive 会进行自动曝光。Fixed 不会进行自动曝光
	Speed Up	设置从黑暗环境到明亮环境的适应速度
	Speed Down	设置从明亮环境到黑暗环境的适应速度

Auto Exposure 使用效果对比如图 8-59 所示。

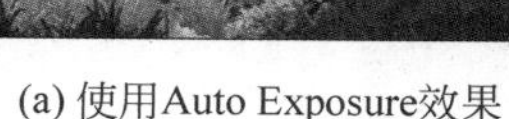
(a) 使用Auto Exposure效果

(b) 不使用Auto Exposure效果

图 8-59　Auto Exposure 使用效果对比

3. Bloom

Bloom（发光）效果使图像中的明亮区域发光，创造从图像中明亮区域延伸出来的光的条纹，模拟当光线淹没镜头时真实世界的相机所产生的效果。另外，还可以使用它来应用满屏的污迹或灰尘层，以衍射光晕效果。Bloom 界面如图 8-60 所示，其各项参数功能如表 8-4 所示。

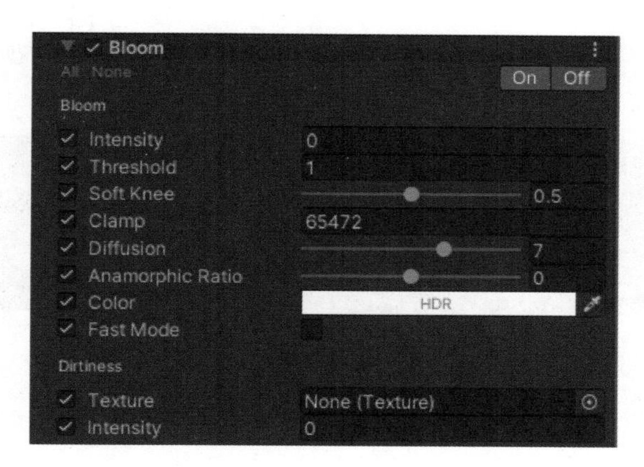

图 8-60　Bloom 界面

表 8-4　**Bloom 参数功能**

项　目	参　数	功　能
Bloom（发光参数）	Intensity	设置发光的强度
	Threshold	设置亮度级别，以过滤掉低于此级别的像素。该值用伽马空间表示
	Soft Knee	为低于 / 高于阈值之间的转换设置渐变阈值（0 = 硬阈值，1 = 软阈值）
	Clamp	设置限制像素的值来控制发光数量
	Diffusion	设置遮蔽效果的范围（与屏幕分辨率无关）
	Anamorphic Ratio	设置比率以垂直（范围 [-1，0]）或水平（范围 [0，1]）缩放 Bloom。模拟变形透镜的效果
	Color	选择发光色调颜色
	Fast Mode	勾选此选项，通过降低发光效果质量来提高性能
Dirtiness（脏污参数）	Texture	选择一个脏污纹理添加污迹或灰尘镜头
	Intensity	设置镜头脏污量

Bloom 使用效果如图 8-61 所示。

图 8-61　Bloom 使用效果

4. Chromatic Aberration

Chromatic Aberration（色差）效果将图像中的颜色沿边界分割成红色、绿色和蓝色通道。这再现了真实世界的相机在光线折射并导致波长在镜头中分散时产生的效果，还可以通过纹理贴图自定义边缘颜色 Chromatic Aberration 界面如图 8-62 所示，其各项参数功能如表 8-5 所示。

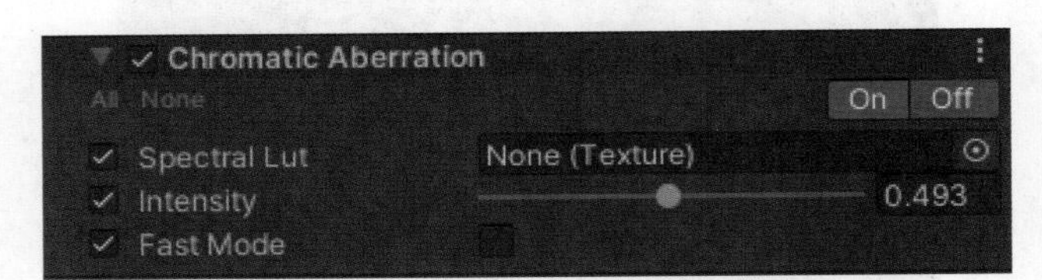

图 8-62　Chromatic Aberration 界面

表 8-5　Chromatic Aberration 参数功能

参　数	功　能
Spectral Lut	选择用于自定义边缘颜色的纹理。如果留空，Unity 将使用默认纹理
Intensity	设置色差效果的强度
Fast Mode	使用更快的色差效果提高性能

Chromatic Aberration 使用效果对比如图 8-63 所示。

(a) 使用Chromatic Aberration效果

(b) 未使用Chromatic Aberration效果

图 8-63　Chromatic Aberration 效果对比

5. Color Grading

（1）Color Grading（颜色滤镜）效果可以改变或校正 Unity 生成的最终图像的颜色和亮度。Color Grading 界面如图 8-64 所示，其各项参数功能如表 8-6 所示。

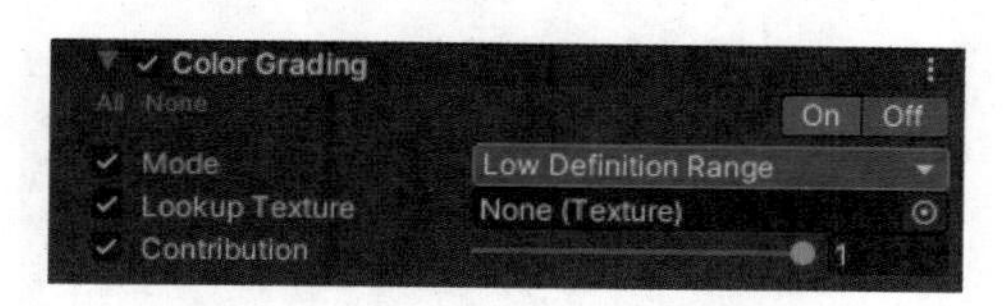

图 8-64 Color Grading 界面

表 8-6 Color Grading 参数功能

全局设置	功　能
Mode（模式）	颜色分级效果有以下三种模式。 ① Low Definition Range（低清晰度范围，LDR）：非常适合低端平台。 ② High Definition Range（高清晰度范围，HDR）：非常适合支持 HDR 渲染的平台。 ③ External（外部模式）：自定义创作
Lookup Texture（查找纹理）	LDR：选择一个自定义纹理（条带格式，如 256 × 16）应用于颜色滤镜的其他效果之前。如果没有纹理，则无效果。 External：自定义纹理（色彩空间为 log 编码）
Contribution（比重）	LDR：设置纹理效果的比重

（2）White Balance（白平衡）调节界面如图 8-65 所示，其各项参数功能如表 8-7 所示。

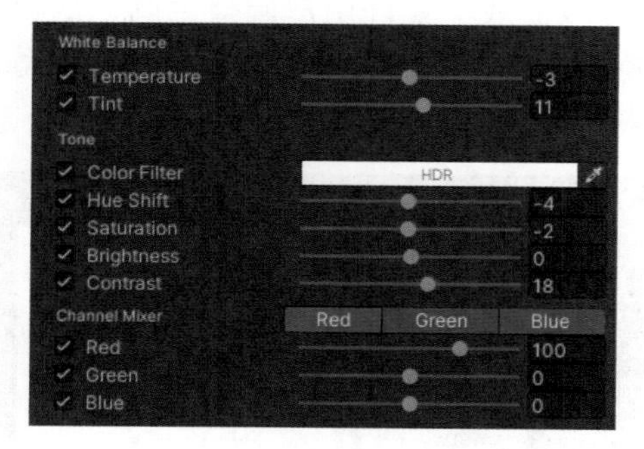

图 8-65 White Balance（白平衡）调节界面

表 8-7 White Balance 参数功能

类　目	参　数	功　能
White Balance（白平衡）	Temperature	设置白平衡色温
	Tint	设置白平衡，补偿绿色或洋红色
Tone 色调	Color Filter	选择渲染色调的颜色
	Hue Shift	调整所有颜色的色调
	Saturation	调整所有颜色的强度
	Brightness	仅在其中提供低清晰度范围（LDR）模式，调整图像的亮度
	Contrast	调整色调值的整体范围
Channel Mixer（混合通道）	Red	调整红色通道在整体画面中的影响
	Green	调整绿色通道在整体画面中的影响
	Blue	调整蓝色通道在整体画面中的影响

（3）Trackballs（轨迹球）调节界面如图 8-66 所示，其各项参数功能如表 8-8 所示。

图 8-66　Trackballs（轨迹球）调节界面

表 8-8　Trackballs 参数功能

参　　数	功　　能
Trackballs（轨迹球）	使用轨迹球，调整三个不同色调区域内的颜色等级。调整轨迹球上的点的位置，在每个色调范围内将图像的色调向该颜色移动。每个轨迹球影响图像中的不同范围。调整轨迹球下的滑块来抵消该范围的颜色亮度。右击轨迹球，将其重置为默认值（图 8-66）
Lift	调整暗色调（或阴影）
Gamma	调整中间色调
Gain	调整高光

（4）Grading Curves（分级曲线）允许用户调整色调、饱和度或亮度的特定范围。通过图表上的曲线，以实现特定色调替换或降低特定亮度饱和度等效果，调节界面如图 8-67 所示，其各项参数功能如表 8-9 所示。

图 8-67　Grading Curves（分级曲线）调节界面

表 8-9　Grading Curves 参数功能

参　　数	功　　能
Hue Vs Hue	使用 Hue Vs Hue 在特定范围内变换色调。使用此设置微调特定范围的色调或执行颜色替换（图 8-67）
Hue Vs Sat	使用 Hue Vs Sat 在特定范围内调整色调的饱和度。使用此设置来淡化特别明亮的区域或创建艺术效果
Sat Vs Sat	使用 Sat Vs Sat 调整某些饱和度区域的饱和度
Lum Vs Sat	使用 Lum Vs Sat 调整特定亮度区域的饱和度

Grading Curves 使用效果对比如图 8-68 所示。

图 8-68　Grading Curves 使用效果对比

6. Depth of Field 景深

Depth of Field（景深）效果模糊了图像的背景，而前景中的对象保持在焦点上。这模拟了真实世界相机镜头的焦点属性。Depth of Field 界面如图 8-69 所示，其各项参数功能如表 8-10 所示。

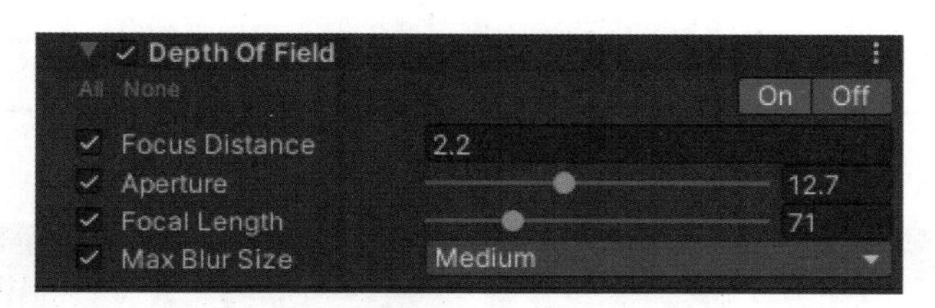

图 8-69　Depth of Field 界面

表 8-10　Depth of Field 参数功能

参　数	功　能
Focus Distance	设置到焦点的距离
Aperture	设置光圈的比例（称为 f-stop 或 f-number）。数值越小，景深越浅
Focal Length	设定镜头和胶卷之间的距离。数值越大，景深越浅
Max Blur Size	从下拉菜单中选择散景滤镜的卷积内核大小。这个设置决定散景的最大半径。它也会影响性能。内核越大，需要 GPU 渲染时间越长

Depth of Field 使用效果对比如图 8-70 所示。

图 8-70　Depth of Field 使用效果对比

7. Grain

Grain（颗粒）参数设置，如图 8-71 所示，其各项参数功能如表 8-11 所示。

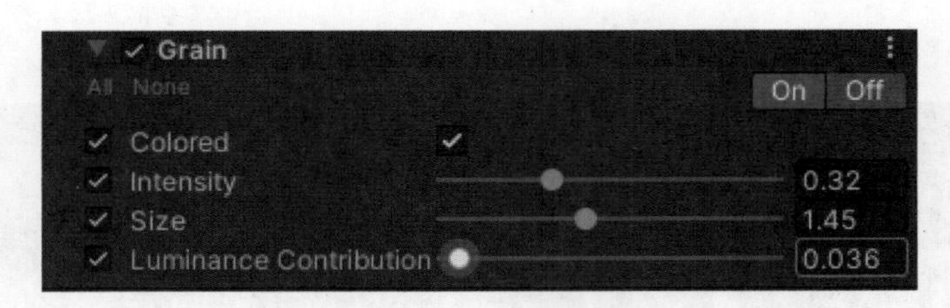

图 8-71 Grain 界面

表 8-11 Grain 参数功能

参 数	功 能
Colored	启用复选框以使用彩色颗粒
Intensity	设置颗粒的强度。值越高，显示的颗粒越多
Size	设置噪点颗粒的大小
Luminance Contribution	设置控制颗粒响应曲线的值。这个值基于场景亮度。较低的值意味着黑暗区域的颗粒较少

Grain 使用效果对比如图 8-72 所示。

图 8-72 Grain 使用效果对比

8. Lens Distortion

Lens Distortion（透镜畸变）效果模拟由真实世界相机镜头的形状引起的失真。用户可以在桶形失真和枕形失真之间调整效果的强度。Lens Distortion 界面如图 8-73 所示，其各项参数功能如表 8-12 所示。

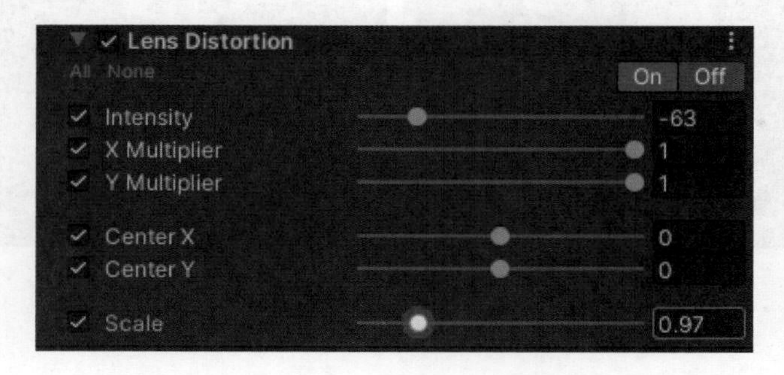

图 8-73 Lens Distortion 界面

表 8-12 Lens Distortion 参数功能

参 数	功 能
Intensity	设定镜头畸变的强度
X Multiplier	设置 X 方向上畸变强度，设置为 0 可禁用该方向上的扭曲
Y Multiplier	设置 Y 方向上畸变强度，设置为 0 可禁用该方向上的扭曲
Center X	设置扭曲中心点（X 轴）
Center Y	设置扭曲中心点（Y 轴）
Scale	设置全局屏幕缩放的值

Lens Distortion 使用效果对比，如图 8-74 所示。

图 8-74 Lens Distortion 使用效果对比

9. Motion Blur

Motion Blur（运动模糊）效果，图像沿相机运动方向变模糊，模拟真实世界的相机在镜头光圈打开的情况下移动时，或者在捕捉到移动速度超过相机曝光时间的对象时，相机所产生的模糊效果。Motion Blur 界面如图 8-75 所示，各参数功能如表 8-13 所示，使用效果如图 8-76 所示。

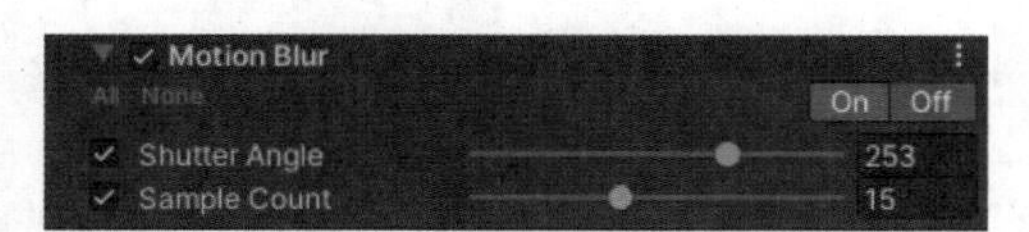

图 8-75 Motion Blur 界面

表 8-13 Motion Blur 参数功能

参 数	功 能
Shutter Angle	设置旋转快门的角度。值越大，曝光时间越长，模糊效果越强
Sample Count	设置采样点数量的值。影响质量和性能

图 8-76 Motion Blur 使用效果展示

10. Vignette

Vignette（镜头晕影）界面如图 8-77 所示，其各项参数功能如表 8-14 所示，使用效果对比如图 8-78 所示。

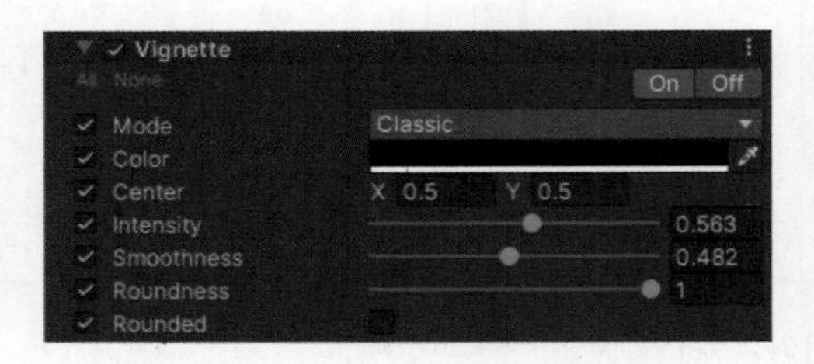

图 8-77　Vignette 界面

表 8-14　Vignette 参数功能

参　数	功　能
Mode	选择经典模式或遮罩模式
Color	设置晕影的颜色
Center	设置渐晕中心点（屏幕中心为 [0.5，0.5]）
Intensity	设定屏幕上的渐晕量
Smoothness	设定晕影边框的平滑度
Roundness	设定晕影的形状。数值越大晕影形状越圆，数值越低，晕影形状越呈现方形
Rounded	启用此选项可以使晕影非常圆。禁用时，晕影效果取决于当前的纵横比

图 8-78　Vignette 使用效果展示

课后练习

1. 请使用书中介绍的方法，将数字人设置为 SSS 皮肤材质模式。
2. 请使用书中介绍的 Unity 动力学方法，将数字人头发或服饰添加动力学状态。
3. 请使用后处理插件，调整自己的 Unity 场景画面，优化视觉效果。

第9章 数字人综合应用案例

本章导语

本章将以实际案例为基础，介绍数字人在不同领域的常见应用形式。其中包括应用于互联网的虚拟主持人，以及应用于数字文旅领域的文物拟人化交互项目。这些应用形式通过数字人交互的模块化设计来实现，包括3D模型处理、表情生成、动画数据驱动、人脸实时驱动、特定表情判断和语音识别等功能模块。新颖的数字人交互形式可以提升娱乐场所、科技馆、博物馆等场景的智能化、科技化和信息化应用水平，增加互动的趣味性。深入了解数字人的应用形式和场景，创新数字人应用方案，能够更好地适应新时代文旅产业的数字化发展趋势。这种创新还能够拓展数字人交互的应用领域，推动文旅产业的升级转型。

学习目标

- 了解数字人在不同领域的应用形式。
- 熟悉数字人交互技术模块。
- 掌握数字人应用创新的重要性和影响。

9.1 虚拟主持人、虚拟主播应用案例

9.1.1 应用场景分析

虚拟主持人有着广阔的市场应用前景，它将成为各类活动中不可或缺的重要角色。随着人工智能技术的不断发展，语音合成和自然语言处理技术变得越来越成熟，为虚拟主持人的发展提供了强有力的技术支持。这些技术能够实现高质量的语音合成和智能对话，使虚拟主持人的表现更加出色。

虚拟主持人的出现能显著降低成本，它们可以替代真人主持人，不需要休息，也不需要支付社保等福利费用，可以在各种场合下持续工作，为企业带来更大的经济效益。此外，虚拟主持人还可以根据不同场合的需求和主题定制不同风格的语音和形象，满足消费者的个性化需求。

未来虚拟主持人是数字技术应用的重要方向之一。随着技术的不断进步和应用场景的不断拓展，虚拟主持人的市场潜力巨大，有望成为一个庞大的市场。同时，随着 ChatGPT

等技术的不断更新迭代，数字人可以更好地模拟和理解人类的情感和心理状态，从而提升虚拟主持人的表达能力和用户体验。

虚拟主持人的应用场景主要体现在以下几个方向。

（1）会议市场：会议是虚拟主持人的重要应用场景之一。传统主持人在面对日益增多和规模不断扩大的各类会议时往往难以满足需求。而借助虚拟主持人的技术手段，能够实现多地、多语言和多任务的主持服务，为会议提供高效而专业的主持服务。

（2）展览市场：展览是虚拟主持人的另一个重要应用场景。虚拟主持人能够通过语音、肢体语言、表情等对展品进行介绍、解说和推广。同时，它们也能够与观众进行互动与交流，提升参观者的参与度和互动性，为观众带来更加丰富的体验。

（3）演出市场：演出是虚拟主持人的另一个应用场景。虚拟主持人可以完成对演出节目的介绍、解说，同时，虚拟主持人还可以和真人演员合作，能够为观众呈现出富有特色的表演和智能互动，使演出形式愈发丰富多样，为演出市场的发展注入生机。

（4）虚拟会议市场：虚拟主持人在虚拟会议中具有良好的应用前景。虚拟主持人可以实现在线会议的主持和引导，同时也可以通过互动和交流与参会人员建立联系，为参会人员提供个性化服务，提升会议的价值。

9.1.2 应用对象分析

虚拟主持人的应用目前大部分面向 B 端的媒体服务、品牌营销服务等。这些应用对象一般面临两个方面问题，一方面是由于行业竞争压力，都需要降本增效，采用真人主持普遍成本比较高，而且由于真人的精力体能有限，所带来的内容生产力有限，真人的身体状况也会带来一些不确定因素。另一方面是由于传统真人主持，形式上缺乏新颖性，不容易激发观众的观看和参与热情。

鉴于这样的需求，虚拟主持人替代真人方面具有一定优势。借助人工智能技术，应用数字人能够大幅度降低播报内容的生产成本，能够快速、大量、高效地生成播报内容，缩短内容制作周期，减少人工成本和降低内容生产成本。除此之外，虚拟主持人可以全天候并且分身于多个应用场景，相对于真人主持人，数字人可以 24 小时不知疲倦地全天候服务，提高了服务的稳定性。此外，虚拟主播展现出初步的智能聊天交互能力，具备一定的“类人化”情感表现能力，能够吸引观众的注意力，使服务形式更加有趣。

9.1.3 应用目标分析

虚拟主持人的应用场景比较宽泛，包括新闻播报、天气预报、实时广播、演出主持、展览讲解等，本案例以新闻播报虚拟主持人为案例进行分析，通过数字人与语音讲解相匹配地面部动画，对文本内容进行数字化播报，达到类似真人播报的应用目标。

针对应用目标，我们以女性虚拟主持人为角色，用智能手机相机对真人面部运动数据进行实时捕捉，并将捕捉的数据用于驱动虚拟主持人，并用麦克风进行语音播报，操作简便、降低主持人的入门门槛，同时可以满足一定的个性化需求。

9.1.4 应用策划设计与制作实现

应用形式分为实时驱动模式和录播模式。

实时驱动模式是指实时捕捉真人面部运动数据，直接驱动数字人产生面部动画，并与真人语音同步。实时驱动模式又分为单人实时驱动模式和双人实时驱动模式，双人驱动模式两个真人各自驱动一个数字人，可实现两个数字人对谈聊天。

录播模式分录制和播放两个阶段，第一个阶段是录制真人面部运动数据和语音，以文件形式存储；第二个阶段是用录制的运动数据驱动数字人产生面部动画，并同步播放语音。

在案例学习之前，首先要进行一定的软硬件准备工作，确保模型能够正常驱动，如表 9-1 所示。

表 9-1 软硬件要求

条 目	要 求
Unity 插件	ARKit Face Tracking、Live Capture、Post Processing
移动端应用程序	Unity Face Capture
硬件设备	iPhone X 版本及以上，或 iPad Pro、iPad Air 3 及以上版本、麦克风
模型条件	带有面部 blendShapes 与骨骼的模型
脚本	Audio.cs、Rec Sound A.cs

1. 单人实时驱动模式

案例场景是一个红色背景的线上直播间，右边是虚拟主持人（图 9-1），使用者通过手机摄像头（苹果设备）和麦克风进行面部驱动及语音播报。

图 9-1 案例示意

1）Unity 场景搭建

（1）在场景中删除原有灯光，添加 plane，将图片材质球添加到平面（图 9-2），将 Shader 模式改为 Unlit → Texture 即可（图 9-3）。

图 9-2 添加背景

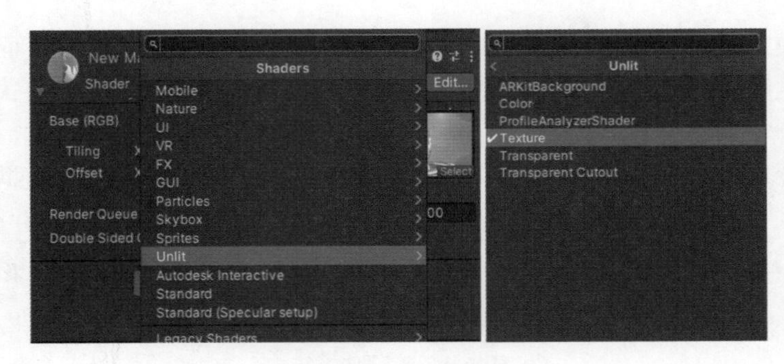

图 9-3　选择材质

（2）在 Hierachy 面板中添加 light 为人物重新进行打光，人物面部有肤色与背景色调相匹配即可（图 9-4）。

图 9-4　添加灯光

（3）调整画面比例，本案例相机画面比例为 16 : 9（图 9-5）。

图 9-5　调整画面比例

2）模型准备

（1）模型面部眼球为正圆，制作口腔、上下牙齿。

（2）Blender 面部绑定——插件 Faceit（绑定流程见第 4 章），绑定完成后导出 FBX 格式。

（3）模型处理完成，导出 FBX 格式，导入 Unity。

3）Unity 连接

（1）安装 ARKit Face Tracking 与 Live Capture 插件（图 9-6）。

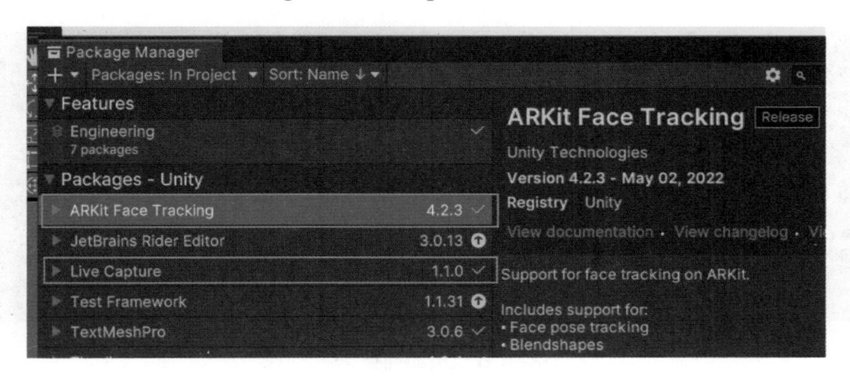

图 9-6 安装插件

（2）在 Hierarchy 中添加 Take Recorder，在 Inspector 窗口中添加捕捉设备，选择 ARKit Face Device，在 Actor 中选择人物模型（图 9-7）。

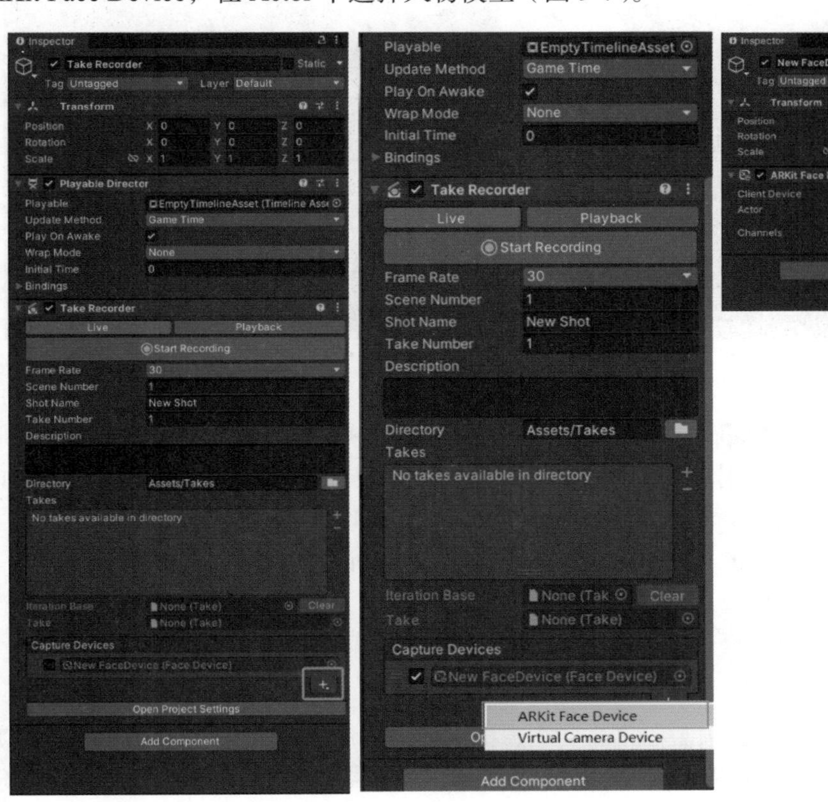

图 9-7 添加驱动设备

小贴士

预制体使用

带有面部骨骼的模型先制作 Prefab 预制体，将预制体拖入场景使用。

（3）在 Assets 中新建面部映射（图 9-8）。

图 9-8　添加面部映射

（4）给模型添加 ARKit Face Actor 组件，将新建的面部映射文件指定到 Mapper 中，并将不需要控制的参数关闭，在这里关闭了 Head Position 和 Eyes（图 9-9）。

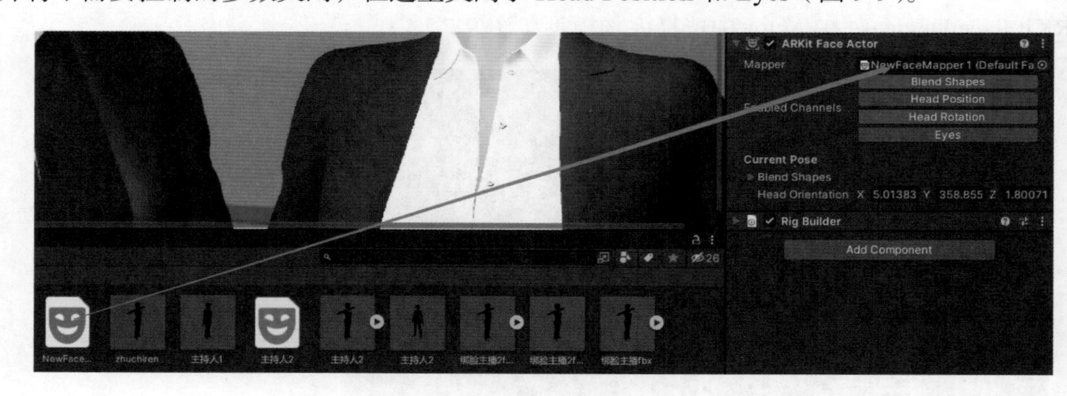

图 9-9　添加 ARkit 组件

（5）选择 New Face Mapper 文件，在 Inspector 窗口中单击下方的 Add Renderer，将所有 blendShape 添加到映射中，脖子转动需要在上方的 Head Rotation 中找到脖子骨骼（图 9-10）。

（6）进行如下操作连接设备。

① iPhone X 以上型号的手机或 iPad Pro 下载 Face Capture。

② 打开 Unity 中的 Live Capture 连接。

③ 手机与计算机设备连接相同的网络，将 IP 地址与端口号设置相同。

2. 双人实时驱动模式

如果有双主持人需求，则需要将另一个虚拟主持人添加到场景当中，重复上述虚拟主持人面部驱动的操作，随后两个主持人分别用两台苹果设备进行驱动即可，但注意需要多添加一个 Capture Devices，以下是详细的操作步骤。

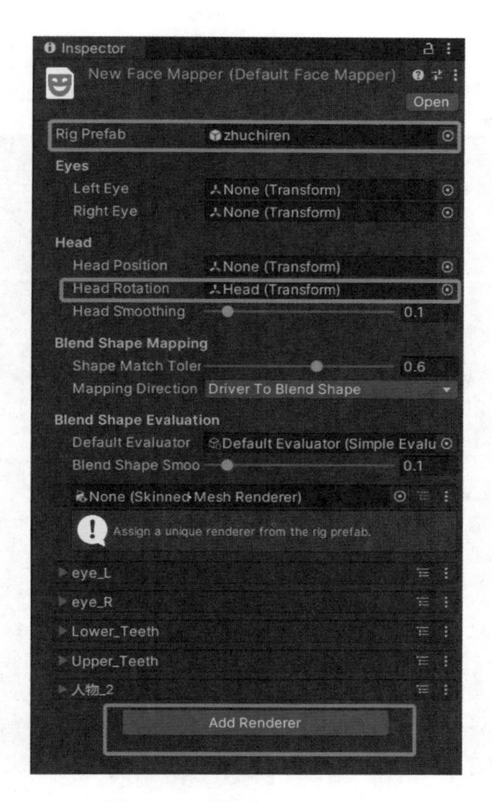

图 9-10　添加 blendShape

1）新模型导入

与上面操作相同，将新的虚拟主持人导入 Assets 当中，并且制作新的 Prefab 预制体，随后导入场景当中，调整人物位置大小及灯光设定（图 9-11）。

图 9-11　调整模型与灯光设置

2）添加新的 Face Device

如图 9-12 所示，一个 Face Device 控制着一台苹果设备，如果需要双人驱动则需要

添加新的 Face Device 控制另外一个虚拟主持人，单击加号添加 New Face Device。并且在 ARKit Face Device 中将主持人 2 的预制体拖入，并取消勾选 Head position 和 Eyes。

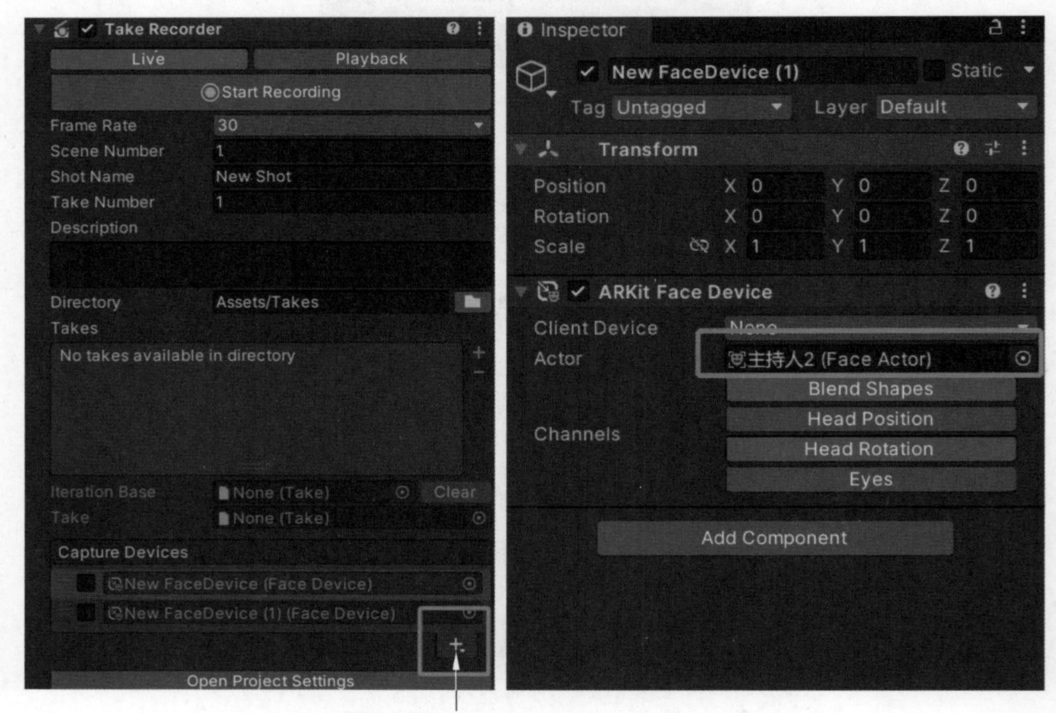

图 9-12　添加新新设备并设置新驱动演员

3）新建面部映射

（1）在 Assets 中新建 Face Mapper。

（2）如图 9-13 所示，在主持人 2 预制体中给模型添加 ARKit Face Actor 组件，将新建的 Face Mapper 拖入。

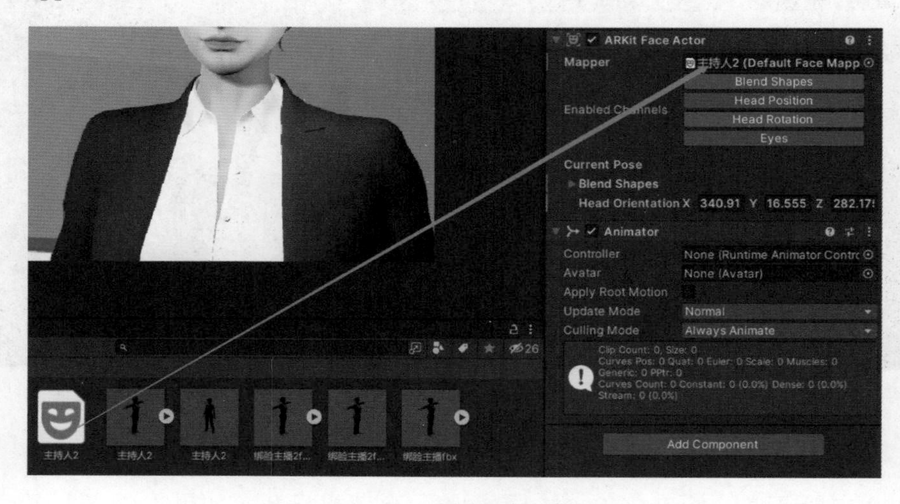

图 9-13　新建面部映射

（3）选择 New Face Mapper 文件，在 Inspector 窗口中单击下方的 Add Renderer，将所有 blendShape 添加到映射中，脖子转动需要在上方的 Head Rotation 中找到脖子骨骼（图 9-14）。

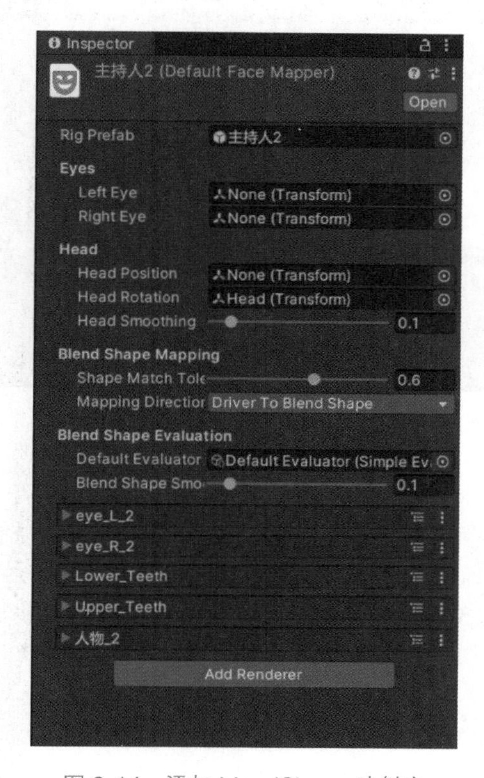

图 9-14　添加 blendShape 映射中

4）连接设备

打开 App，移动端与计算机设备连接相同的网络，将 IP 地址与端口号设置相同。

注意

由于一个设备控制一个主持人，所以根据自己的需要，调整模型和设备之间相匹配。如图 9-15 所示，红色框内 iPhone 设备控制着主持人 2，如需更改，单击选择另外的设备即可。

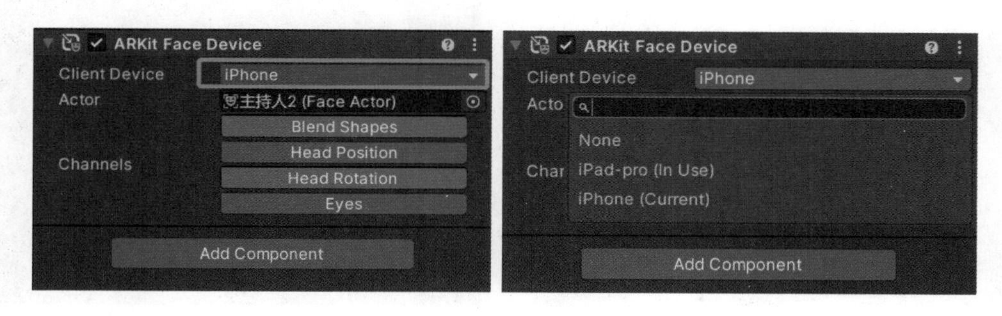

图 9-15　设置连接设备

5）运行测试

运行测试结果如图 9-16 所示。

图 9-16　查看运行结果

3. 录播模式

案例场景继续以红色背景的线上直播间为例，右边为虚拟主持人，使用者通过手机摄像头（苹果设备）和麦克风首先进行面部动画与声音的录制，录制时需要使用本书中提供的录制脚本 Audio.cs、Rec Sound A.cs。使用录播模式将大大减少真人播报的工作量，节约人力成本，人们可以借助虚拟主持人，提前将动画和语音录制好，在需要时进行滚动播放。

1）Unity 场景搭建

将模型调整至能够实时驱动面部（图 9-17），具体步骤不再赘述，连接方法见 7.2 节。

2）添加脚本 Audio.cs、Rec Sound A.cs

将本书中提供的两个脚本 Audio.cs、Rec Sound A.cs 导入并添加到摄像机上（图 9-18）。

图 9-17　虚拟直播间

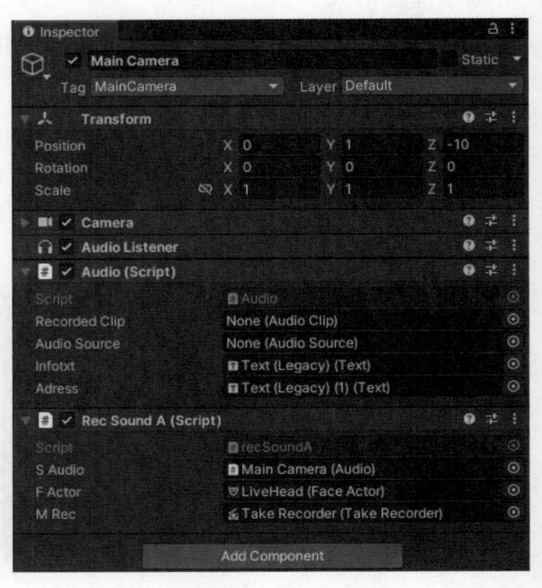

图 9-18　添加脚本

3）设置脚本

（1）设置 Audio.cs 声音录制脚本。需要在场景中新建两个文本框并拖曳到脚本中，提示名称和录制保存地址（图 9-19）。如不用，可以将文本框隐藏，不使用即可，但是在脚本中必须放入，否则脚本将无法使用。

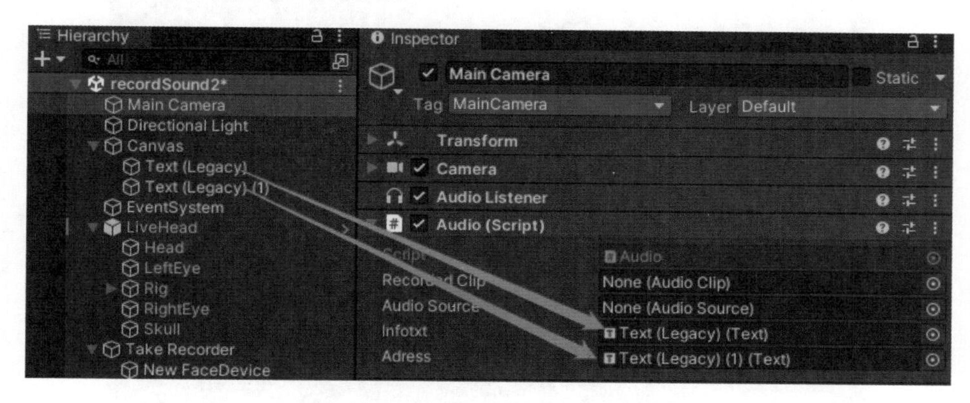

图 9-19　设置 Audio.cs 声音录制脚本

（2）设置 Rec Sound A.cs 语音与面部动画录制脚本。实现面部动画与声音同步录制。依次将 Audio 脚本、Face Actor 面部驱动演员、Take Recorder 记录设备拖入到 Rec Sound A 脚本中（图 9-20）。

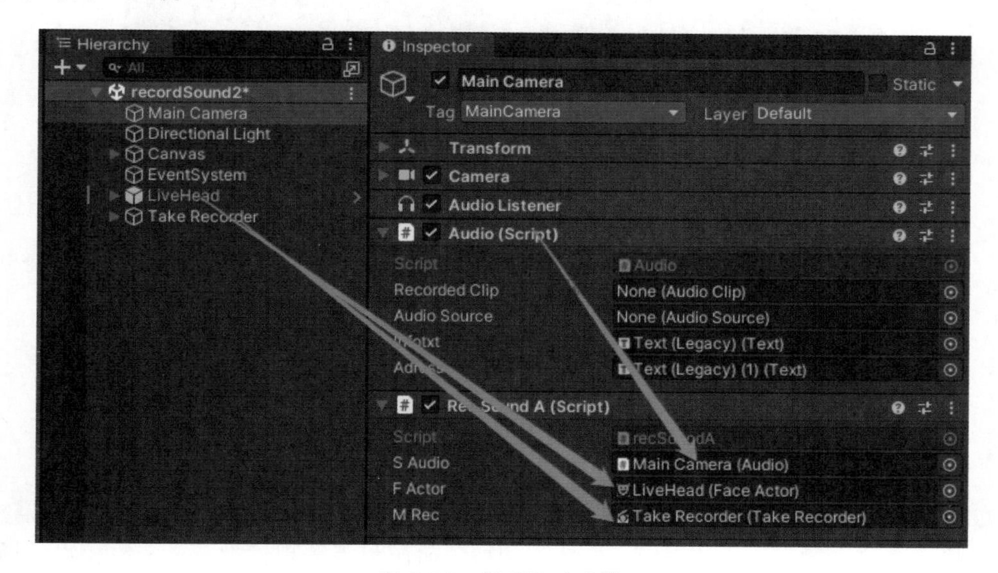

图 9-20　设置脚本参数

4）选择 Take Recorder 中的录制选项

选择 Take Recorder，单击 Live 录制选项，确保在录制时为录制模式（图 9-21）。

5）播放测试

运行场景，按 R 键进行声音与面部动画的录制，按 S 键停止录制。录制成功后 Take Recorder 的 Description 中会自动生成动画文件（图 9-22），后台会自动生成语音文件。按 P 键播放检查录制是否成功。

图 9-21 设置录制模式

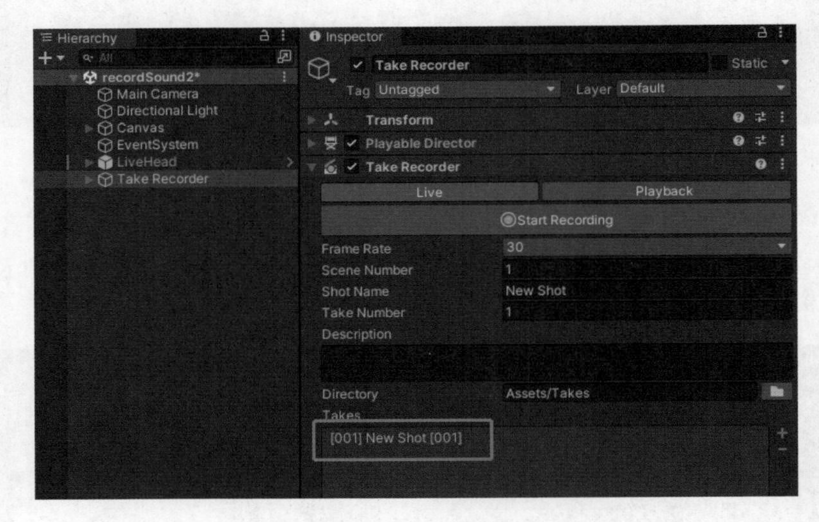

图 9-22 生成动画文件

9.2 文旅场景应用案例

9.2.1 应用场景分析

如今，消费者对于体验类消费越来越注重，人们对于教育、文化和娱乐方面的需求也日益增长。在这个背景下，博物馆、科技馆和特色旅游景点等现代教育、文化和娱乐场所，为前沿科技与传统文化的深度融合提供了可能性，也改变了文化传播方式。数字人具有较强的可塑性，可以根据用户的需求进行设计，并与公共空间中的数字互动展示相结合，满足用户多样化的需求。数字人的存在价值不断被挖掘和释放，市场规模呈快速增长的趋势，为文旅互动领域提供了新的发展动力。

9.2.2 应用对象和现状分析

当下，文旅产品越来越丰富，人们对产品的需求目标也发生了转变，用户开始期盼被个性化、理想化的产品感动，追求产品情感层面的满足。

文旅领域创新的数字互动，其意义在于更好地服务观众，提升观展体验。各类数字体验活动也将以展品为中心逐渐转向以受众体验为中心，在展览中加入互动内容越来越受到欢迎，但仍然存在一些不足。例如，在体验设计上，现有呈现方式较为传统，趣味性不强，对观众的吸引力有限，内容宣传效果较差，用户持续体验的内驱力不强；在易用性设计上，看展览的人为各年龄段人群，年长者和低龄人群需要学习成本较低的互动体验项目，易学、易记、易用、自然流畅的输入方式，才能让用户感受到应用带来的乐趣；在可用性设计上，可以充分针对体验者的感知能力，在有限的交互时间中准确且高效地表达内容。下面的案例中使用语音交互与面部表情交互来增强交互的乐趣，并对体验者发出的指令做出即时的反馈，营造良好的交互氛围，使用户的视觉、听觉、运动感觉达到共鸣，实现“感统”效果。

9.2.3 单人应答式应用——《魂系秦俑情》语音和面部驱动互动游戏

1. 应用目标分析

《魂系秦俑情》是以兵马俑为主题的语音和面部驱动互动案例。主要适用于博物馆、科技馆、特色旅游景点的数字化交互展区。在体验者与兵马俑交互过程中，可实现与数字人的多通道交互，打造令人难以忘怀、具有吸引力、互动性、趣味性的文化传播形态。

该交互创意旨在探索传统文化弘扬传播的形式，紧跟新时代文旅产业数字化发展趋势，拓展基于数字人交互的应用领域，促进文旅产业创新发展，以激发人们对传统文化的兴趣，助力传统文化传播与传承。

2. 应用策划设计

在内容层面，本案例以数字化兵马俑为主角，采用交互游戏形式吸引观众主动参与互动，活化传统文物，提升体验感。体验者可使用面部驱动复活兵马俑并与其进行对话，兵马俑可以回答体验者所提出的相关问题，以此激发人们对传统文化的兴趣。

在技术层面，本案例集成了表情生成、动画数据驱动、人脸实时驱动、语音识别等技术，通过基于数字人的语音交互和表情交互进行数字内容创作。在运行环境搭建上，通过普通屏幕、智能手机和普通话筒连接，再利用互联网，实现观众与数字人互动。

本案例场景是一个被泥土块包裹的兵马俑在洞穴环境中（图 9-23），体验者走到话筒前发出“芝麻开门”指令，场景中的石块破碎，兵马俑形象露出并向前移动（图 9-24）。

图 9-23 初始界面

图 9-24 兵马俑出现

此时兵马俑将进行自我介绍并引导玩家进行面部实时驱动体验，移动设备会将体验者的面部表情实时映射到兵马俑的脸上。体验者面部实时驱动体验完成后场景中会显示问题，玩家继续使用话筒向兵马俑进行提问（图 9-25），兵马俑将对问题进行回答。多个问题提问完成后兵马俑将自动回到初始状态进入下一轮。游戏操作与硬件搭建简单，体验者只需要根据提示进行提问和做出相应表情即可（图 9-26）。

图 9-25　提问界面

图 9-26　玩家体验场景

项目系统构成如图 9-27 所示。

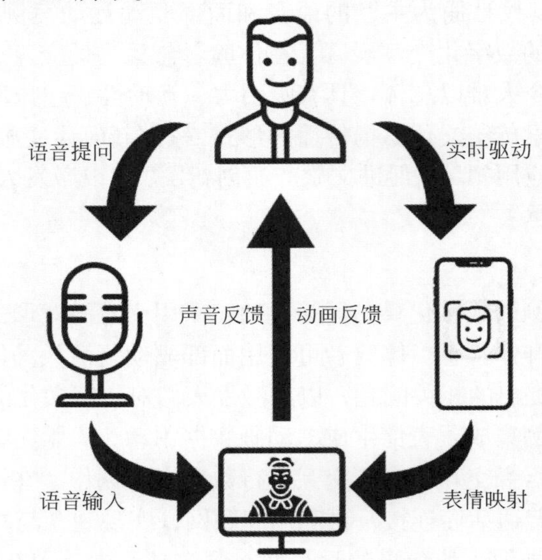

图 9-27　系统构成

玩家交互体验流程如图 9-28 所示。

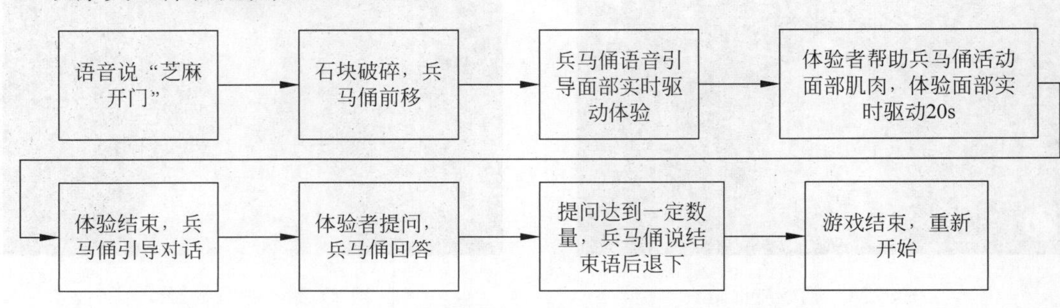

图 9-28　交互体验流程图

3. 应用制作实现

在案例学习之前，首先要进行软硬件准备工作，确保模型能够正常驱动，如表 9-2 所示。另外，与数字人驱动相关的脚本的具体函数将放在后面的小节中单独说明。

表 9-2　软硬件要求

条　目	要　求
Unity 插件	ARKit Face Tracking、Live Capture、Rayfire、Post Processing
移动端应用程序	Unity Face Capture
硬件设备	iPhone X 版本及以上或 iPad Pro、iPad Air 3 及以上版本、麦克风
模型条件	带有面部 blendShape 与骨骼的模型
脚本	（1）explode3.cs：爆炸脚本。 （2）exportTakeData.cs：数据导出脚本，导出录制的动画数据。 （3）keyCheck1.cs：关键词检测脚本。 （4）objTween.cs：位置移动脚本。 （5）playBase.cs：面部数据播放脚本。 （6）playFrame.cs：播放检查脚本（单独检查动画数据使用，也可不用）。 （7）wordDisp.cs：图片问题淡入淡出脚本，需配合 wuWord 使用。 （8）word Move.cs：图片移动脚本。 （9）wuWord.shader：需放在材质球中控制图片的颜色。 （10）xuMain.cs：总控制脚本，将各项功能集成在一个脚本中，方便调试。 （11）WRfaceData.cs、ImportSettings.cs 与 wuTween.cs 仅放在 Assets 中作为项目配置使用，场景中不放置，但不可缺少

4. 操作流程

本案例的实现过程包括美术场景的搭建、安装并设置插件、添加书中所提供的脚本实现数据的录制和互动，需要理解各个脚本的功能，理解各部分之间的逻辑关系。

1）Unity 场景搭建

（1）使用默认模式搭建场景即可（图 9-29）。

（2）PS 文字处理：添加纹理，导出 PNG 图片，导入 Unity 在场景中摆好（图 9-30）。

图 9-29　搭建场景

图 9-30　制作文字

（3）模型准备的操作步骤如下。

① 模型面部眼球为正圆，制作口腔、上下牙齿，如后期需要材质转换，需要进行 UV 展开，贴图绘制后再进行下一步绑定。

② 模型骨骼绑定蒙皮（图 9-31）。

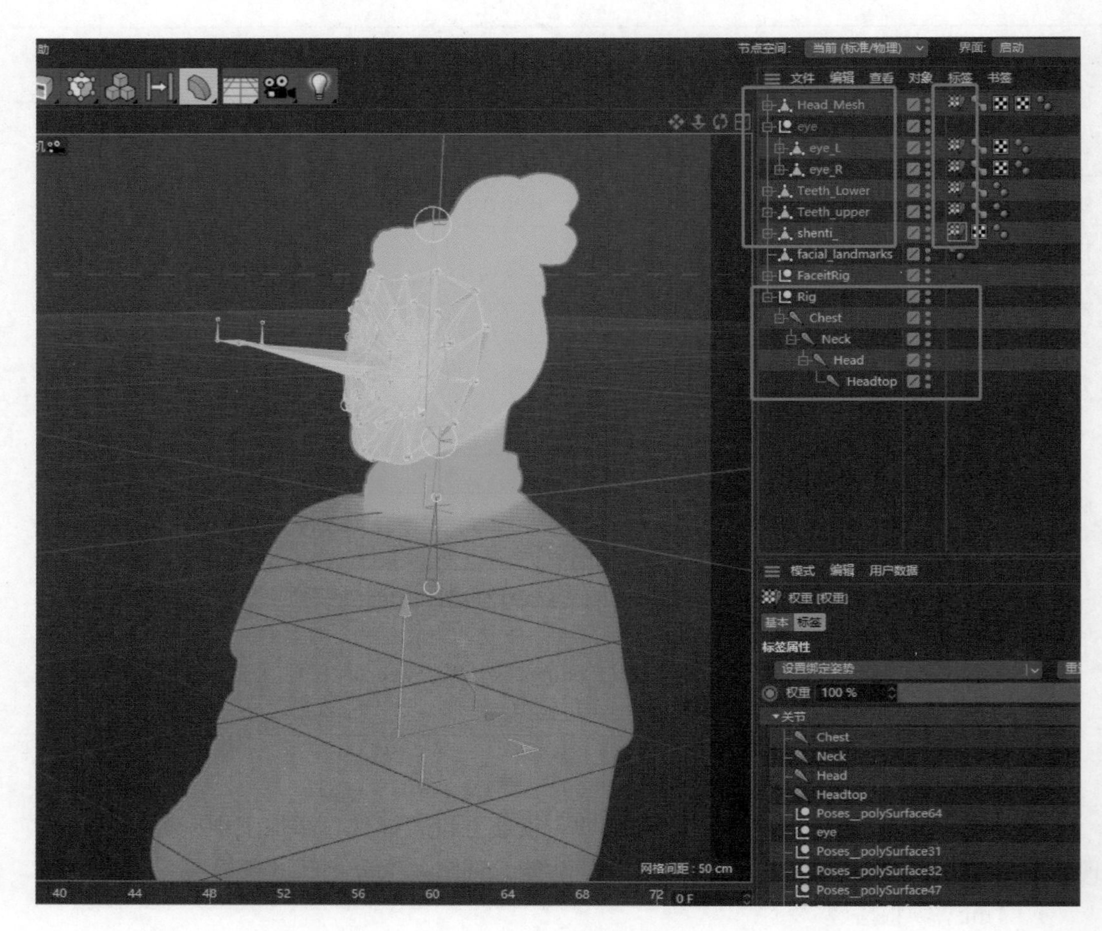

图 9-31　绑定模型

③ Blender 面部绑定（绑定流程见 4.2 节）。绑定完成后导出 FBX 格式。

注：先绑定面部。a. 蒙皮完成后，面部形态键中的权重标签需要删除，只保留模型网格中的权重标签，否则形态键中所有的面部模板将会全部显示，模型预览出错；b. 眼球和牙齿权重与头部刷在一起。

（4）模型处理完成，导出 FBX 格式，导入 Unity。

2）Unity ARKit Face Tracking 和 Live Capture 插件效果设置

（1）使用 ARKit Face Tracking 与 Live Capture 插件实现面部驱动，录制面部动画片段。

注：带有面部骨骼的模型先制作 Prefab 预制体，将预制体拖入场景使用。单击 Start Recording 进行动画录制，完成后自动生成动画数据文件，可以重新命名动画数据文件作区分。选中一段动画数据，单击 Playback 可进行回放（图 9-32）。

如何录制动画并导出动画数据

可驱动的模型使用 Take Recorder 进行面部动画录制，将所有面部表情录制为完整的一段，单击右侧 Playback 可播放动画查看，在 Assets 中可自动生成动画片段，并将要导出的动画片段选中（图 9-32）。

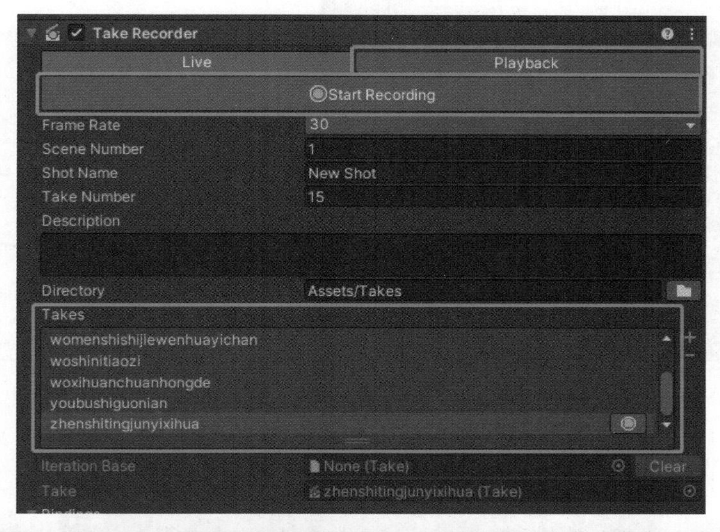

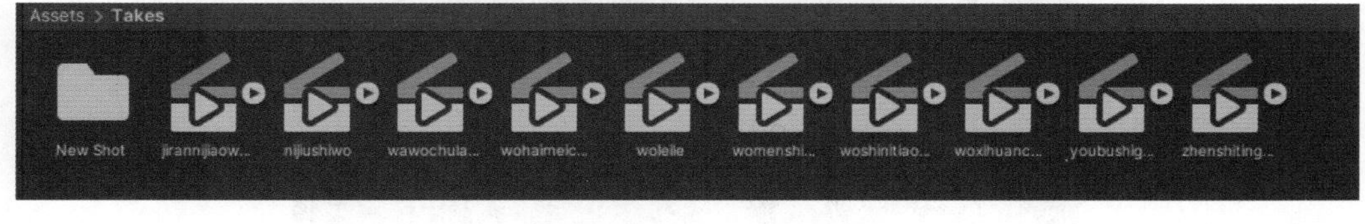

图 9-32 录制动画

（2）使用脚本导出动画数据。在相机上添加 Export Take Data 数据导出脚本，并添加 Take Recorder、Smr Srcs（模型的头部网格）、Head Rot（脖子骨骼）、F Name 中填入要导出的文件名称，并在场景新建一个 Text 文本框（图 9-33）。

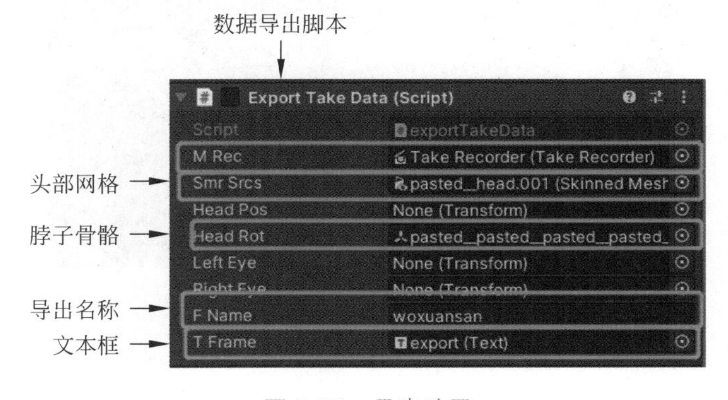

图 9-33 导出动画

（3）绑定模型（图 9-34）。

（4）运行后按 W 键导出数据，在工程文件夹 assets 同级文件夹下自动生成 txt 文件（图 9-35），新建一个 wuData 文件夹，将数据拖进去。

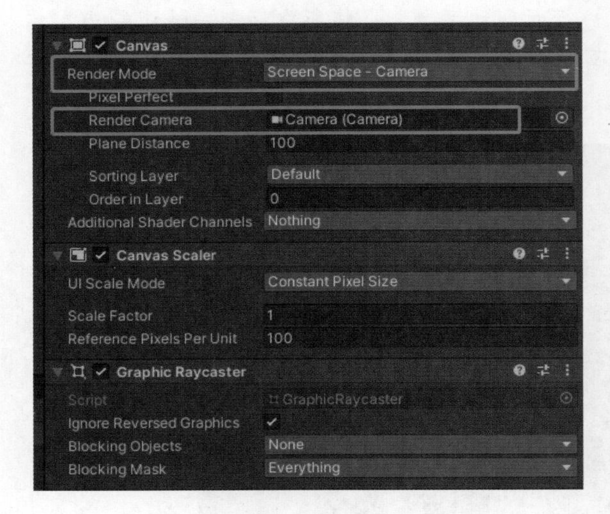

图 9-34　绑定模型

图 9-35　导出的数据文件

（5）检查 Take Recorder 中容易丢失的参数 Bindings（图 9-36）。

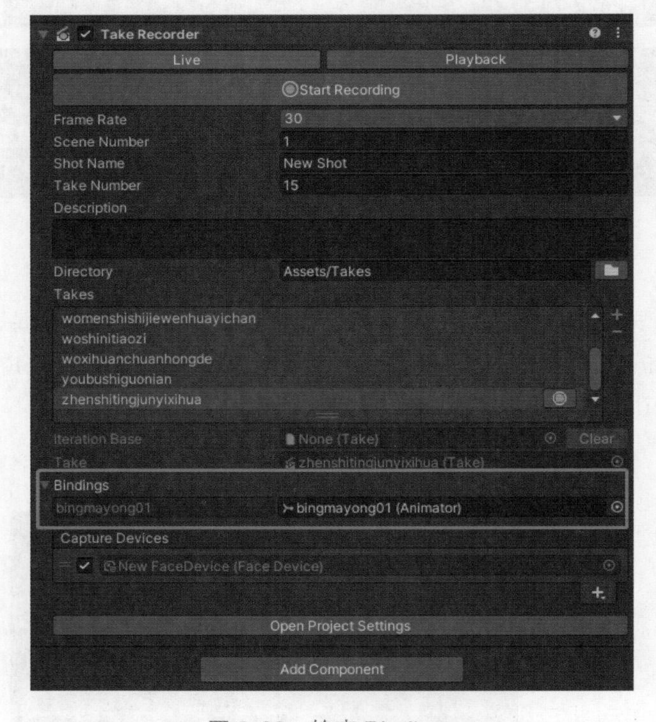

图 9-36　检查 Bindings

3）Rayfire 破碎插件设置

（1）新建并设置碰撞体，注意修改破碎作用的层，可以将名称改为 freg（图 9-37）。

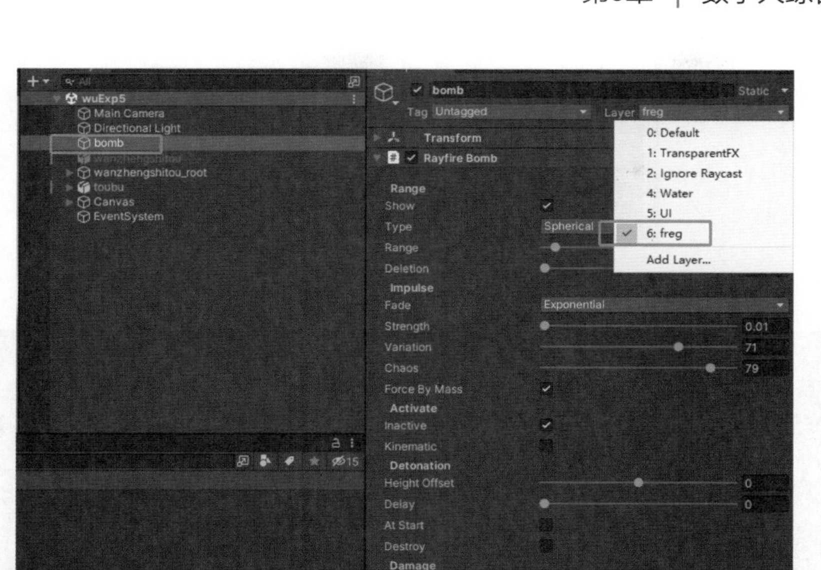

图 9-37 为碰撞体设置层

（2）在原模型上添加破碎脚本 Rayfire Shatter，设置好破碎数量，单击 Fragment 生成 root 副本模型，并添加碰撞组件（图 9-38 和图 9-39）。

（3）设置副本模型的参数（图 9-40 ～图 9-42）。

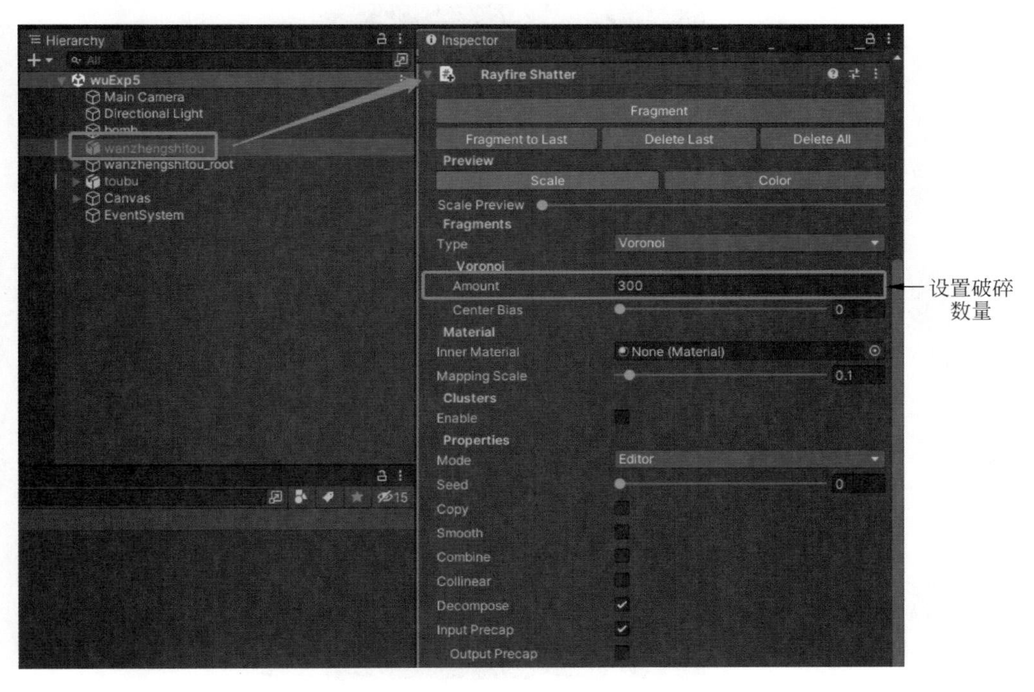

图 9-38 根据需要设置模型的破碎数量

图 9-39　添加碰撞组件

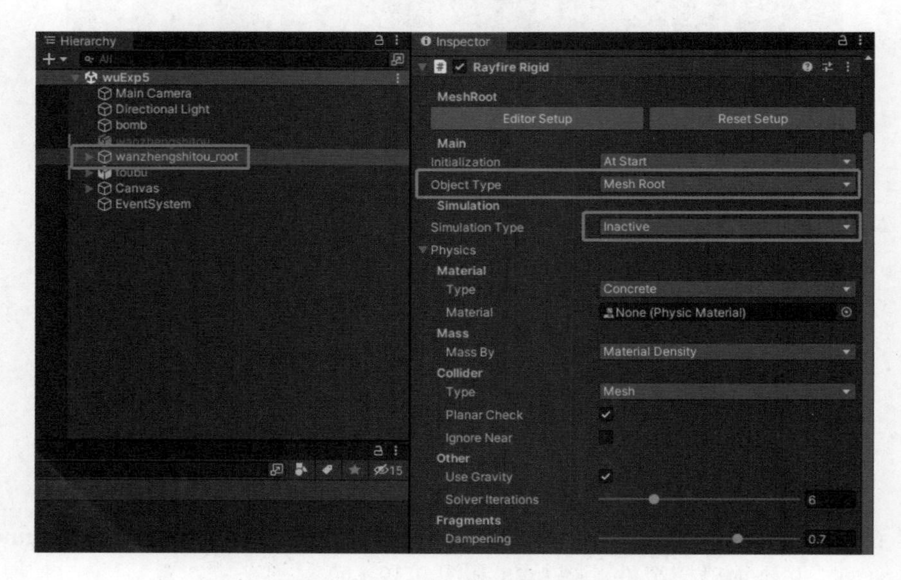

图 9-40　设置副本模型参数 -1

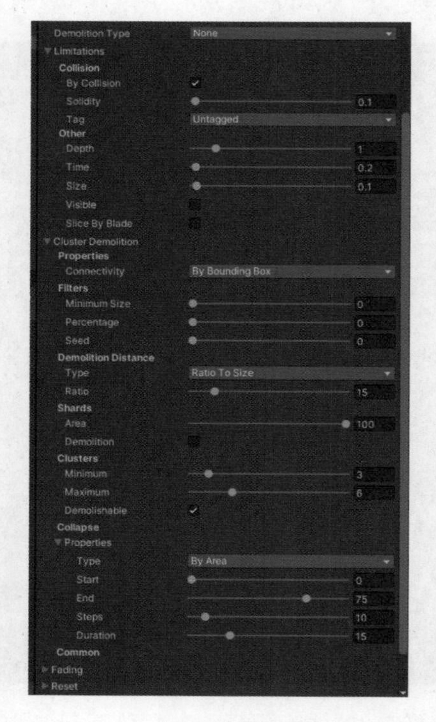

图 9-41　设置副本模型参数 -2

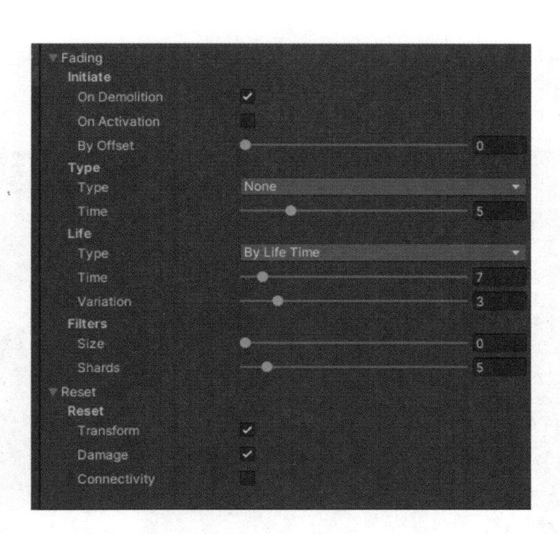

图 9-42　设置副本模型参数 -3

（4）设置爆炸脚本 Explode 3。需要在脚本中 MB、M Root、M Times 中依次放入碰撞体、需要破碎的模型，并设置裂开次数（图 9-43）。

图 9-43　爆炸脚本设置

（5）完成设置后运行，按 P 键查看破碎效果，按 R 键恢复破碎模型。

4）Post Processing 插件设置

（1）在摄像机中添加 Post-process Layer 组件，将需要发光的物体设置为相应的层（图 9-44），并在 Layer 中添加。

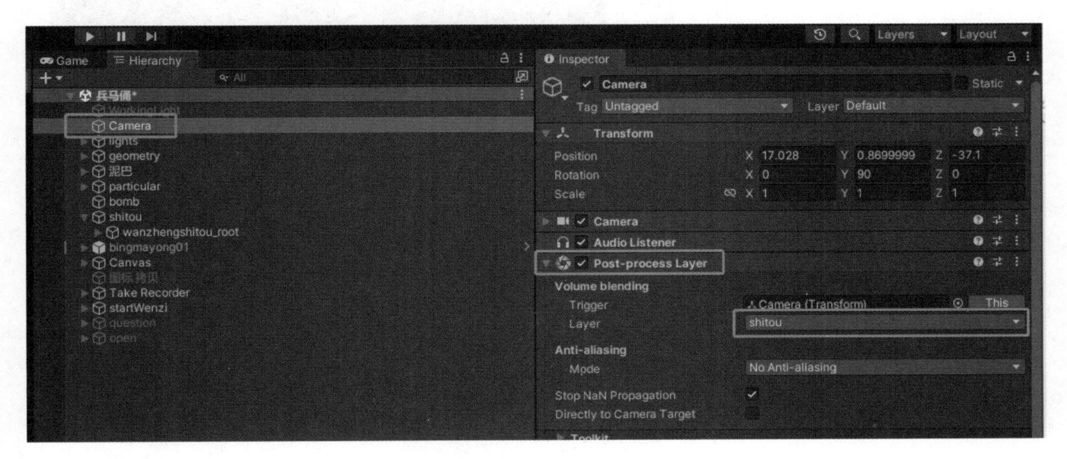

图 9-44　设置发光物体

（2）将需要发光的物体新建空对象放入，在空对象上添加 Post-process Volume，再添加碰撞体，将碰撞体的尺寸调小，防止影响破碎效果（图 9-45）。

图 9-45　设置插件效果并添加碰撞体

5）脚本功能实现

（1）将所有脚本添加在摄像机上。这些脚本包括 Export Take Data 数据导出脚本，Key Check 1 关键词检测脚本，Play Base 面部表情库、骨骼数据查找播放脚本，Explode 3 爆炸脚本，Obj Tween 位置移动脚本，Word Disp（两组）图片淡入淡出脚本（需配合 Shader 使用），Word Move 图片移动脚本，Xu Main 总控制脚本（图 9-46）。

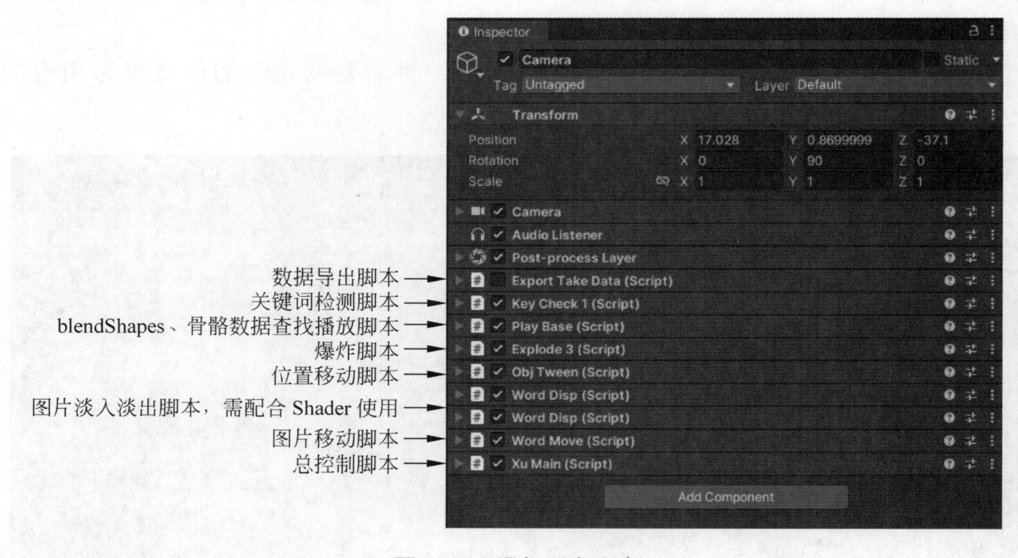

图 9-46　添加所有脚本

（2）设置数据导出脚本。将脚本添加到摄像机 / 带有面部动画的可驱动模型，在 Take Recorder 中选择想导出的动画片段，运行后按 W 键导出数据（图 9-47）。

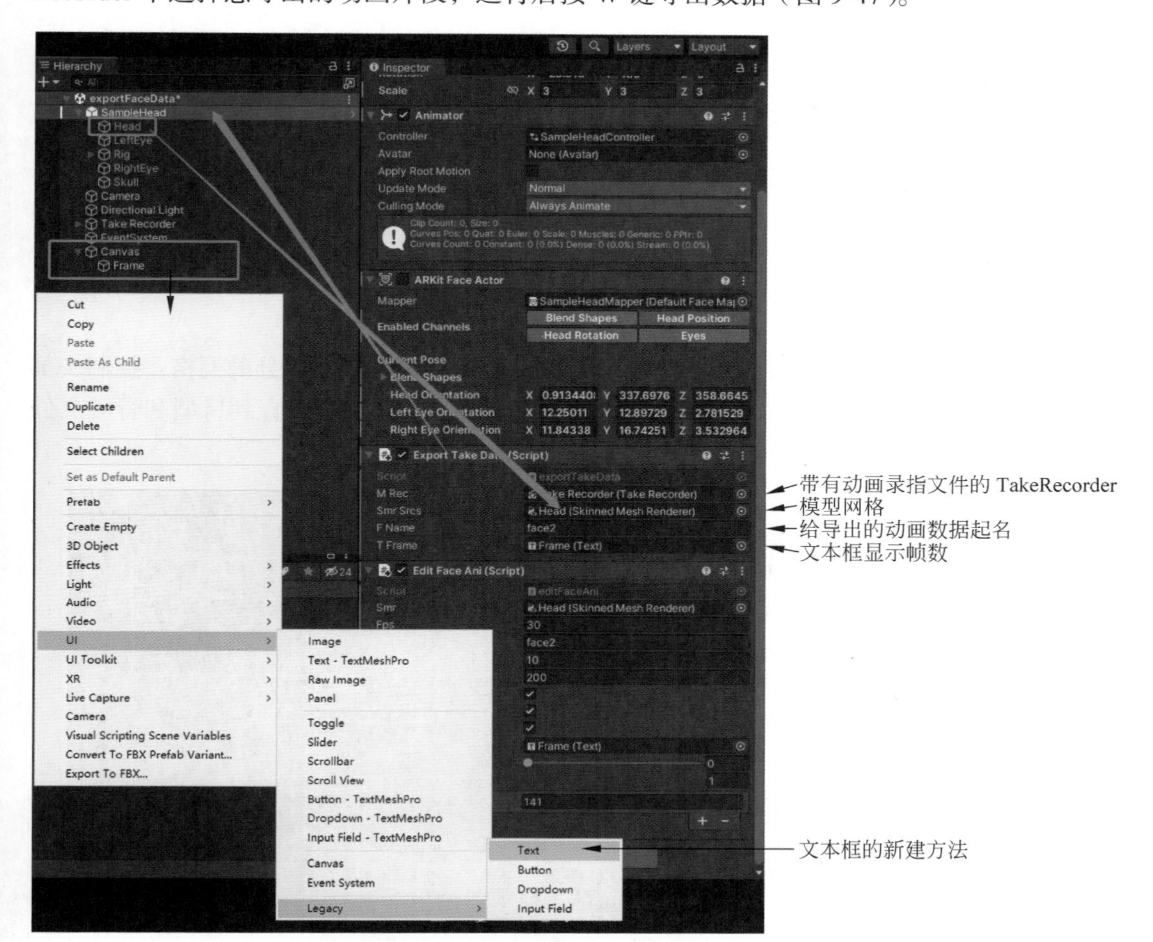

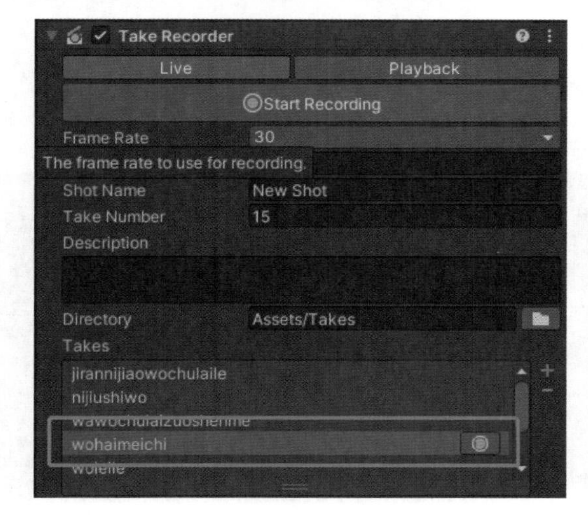

图 9-47　数据导出脚本

（3）设置关键词检测脚本。添加关键词，随意打几个字激活脚本即可，正确的关键词在后续 Xu Main 中设置即可（图 9-48）。

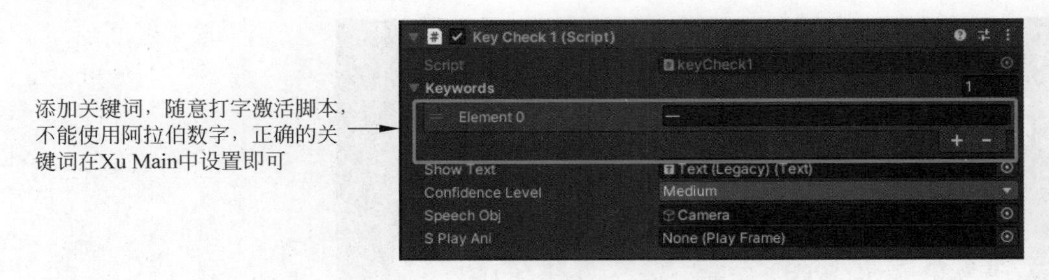

图 9-48　设置关键词检测脚本

（4）设置 blendShape、骨骼数据查找播放脚本。找到模型中各部分的网格、控制头部转动的骨骼，并设置动画播放速度，需要配合 MP3 语音预览使用，直到口型和音频文件匹配（图 9-49）。

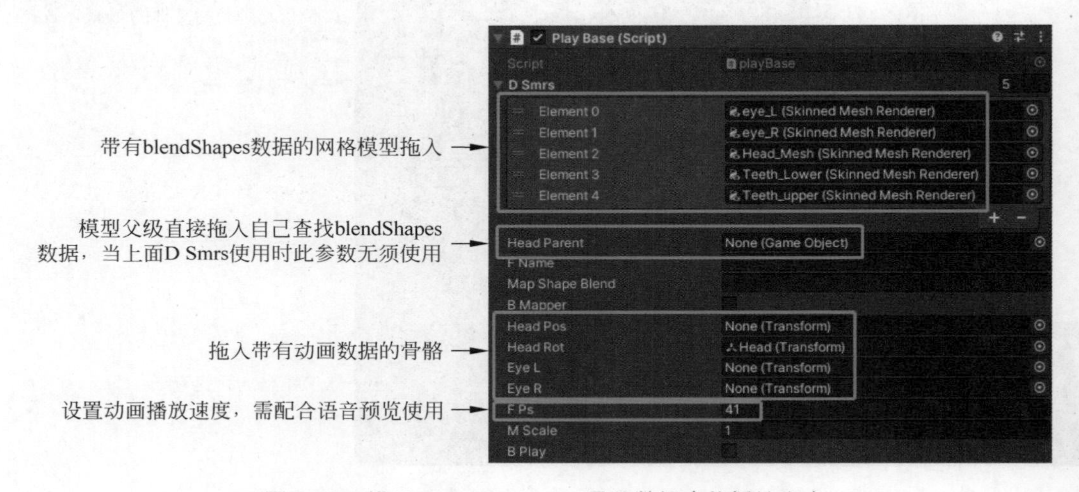

图 9-49　设置 blendShapes、骨骼数据查找播放脚本

（5）设置爆炸脚本。将碰撞体、需要破碎的物体拖进脚本，并设置好爆炸次数（图 9-50）。

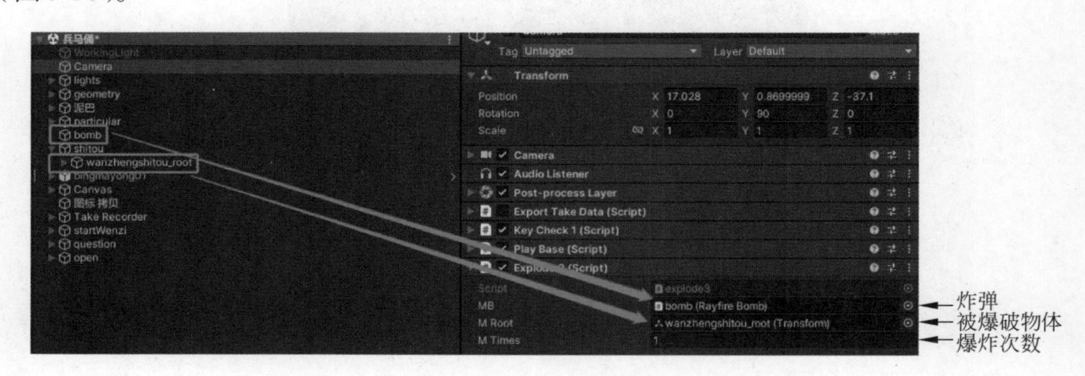

图 9-50　设置爆炸脚本

（6）设置位置移动脚本。选择移动效果，设置移动的终点位置，需要移动的物体（图 9-51）。

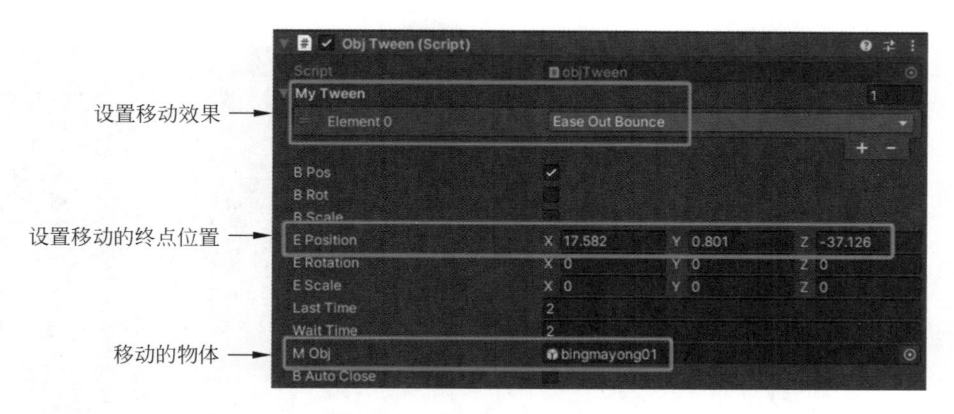

图 9-51 设置位置移动脚本

（7）设置图片淡入 / 淡出脚本。设置包括需要显示的图片，淡入 / 淡出时间与时长（图 9-52）。

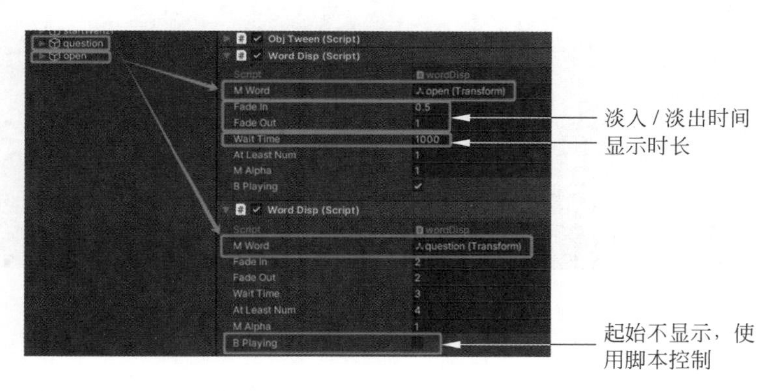

图 9-52 设置图片淡入淡出脚本

（8）设置图片移动脚本。脚本中包括图片的生成起始位置与结束位置（循环出现），透明度最大时的最终位置、移动速度、透明度（图 9-53）。

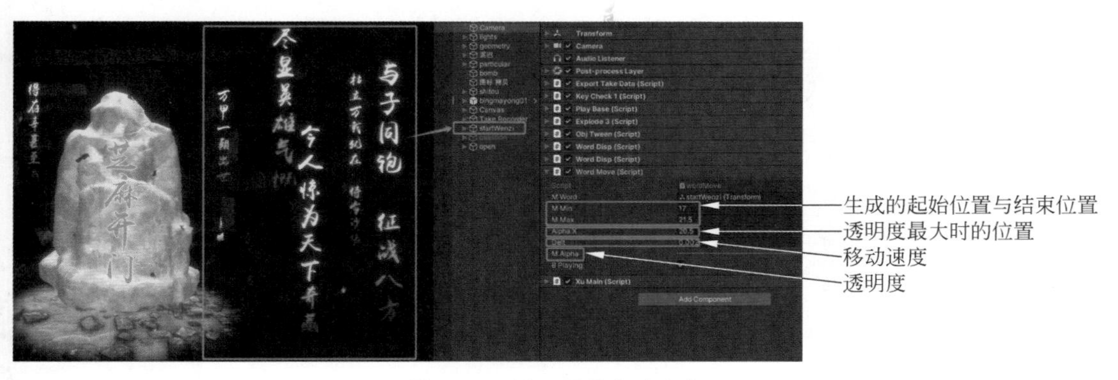

图 9-53 设置图片移动脚本

（9）设置总控制脚本，将上面的脚本拖入总控制脚本中，并按顺序填好关键词，设置好语音 MP3、动画数据（图 9-54）。

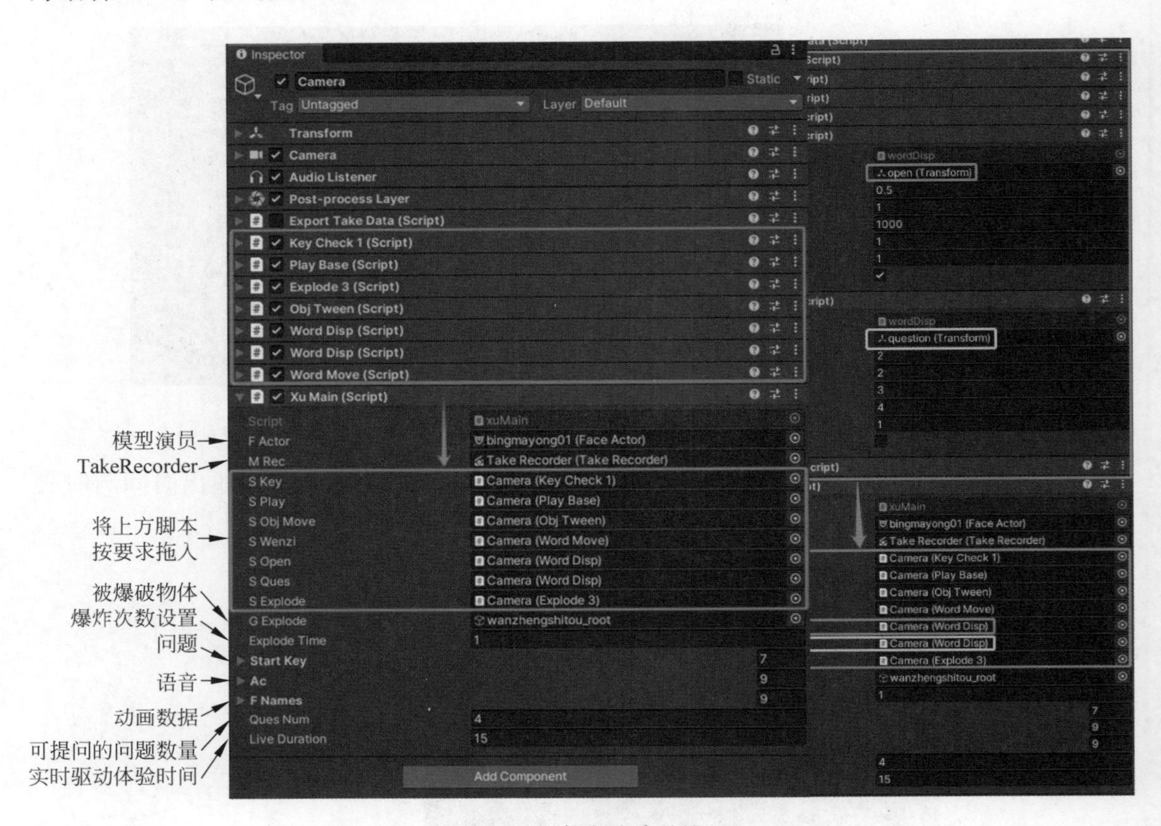

图 9-54　总控制脚本的设置

（10）完成后进行播放查看效果，注意运行时单击 Game 场景空白处激活窗口再进行体验。

小贴士

总控制脚本的使用方法

问题触发语音、动画、开场白、结束语的顺序设置如下。

（1）先设置问题、语音 MP3、动画数据 3 个部分都完整的部分（图 9-55 中红色部分）。

（2）再设置开场白，实时驱动结束后介绍语音的 MP3 和动画数据（图 9-55 中绿色部分）。

（3）最后设置结束语语音和动画数据（图 9-55 中黄色部分）。

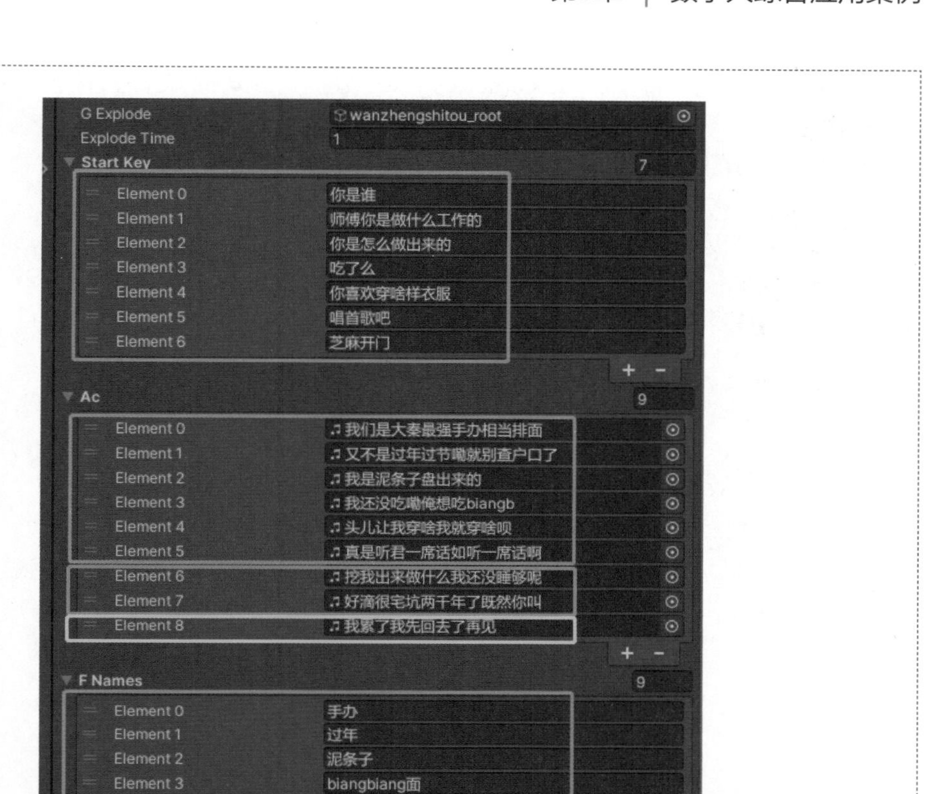

图 9-55 关键词、MP3 和动画数据的设置

9.2.4 数字人驱动脚本

1. 导出面部运动数据

图 9-56 所示为 Export Take Data 的脚本参数。

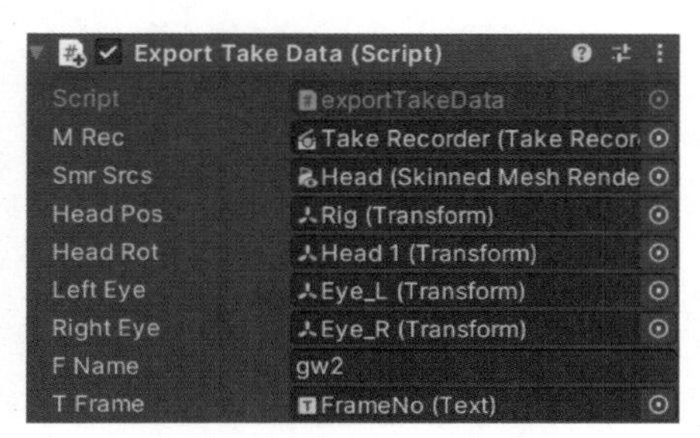

图 9-56 Export Take Data 脚本参数

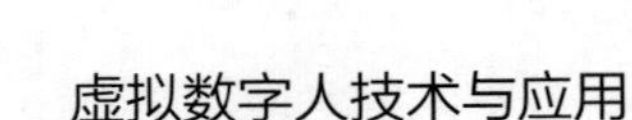

（1）功能说明：将 Take Recorder 的 takes 数据写到外部文件，按帧存成类型名为 txt 的动画数据。

（2）脚本函数：exportTakeData.cs，代码如下。

```
using System.Collections;
using System.Collections.Generic;
using UnityEngine;
using Unity.LiveCapture;

using UnityEngine.Playables;
using UnityEngine.UI;

public class exportTakeData : MonoBehaviour
{
    public TakeRecorder mRec;
    public SkinnedMeshRenderer smrSrcs;

    public Transform headPos;
    public Transform headRot;
    public Transform leftEye;
    public Transform rightEye;

    public string fName = "face1.txt";
    public Text tFrame;

    private PlayableDirector pDirector;
    private List<List<float>> aniData;
    private int num;

    private bool bPlay=false;
    //Start is called before the first frame update
    void Start()
    {
        num = smrSrcs.sharedMesh.blendShapeCount;
        pDirector = mRec.gameObject.GetComponent<PlayableDirector>();
    }

    void Update()
    {
        if(Input.GetKeyDown(KeyCode.P))
        {
            bPlay = !bPlay;
            if (bPlay)
            {
                mRec.PlayPreview();
            }
            else
            {
                mRec.PausePreview();
```

```
            }
        }

        if(Input.GetKeyDown(KeyCode.W))
        {
            StartCoroutine(playAniData());
        }
    }

    public void startExport()
    {
        StartCoroutine(playAniData());
    }

    //形态键的权重、头部位置和旋转角度、双眼旋转角度写入文件
    IEnumerator playAniData()
    {
        aniData = new List<List<float>>();
        float len = (float)pDirector.duration;
        print("len=" + len);
        float delt = 1 / 30f;
        int frameNum = Mathf.CeilToInt((float)pDirector.duration * 30f);
        float t = 0;
        for(int k = 0; k < frameNum; k++)
        {
            t = delt * k;
            mRec.SetPreviewTime(delt * k);
            List<float> mF = new List<float>();
            for(int i = 0; i < num; i++)
            {
                mF.Add(smrSrcs.GetBlendShapeWeight(i));
            }
            getHeadEyeData(ref mF);
            aniData.Add(mF);
            print("t=" + t + ";  frame=" + aniData.Count);
            tFrame.text = k.ToString();
            yield return null;
        }
        WRfaceData.writePose(fName + ".txt", aniData);
    }

    //读取头部位置和旋转角度、双眼旋转角度
    void getHeadEyeData(ref List<float> mD)
    {
        mD.Add(headPos==null?0: headPos.position.x);
        mD.Add(headPos == null ? 0 : headPos.position.y);
        mD.Add(headPos == null ? 0 : headPos.position.z);

        mD.Add(headRot == null ? 0 : headRot.localEulerAngles.x);
        mD.Add(headRot == null ? 0 : headRot.localEulerAngles.y);
```

```
        mD.Add(headRot == null ? 0 :  headRot.localEulerAngles.z);

        mD.Add(leftEye == null ? 0 :  leftEye.localEulerAngles.x);
        mD.Add(leftEye == null ? 0 :  leftEye.localEulerAngles.y);
        mD.Add(leftEye == null ? 0 :  leftEye.localEulerAngles.z);

        mD.Add(rightEye  == null ? 0 :  rightEye.localEulerAngles.x);
        mD.Add(rightEye == null ? 0 :  rightEye.localEulerAngles.y);
        mD.Add(rightEye == null ? 0 :  rightEye.localEulerAngles.z);
    }
}
```

（3）写数据到外部文件：WRfaceData.writePose，代码如下。

```
public static void writePose(String fName, List<List<float>> mPose)
{
     using(StreamWriter sw = File.CreateText(fName))
     {
         for(int i = 0;  i < mPose.Count;  i++)
         {
              foreach(float de in mPose[i])
              {
                  sw.Write("{0},", de);
              }
              sw.WriteLine();
         }
         sw.Close();
     }
}
```

2. 播放面部动画数据

图 9-57 所示为 Play Base 的脚本参数（图 9-57）。

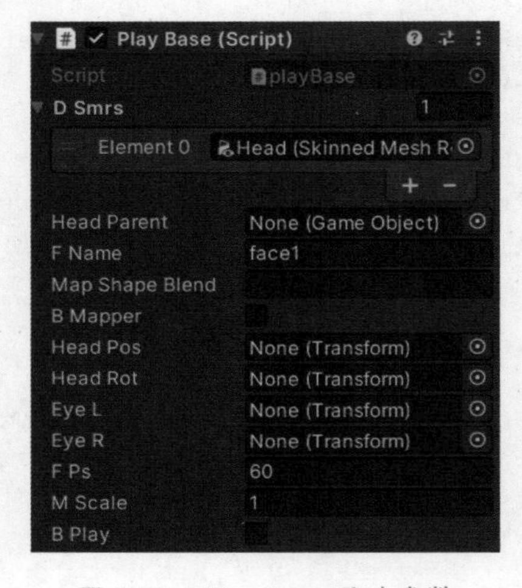

图 9-57　Play Base 脚本参数

（1）功能说明：从外部文件读入面部动画数据，驱动面部模型播放动画；假如动画数据形态帧到模型的形态帧不一致，在映射表给出对应关系。

（2）脚本函数：playBase.cs，代码如下。

```
using System.Collections;
using System.Collections.Generic;
using UnityEngine;
using System.Text.RegularExpressions;
//支持将动画数据映射到具有不同形态帧的模型
public class playBase : MonoBehaviour
{
    public List<SkinnedMeshRenderer> dSmrs=new List<SkinnedMeshRenderer>();
    public GameObject headParent;    //SkinnedMeshRenderer 的父物体
    public string fName = "face1";   //动画数据文件名
    public string mapShapeBlend;     //动画数据形态帧到模型的映射表
    public bool bMapper = false;     //是否需要映射
    public Transform headPos;
    public Transform headRot;
    public Transform eyeL;
    public Transform eyeR;

    public float fPs = 60;           //播放速度：每秒播放帧数
    public float mScale = 1f;        //放缩动画数据值，影响表情幅度

    private List<int> mMap;
    private List<List<float>> aniData;
    private int curFrame = 0;
    private List<float> curData;
    private List<Vector3> hPos;
    private int num;
    private bool bInitial = false;
    public bool bPlay= false;
    private bool bLoop = false;
    [HideInInspector]
    public bool bPlaying = false;
    private Coroutine mCor;

    void Start()
    {
        getAllBS();
        if(fName !=null)aniData = WRfaceData.readPoses(fName + ".txt");
        StartCoroutine(initial());
    }

    //headParent 不空，从中获取 SkinnedMeshRenderer
    void getAllBS()
    {
        if(headParent != null)
        {
            foreach(Transform mt in headParent.transform)
```

```
            {
                SkinnedMeshRenderer smr1 = mt.GetComponent<SkinnedMeshRenderer>();
                if(smr1 != null && smr1.sharedMesh.blendShapeCount > 10)
                {
                    dSmrs.Add(smr1);
                }
            }
        }
    }

    public void setData(List<List<float>> aniData1)
    {
        aniData = aniData1;
    }
    //从第 k 帧开始播放
    public void startPlay(int k,bool bLoop1)
    {
        if(mCor != null) StopCoroutine(mCor);
        bLoop = bLoop1;
        curFrame = k;
        bPlaying = true;
        mCor=StartCoroutine(myPlay());
    }
    public void stop()
    {
        if(mCor != null) StopCoroutine(mCor);
        bPlaying = false;
        bPlay = false;
    }

    IEnumerator initial()
    {
        while(dSmrs[0] == null)
        {
            yield return null;
        }
        getMapperBlendShape();
        getInitialData();
        bInitial = true;
    }

    //构建模型形态帧到动画数据形态帧的映射表
    void getMapperBlendShape()
    {
        num = dSmrs[0].sharedMesh.blendShapeCount;
        mMap = new List<int>();
        for (int i = 0; i < num; i++) mMap.Add(i);
        if(mapShapeBlend.Length == 0)
        {
            print("error can't find ShapeBlend");
```

```
            return;
        }
        if(!bMapper) return;

        for(int i = 0; i < num; i++) mMap[i] = -1;
        string[] res = Regex.Split(mapShapeBlend, ",", RegexOptions.IgnoreCase);
        int num1 = Mathf.Min(num, res.Length);
        for(int i = 0; i < num1; i++)
        {
            if(res[i].Length > 0)
            {
                int k = int.Parse(res[i]);
                mMap[i] = k;
            }
        }
    }

    //获取模型当前姿势数据
    void getInitialData()
    {
        curData = new List<float>();
        for(int i = 0; i < num; i++) //获取当前形态帧数据
        {
            curData.Add(dSmrs[0].GetBlendShapeWeight(i));
        }
        //获取当前头部、双眼的位置和旋转角
        hPos = new List<Vector3>();
        for(int i = 0; i < 4; i++) hPos.Add(Vector3.zero);
        if(headPos != null) { hPos[0] = headPos.position; }
        if(headRot != null) { hPos[1] = headRot.localEulerAngles; }
        if(eyeL != null) { hPos[2] = eyeL.localEulerAngles; }
        if(eyeR != null) { hPos[3] = eyeR.localEulerAngles; }
    }


    List<float> getAniData(int k)
    {
        List<float> tData = new List<float>();
        for(int i = 0; i < num; i++) { tData.Add(0); }
        for(int i = 0; i < num; i++)
        {
            int j = mMap[i];
            if(j > -1 && j < aniData[k].Count)
            {
                tData[i] = aniData[k][j] * mScale;
            }
        }

        for(int i = 0; i < 4; i++)
        {
```

```
            int j = aniData[k].Count - 12 + i * 3;
            hPos[i] = new Vector3(aniData[k][j++], aniData[k][j++], aniData[k][j++]);
        }
        return tData;
    }
    IEnumerator myPlay()
    {
        float t1 = Time.time;
        bPlaying = true;
        bPlay = true;
        int fNum = aniData.Count;
        float Delt0 = 1f / fPs;
        float Delt = Delt0;
        int startFrame = curFrame;
        int curFrame1 = startFrame;
        while(curFrame < fNum)
        {
            play(curFrame);
            yield return new WaitForSeconds(Delt) ;
            Delt = (2 + curFrame1 - startFrame) * Delt0 - (Time.time - t1);
            curFrame1++;
            curFrame = bLoop ? (curFrame + 1) % fNum : curFrame + 1;
        }
        bPlaying = false;
        bPlay = false;
        t1 = Time.time - t1;
        float fNum2 = t1/Delt0;
    }

    void play(int k)
    {
        List<float> mData = getAniData(k);
        int num1 = Mathf.Min(mData.Count, dSmrs[0].sharedMesh.blendShapeCount);

        for(int j = 0; j < num1; j++)
        {
            for(int k1 = 0; k1 < dSmrs.Count; k1++)
            {
                dSmrs[k1].SetBlendShapeWeight(j, mData[j]);
            }
        }

        mData = aniData[k];
        int i = mData.Count - 12;
        if(headPos != null)
            headPos.position = new Vector3(mData[i++], mData[i++], mData[i++]);
        i = mData.Count - 9;
        if(headRot != null)
            headRot.localRotation = Quaternion.Euler(mData[i++], mData[i++], mData[i++]);
        i = mData.Count - 6;
```

```
        if(eyeL != null)
            eyeL.localRotation = Quaternion.Euler(mData[i++], mData[i++], mData[i++]);
        i = mData.Count - 3;
        if(eyeR != null)
            eyeR.localRotation = Quaternion.Euler(mData[i++], mData[i++], mData[i++]);
    }

    //Update is called once per frame
    void Update()
    {
        if(bPlay)
        {
            if(!bPlaying)
            {
                startPlay(0, false);
            }
        }
        else
        {
            if(bPlaying) stop();
        }
    }
}
```

3. 语音识别关键词

图 9-58 所示为 Key Check 1 的脚本参数。

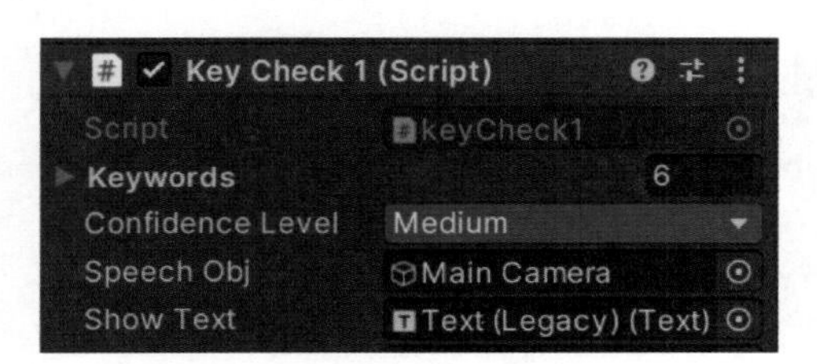

图 9-58　Key Check 1 脚本参数

（1）功能说明：识别语音输入中的关键词。

（2）脚本函数：keyCheck1.cs，代码如下。

```
using System.Collections;
using System.Collections.Generic;
using UnityEngine;
using UnityEngine.UI;
using UnityEngine.Windows.Speech;

public class keyCheck1 : MonoBehaviour
{
    private PhraseRecognizer m_PhraseRecognizer;
    public string[] keywords;          //待检测的关键词
```

```
    public ConfidenceLevel m_confidenceLevel = ConfidenceLevel.Medium;
    public GameObject speechObj;     //接收检测关键词结果的对象
    public Text ShowText;
    void Start()
    {
        setKey();
    }

    public void setKey(string[] keywords1)
    {
        keywords = keywords1;
        setKey();
    }
    public void setKey()
    {
        if(m_PhraseRecognizer != null)
        {
            m_PhraseRecognizer.Dispose();
        }
        m_PhraseRecognizer = new KeywordRecognizer(keywords, m_confidenceLevel);
        m_PhraseRecognizer.OnPhraseRecognized += M_PhraseRecognizer_OnPhraseRecognized;
        m_PhraseRecognizer.Start();
        Debug.Log("语音初始化成功");
    }
//检测到关键词时的回调函数
    private void M_PhraseRecognizer_OnPhraseRecognized(PhraseRecognizedEventArgs args)
    {
        int k = getIndex(args.text);
        if(k > -1)
        {
            speechObj.SendMessage("processSpeech", k);
        }
    }
    int getIndex(string s)
    {
        for(int i = 0; i < keywords.Length; i++)
        {
            if (keywords[i] == s)
            {
                return i;
            }
        }
        return -1;
    }


    private void OnDestroy()
    {
        if(m_PhraseRecognizer != null)
        {
```

```
            m_PhraseRecognizer.Dispose();
        }
    }

//启动或停止关键词检测
    public void play(bool bPlay)
    {
        if(bPlay)
        {
            if(m_PhraseRecognizer.IsRunning)
                return;
            else
                m_PhraseRecognizer.Start();
        }
        else
        {
            if(!m_PhraseRecognizer.IsRunning)
                return;
            else
                m_PhraseRecognizer.Stop();
        }
    }
}
```

课后练习

1. 了解数字人应用途径，尝试设计应用一种数字人的应用形式。
2. 了解书中案例的制作流程，完善数字人设计方案。

第10章 数字人的发展与未来

本章导语

近年来，数字人技术及其应用得到了快速发展，引起了广泛关注。随着计算机图形学、动作捕捉、人工智能技术的不断进步，数字人的逼真度和智能化程度将会大幅提升。本章从面临问题、技术影响、发展趋势几个方面进行阐述，让读者能较为全面地了解当前数字人发展所遇到的问题及未来发展趋势。

学习目标

- 了解数字人当下现状和面临的问题。
- 了解未来数字人的应用发展模式。
- 思考 AIGC 对数字人的影响，并了解 ChatGPT 接入数字人的原理及过程。

10.1 数字人相关问题及对其思考

10.1.1 数字人与技术高度相关性

数字人需要以软硬件关键核心技术为支撑，并随之发展而发展，这些技术包括 3D 建模和动画技术、渲染技术、物理模拟和动力学、人工智能和机器学习、虚拟现实和增强现实技术等，硬件设备包括高性能计算机、传感器、摄像头等，这些设备可以让使用者获得更加逼真的交互体验。

2021 年年初，虚幻引擎 Epic Games 发布超逼真角色创建工具 MetaHuman Creator，可以制作高度逼真的人脸并支持人体动作和面部动画，大幅缩短数字人的制作时间；2021 年 11 月，英伟达也推出 Omniverse Avatar 平台，用于创建交互式 AI 化身；2021 年 12 月，百度正式推出“百度智能云曦灵”智能数字人平台，提供一站式的数字人创建与运营服务，实现 AI 技术赋能。此外，新型渲染技术的出现使数字人皮肤纹理变得更真实，突破了恐怖谷效应，数字人的真实性和实时性实现大幅提升。各方技术的突破和优质引擎的推出均为数字人产业提供坚实的底层技术支持。2021 年 AYAYI、柳夜熙等超写实数字人的火热或许表明，通过引擎建模、渲染、动捕、真人 CG 等技术已能完成高度仿真的数字人创建，数字人制作门槛大幅下降。现阶段国内的一些数字人，常规的动作还需依靠较为传统的制作流程，身体活动无法呈现人体自然的状态，缺乏亲和力，并出现一些诡异的违和感。目前市场上最常用的动捕方式，多是穿戴式或摄像头动作捕捉设备。穿戴式驱动在使用时，动作提供者需穿戴完整的动捕设备；而摄像头的驱动方式，仪器有一定的距离限制，人物在画面中的活动有区域限制，一旦离开该区域，信号检测不到，画面中模型就会频闪，很影响观感。而目前无论是哪种动捕方式，精准动捕设备的使用和开发，都还需要较高的成本，因此整体过程开发缓慢。迄今为止对效果有高要求的虚拟数字人制作成本依旧较高，软硬件及人工成本较大，为控制成本，AI 驱动成为具有良好前景并亟待探索的一种解决路径。总之，这些技术和设备的不断发展和创新，将为数字人的制作和应用提供更多可能性。

10.1.2 数字人情感化表达

随着数字人技术不断发展，数字人的形象风格各有不同，高逼真数字人已屡见不鲜，其制作与驱动流程也逐步实现简洁化、规范化。同时，用户对数字人的交互体验预期也逐步提高。为进一步提升数字人交互体验的真实感，除了逼真的外观视效，情感化体验也是不可忽视的一点。通过细致的面部表情和身体动作，使数字人可以传达出各种情感，如喜悦、悲伤、愤怒等，这需要精确的动画技术和情感捕捉技术。数字人的语音和语调可以通过语音合成技术来实现，不仅需要准确的语音合成，还需要考虑语音的情感表达，如语调、语速、音量等。交互过程中，数字人需要能够理解用户的情感，并做出相应的回应。这需要结合自然语言处理和情感识别的技术，使数字人能够产生情感化的对话。通过情感计算，来赋予数字人识别、表达和适应人类情感的能力，如在用户与数字人的对话交流中，使数字人进一步学习人们的语言习惯，理解人们对话背后的思维逻辑，紧跟社会热点及热梗语句，提高人机交互的准确性和亲切感；并可通过人设塑造、打造知名度、跨界合作等方式，赋予数字人个性、才华、价值观，以及复杂的“人性”，从而获得用户的共情、认可和信任。情感化反馈能够拉近用户与数字人之间的距离。尽管通过机器学习和深度学习技术，可以训练情感模型来对数字人的情感进行建模和生成，但数字人情感表达的效果离用户的期望还存在较大差距。

10.1.3 数字人的恐怖谷效应

恐怖谷效应是在 1970 年被日本机器人专家森政弘提出的。数字人的恐怖谷效应是指当一个数字人接近真实人类外貌和行为，但仍然存在微小的不真实感时，人们可能会感到恐惧或反感。这种效应可能是因为数字人的外貌和行为接近真实人类，但由于细节上的不完美或不自然，触发了人们的不适感。这种不适感可能是由于人类对于似人类形象的期望和对于微小不真实感的敏感性所导致的。降低恐怖谷效应在数字人的制作中是一个重要的挑战。为了克服这个问题，制作数字人需要注重细节和真实感，尤其是在面部表情、眼神、肢体动作等方面。此外，声音和语调的真实性也是重要的因素，因为人们对声音的敏感度也很高。

在高逼真感数字人发展过程中，这也是一个无法避免的阶段。要降低恐怖谷效应一方面需要综合运用多种技术，包括高质量的 3D 建模和动画技术、逼真的渲染技术、物理模拟和动力学、人工智能等，完善数字人视觉效果及交互体验，以及虚拟现实和增强现实技术，提供更加身临其境的体验；另一方面，可以发展非写实数字人风格。对于超逼真数字人的长远发展来说，如何解决恐怖谷效应所带来的弊端，以及如何完善数字人发展的可持续性，都值得我们深入思考和探讨。

10.1.4　数字人的法律风险

数字人的出现带来了一些法律风险和挑战。迄今为止，有关数字人的相关内容，还不受法律的监管，因此数字人的形象、场地、个人品牌，容易受到不法分子的利用，存在版权纠纷、数据泄露、个人隐私泄密、道德缺失等潜在风险。当数字人技术逐步便捷化、大众化，而对数字人应用的监管又缺乏相应的法律保障时，便存在着威胁社会治安和人身安全的隐患。

数字人可能需要收集和处理用户的个人数据，以提供个性化的服务。这可能涉及隐私和数据保护法律的合规性，如合法收集和使用个人数据、保护数据安全等方面。数字人的外貌和形象可能基于真实人物的肖像权，在使用数字人时需要考虑肖像权的问题。数字人可以被用于制作虚假信息或进行欺诈活动，这可能引发法律纠纷，如虚假宣传、诈骗等。因此，使用数字人时需要遵守相关的法律法规。

为了应对这些法律风险，需要制定相关的法律法规和政策，确保数字人的合法、公正和安全使用。此外，数字人的制作者和使用者也需要遵守相关的法律规定，保护用户权益并避免法律纠纷的发生。

10.1.5　数字人的伦理问题

数字人的应用也会带来一系列伦理问题，值得设计开发者和应用者高度重视。数字人是否应该被赋予人格权，即拥有权利和尊严的权利？一旦数字人具有高度智能和情感，是否应该对其进行伦理和法律保护，以防止滥用和剥削？数字人的制作和使用可能受到歧视和偏见的影响。例如，数字人的外貌和行为可能被设计成符合某些族群或性别的刻板印象，这可能导致对特定群体的歧视和偏见。当数字人具有高度逼真的外貌和行为时，人们可能会形成情感和关系的连接。这引发了一系列伦理问题，如虚拟关系的道德性、情感滥用的可能性等。数字人的出现可能对某些职业和行业产生重大影响。例如，虚拟助手的普及可能导致人工助手的失业，这带来了职业转型和社会经济问题。

解决这些伦理问题需要广泛的讨论和合作，涉及技术专家、伦理学家、法律专家和社会各界的参与。制定相关的伦理准则和法律法规是确保数字人的合理及负责任使用的重要步骤。同时，公众的参与和意见也至关重要，以确保数字人的发展和应用符合社会价值观和道德标准。

10.1.6　数字人的社会认同

在社会心理学中，社会认同感是指个体认识到他属于特定的社会群体，同时也认识到作为群体成员带给他的情感和价值意义。数字人的社会认同感是指数字人对自身在数字世界中的身份和地位的认同及归属感。随着数字技术的发展和普及，越来越多的人开始在数字空间中创建和塑造自己的虚拟身份，与其他数字人进行交互和沟通。

数字人可以通过参与虚拟社交网络，如社交媒体平台、在线游戏等，与其他数字人建立联系和互动。在这些平台上，数字人可以展示自己的兴趣、技能和个性，与其他数字人分享经验和观点，从而获得认同感和归属感。数字人也可以通过创建和管理自己的数字身份来表达自己的个性和特点。他们可以选择使用特定的用户名、头像、个人资料等来展示自己在数字世界中的形象，并与其他数字人进行互动和交流。数字人还可以加入和参与各种虚拟社区，如论坛、社交群组等，甚至参与数字经济活动，与共同兴趣和目标的数字人进行交流与合作。在这些虚拟社区中，数字人可以找到与自己相似的人群，分享彼此的经验和知识，建立起社会认同感和归属感。

总之，数字人的社会认同感是建立在数字世界中的，通过虚拟社交网络、数字身份、虚拟社区和数字经济活动等方面的参与和交流来实现。这种认同感可以帮助数字人建立起自己在数字社会中的身份和地位，并与其他数字人形成联系和互动。

10.1.7 数字人的滥用现象

在数字化热潮中，数字人作为一种新兴的表达形式和品牌形象，吸引了许多企业的关注和参与。然而成功的、可持续的数字人应用并不多，这可能与以下几个原因有关。首先，数字人形象过于粗糙。数字人形象在细节和表现上存在不足，导致用户无法对其产生好感，面部肌肉的僵硬和不自然也可能会影响用户对数字人的亲近感和认同感。其次，缺乏文化内核。数字人只有数字形象而没有文化内核，缺乏故事和人物背景，难以引起用户的共情和情感共鸣。一个有深度和内涵的数字人形象可以更好地吸引用户的注意力和兴趣。再次，过高的人物设定。一些企业可能在数字人的人物设定上设定了过高的标准，导致用户无法共情。过于完美或不切实际的人物设定可能会让用户感到疏远，难以建立情感连接。除此之外，部分企业对数字人的使用需求并不大，例如，有些知识型讲解，无须使用数字人即可完成内容普及，却放置一个带有嘴部动画的数字人物来做讲解，只会画蛇添足。同时，数字人形象缺少风格化和个性化的打造，只会模糊大众对品牌的记忆点。而对于企业自身而言，并非所有的企业都适合以数字人作为 IP 形象。不同企业要依据自身产品风格，设定符合自己的数字人，或许像“天猫”“京东狗”等卡通动物 IP，会给用户大众留下更为深刻的性格烙印。

10.2 数字人未来展望

10.2.1 数字人应用发展趋势

如今，数字人越来越多被应用在影视、娱乐、游戏、文化宣传、旅游等领域。一类是偶像型数字人，如虚拟化身和虚拟偶像，这类数字人拥有独立身份，被赋予具有个性的人格特征，其具体场景价值及商业逻辑可简单替换真人明星、偶像、IP、网红。另一类是服务型（功能型）数字人，这类数字人能够投入生产和服务，以虚拟化身的形式执行偏流程化的工作。随着技术的发展，数字人的未来应用将呈现以下特征。

1. 普及化

随着技术的不断深入与发展，数字人的真人驱动的成本逐渐降低，在未来更适用于大众。目前数字人的制作大致分为三种：纯人工建模方式、借助采集设备进行建模、利用人工智能进行建模。然而数字人制作成本相对于普通大众来说成本较高，用户无法承担高昂的费用而导致用户受限较大。除此之外，人工智能生成与驱动的虚拟数字人所呈现的效果受到语音识别、自然语言处理、语音合成、语音驱动面部动画等技术的共同影响。目前人工智能技术还不能完美地生成与驱动，算法过于复杂。后续的技术问题（模型骨骼绑定、渲染问题等）也限制了数字人的普及范围。人工智能建模技术成为低成本制作数字人的一个重要方向，降低制作数字人的入门门槛，为数字人普及大众奠定了一定基础。如今 AI 绘画已经成为设计师提高生产力强有力的工具，同时也给了我们对 AI 建模技术的无限遐想。在未来使普通用户也能够拥有自己喜爱的数字人，且视觉效果良好，交互体验有趣，能够给用户更好的体验与创新道路。现在已有 Character Creator 照片建模软件，我们可以想象未来通过关键词建模已经不再遥远。

2. 情感化

如今，人们对情感体验的需求越来越强烈，数字人有可能在情感方面与人类产生联系。美国学者唐纳德·诺曼在《情感化设计》中提出了情感化设计的三个层次：本能层、行为层和反思层。本能层源自第一印象的直接本能反应，如对色彩、造型等的感受，本能层先于思考和逻辑判断。行为层是用户与产品在行为上产生的交互关系，涉及理性和逻辑性。反思层是用户对产品的独特内涵、品牌差异性的评价想法，用户会因为这份记忆触发情感共鸣，从而忠实于产品。虚拟数字人要超越“工具人”的身份，必须具备交互能力和共情能力，因此利用智能技术提升情感设计是关键，即通过数字人造型、行为、认知、情感和功能的可供性的共同作用来不断满足“情感三层次”诉求。

具体而言，在本能层，重点是增强数字人的吸引力，提升用户的感官层体验，可以通过视觉方面的深入涉及，如相貌、气质、着装等设计，以及不断提高仿真模拟能力来实现。在行为层，核心在于人机交互能力，基于语音识别、表情识别、自然语言理解等打造数字人“能听、能懂、能说”的多通道智能交互方式，实现与数字人的低认知负荷的自然人机交互。在反思层，重点是打造共情力，即在用户与数字人交互过程中感知情感与引发共情的能力，一方面通过情感计算来赋予数字人识别、理解、表达和适应人类情感的能力，提高数字人的亲和力；另一方面要通过塑造人设、打造知名度、跨界合作等持续运营来不断赋予数字人以个性、才华、价值观及复杂“人性”，从而获得用户的共情、认可与信任。随着互联网技术的发展，用户情绪体验引起了人们的普遍关注，具有情绪表现力的数字人能有效提升用户的体验效果，具有广阔的应用前景。

3. 专门化

专门化是指可以针对特定领域或行业的小众诉求，利用数字人技术的优势，为用户提供定制化的服务，优化用户体验。专门化关注不同群体和不同阶层的需求，利用大数据建构的信息体系，实现数字人与其他行业的跨界联合。如在医疗领域，数字人的应用能够通过智能化交互结合语音、面部表情、体感等多种方式，对老年痴呆症、老年运动康复等方面提供巨大帮助。另外，航天领域也可以利用数字人和虚拟现实技术，简化工人的检修操作步骤，以提高工作效率，协助飞机在起飞前完成必要的工作。

总之，这些数字人专门化应用的目的是为用户提供更加个性化和定制化的服务和体验，同时也为企业和机构提供了创新和差异化的营销与服务手段。

10.2.2 AIGC 对数字人未来的影响

1. AIGC 简介

AIGC 是指利用人工智能技术，特别是自然语言处理和生成模型，让计算机以自动化的方式创作出各种形式的媒体内容，如图像、音频、视频、文本等。它的核心思想是使用机器学习算法来模仿人类的创造力和艺术风格，生成一定程度上具有原创性和创意的内容。通过对大量现有的数据进行学习和分析，AIGC 系统能够学习到其中的模式、风格和规律，并基于这些学习生成新的内容。

例如，以 ChatGPT 为代表的 AIGC 技术所依赖的大模型，通过对海量互联网数据的学习来获取知识。这些大型模型的参数规模已经超过了千亿级别，使得它们能够掌握大量的信息和知识。研究表明，当模型的参数足够大时，它们可能展现出能力涌现的现象。这意味着它们可以表现出一定的创造性，通过组合和生成已有知识的方式，产生新的、原创性的内容。这使得 AIGC 技术能够在某种程度上展示出创造性的能力。此外，研究还发现，通过在代码和数据上进行训练，大型模型能够获得强大的思维链和推理能力。这使得模型生成的内容通常具有较强的逻辑性和高密度的知识。在现有知识的基础上，经过复杂的推理过程，模型还可能生成超越人类知识储备范围的新知识。

2. AIGC 对数字人提供的支持

AIGC 对数字人创作方法、设计流程、呈现形式、应用模式、发布推广等方面将产生广泛的影响。许多 AIGC 都提供了可接入数字人系统的 API 接口，可以很方便地集成到数字人应用系统。如基于图片生成三维人脸模型的 MetaHuman 集成到了虚幻引擎，ChatGPT 提供了可集成到 Unity3D 的 API 函数，这些 AIGC 技术，为数字人三维模型生成、语音对话交互方式的实现，提供了强有力的支撑。尤其是利用 ChatGPT，数字人可以在以下几个方面获得巨大提升。

（1）更自然的对话交互：ChatGPT 使用自然语言生成技术，可以生成高质量的对话文本，这使得未来的数字人与人类之间的交互更加自然和流畅。这对于需要大量对话的任务，如客户服务、教育、娱乐等领域具有重要价值。

（2）提高数字人的情感表达能力：ChatGPT 可以模拟人类的语言和情感表达方式，这意味着未来的数字人可以更好地模拟和理解人类的情感和心理状态。这将有助于虚拟心理医生、虚拟助手、虚拟教练等领域的发展。

（3）个性化和定制化的数字人：ChatGPT 可以根据用户的输入和反馈，自动调整其生成的文本和语言风格，使其更适应用户的需求和偏好。这使得未来的数字人可以根据用户的需求和偏好进行个性化、定制化。

（4）优化增强现实：ChatGPT 可以帮助数字人更好地融入现实世界中。例如，未来的虚拟导游可以利用增强现实技术，让用户通过对话与虚拟导游进行交互，更好地了解旅游目的地的历史和文化。

（5）普及人工智能助手：ChatGPT 技术使得未来的人工智能助手更加可靠和有用。这些助手可以用于智能家居、智能办公室等场景中，与用户进行对话，帮助用户完成各种任务。

以当下 ChatGPT 接入 Unity3D，实现与数字人智能交互为例，分析 AIGC 对数字人应用的影响。与 ChatGPT 关联的数字人，可以通过问答方式与用户有两种形式互动：一种是通过文本输入，另一种则是语音输入。输出内容则包括数字人语音、面部动画表情甚至肢体动作。具体交互流程如图 10-1 所示。

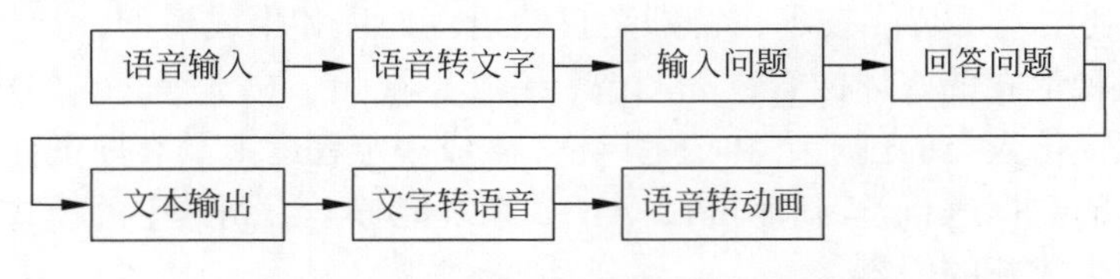

图 10-1 ChatGPT 与数字人交互流程

根据上述流程，在 Unity 中调用 ChatGPT 的 API 接口函数，将用户输入作为 ChatGPT 文本输入，再根据 ChatGPT 的输出驱动数字人，具体交互过程可以分为以下 3 个步骤。

（1）语音转文字：将用户所提问的问题转为文本，再输入 ChatGPT，获取回复文本。

（2）回复文本转语音：将问题回复文本转为语音格式。目前 Unity 插件中 RT-Voice PRO 插件可实现文本转语音功能。

RT-Voice PRO 是一款能够将文本转为语音的插件，可实现两种模式，一种是实时文本转语音，通过输入文字生成语音；另一种是通过编辑好的文档输入，生成语音；同时支持英文中文两种语言切换。

（3）语音驱动动画：将语音格式转为嘴部动画、眼睛动画及头部动画等。目前有以下几种插件可以实现上述功能，如表 10-1 所示，可供开发者选择。基本原理是通过识别语音中的几种元音，每一种元音相对应一种或者多种 blendShape 进行驱动，如 A、I、E、U、O 等几种常见元音，E 的发音可对应咧嘴、微笑、张嘴等几种 blendShape，再调整几种 blendShape 的参与比例，调整到最合适 E 的发音即可。

表 10-1 语音驱动插件对比

插件名称	是否支持中文	自然度	可添加 blendShape 数量	可添加元音数量	总体效果
Salsalipsync	支持	比较僵硬	不限量	3 种及以上	动画效果僵硬，适用于一些对效果要求不高的应用场景
Lipsync pro	不支持，嘴型大部分支持英文，中文效果与嘴型不匹配	比较自然，嘴型基本可以和语音相匹配（英文）	多种	10 种	效果不错，表情自然生动，但需要手动转音频格式，操作麻烦
Spenchblend LipSync	支持中文	测试可以与语音匹配，但张嘴幅度过小，可能和 blendShape 有关，可以调整	一种	16 种	效果一般，由于一个元音只能对应一种 blendShape，所以可调整空间不大，但操作简便

3. AIGC 接入数字人出现的问题或局限性

AIGC 技术虽然能够为我们带来极大的便利，但是作为人类开发的一种内容创作工具，势必会有一些缺陷和不足，在与数字人关联的情况下，一些弊端同样也会暴露出来。

1）技术局限性

交互反馈体验差。当用户在使用 ChatGPT 时，会出现延迟的问题。例如，用户在提问的过程中，它需要一定时间的“思考”才会将答案逐字反馈给用户，再加上接入数字人之后要经过文字转语音、语音驱动动画等步骤，数字人反馈延迟会进一步加长，导致用户在与数字人沟通过程之中需要较长时间等待，影响了用户体验。

2）社会伦理

AIGC 技术可能产生误导性知识，包括凭空捏造、颠倒黑白的虚假传播，以及刻意放大或传播不适宜传播的内容，编造、删改或扭曲信息。AI 作为传播中介，在三个层面可能会助推恶意传播。首先，由于 AIGC 模型生成的训练素材偏离事实，以及模型算法的不完善使得它无意间成为凭空捏造、颠倒黑白的虚假传播源头；其次，AIGC 技术可能被人类操纵，通过散布虚假信息或刻意传播等方式达到特定目的；最后，如果误导性知识被没有鉴别其真假能力的用户接收，并且无意间再扩散传播，则会产生更严重的影响。

3）内容的原创性和版权问题

AIGC 技术以其快速生成知识的能力而受到广泛关注。然而，在这一过程中，可能会涉及知识产权争议，主要涉及以下方面。

首先，AIGC 模型通过对大量数据的训练而生成，这些训练数据可能来源于互联网、期刊论文、著作等多种渠道。在训练的过程中，可能会意外地使用了未经授权的数据作为训练语料，从而引发侵犯数据产权的行为。

其次，AIGC 技术可能使抄袭的形式变得更加难以察觉和分辨，辨别 ChatGPT 是否参与知识创作的边界将变得模糊。例如，在人与机器的对话中，人提出的科学研究观点是否受到 ChatGPT 的渗透影响，以及人与机器之间是否存在观点抄袭等问题都将变得难以界定。这种剽窃形式可能通过现有的同行评议和抄袭检测手段难以轻易发现。另一方面，AIGC 技术产生的知识将呈现快速增长趋势，导致知识过载现象，这将显著增加知识验证的工作量。尽管 AIGC 生成内容的检测技术也在不断发展，如 OpenAI 公司推出了检测器 AI Text Classifier，斯坦福大学团队发布了 GPT 生成文本检测工具 DetectGPT。然而，目前现有的检测技术仍无法准确辨别，这对未来的知识验证机制提出了更高的要求。

最后，AIGC 有助于数字人的发展和应用推广，以上出现的问题随着技术的不断更新迭代，会逐渐得到解决。

课后练习

1. 收集资料，分析数字人在发展过程中可能面临的问题。
2. 分析 AI 技术将对数字人的应用产生哪些方面的影响。

附录 快捷键表

注：仅汇总本书中所用到的基础常用功能。

软件	菜单	功能		快捷键
C4D	文件	新建		Ctrl+N
		打开		Ctrl+O
		保存项目		Ctrl+S
		另存项目为		Ctrl+Shift+S
		增量保存		Ctrl+Alt+S
	工具栏	实时选择		9
		移动物体		E
		缩放物体		T
		旋转物体		R
		X 轴		X
		Y 轴		Y
		Z 轴		Z
	建模工具	转换为可编辑对象		C
		封闭多边形孔洞		M+D
		桥接		M+B，B
		挤压		M+T，D
		连接点 / 边		M+M
		线性切割		K+K，M+K
		滑动		M+O
		焊接		M+Q
		消除		M+N，Ctrl+Backspace，Ctrl+Del
		对齐法线		U+A
		反转法线		U+R
Blender		移动物体	物体跟着鼠标移动	G
			顺着 *X* 轴移动	X
			顺着 *Y* 轴移动	Y
			顺着 *Z* 轴移动	Z
			使用当前位置	单击
			取消编辑	右击
		旋转物体	物体跟着鼠标旋转	R
			顺着 *X* 轴旋转	X
			顺着 *Y* 轴旋转	Y
			顺着 *Z* 轴旋转	Z
			使用当前位置	单击
			取消编辑	右击

续表

软　件	菜　单	功　能		快　捷　键
Blender		缩放物体	物体跟着鼠标缩放	S
			顺着 *X* 轴缩放	X
			顺着 *Y* 轴缩放	Y
			顺着 *Z* 轴缩放	Z
			使用当前位置	单击
			取消编辑	右击
		放大缩小视图		鼠标中键滚动
		旋转视图		按住鼠标中键拖曳
		平移视图		Shift+按住鼠标中键滑动
		视图菜单		～
		视图快速切换		Alt+按住鼠标中键拖动
		打开隐藏面板		N
Maya		平移		ALT+单击
		旋转		ALT+鼠标中键
		缩放		ALT+右击
		粗糙显示		1
		中等质量显示		2
		平滑质量显示		3
		线框		4
		着色显示		5
		纹理显示		6
		适用所有灯光		7
		物体 / 编辑模式		F8
		多边形顶点模式		F9
		多边形边模式		F10
		多边形面模式		F11
		打组		Ctrl+G

参考文献

［1］吴洁 . 数字人类起源：1964—2001［M］. 上海：同济大学出版社，2016.

［2］中国人工智能产业发展联盟总体组，中关村数智人工智能产业联盟数字人工作委员会 . 2020 年虚拟数字人发展白皮书［R］. 2020.

［3］郭全中 . 虚拟数字人发展的现状、关键与未来［J］. 新闻与写作，2022（7）：56-64.

［4］朱奕帆，许鑫，张昫频 . 勘破我相："数字人"测评模型构建与应用［J］. 图书馆论坛 2023，43（2）：132-140.

［5］娄方园，齐梦娜，王竹新，等 . 元宇宙场域下的教育数字人及其应用［J］. 图书馆论坛，2023，43（3）：101-108.

［6］谢新水 . 虚拟数字人的进化历程及成长困境——以"双重宇宙"为场域的分析［J］. 南京社会科学，2022（6）：77-87，95.

［7］Seo J P，Suk M C，Bae S H，et al. Visible Korean Human：its techniques and applications［J］. Clinical Anatomy，2006，19（3）：216-224.

［8］Stotko P，Weinmann M，Klein R. Albedo estimation for real-time 3D reconstruction using RGB-D and IR data［J］. ISPRS Journal of Photogrammetry and Remote Sensing，2019，150：213-225.

［9］Magsipoc E，Zhao Q，Grasselli G. 2D and 3D Roughness Characterization［J］. Rock Mechanics and Rock Engineering，2019，53（3）.

［10］Unity 官网 . Ambient occlusion［EB/OL］.（2023-03-03）［2023-12-14］. https：//docs.unity3d.com/Manual/LightingBakedAmbientOcclusion.html.

［11］于胜男 . Unity 结合 Kinect 三维互动体感游戏设计与开发［D］. 北京：北京林业大学，2016.

［12］赵杰，董海山 . 交互动画设计：Zbrush+Autodesk+Unity+Kinect+Arduino 三维体感技术整合［M］. 北京：化学工业出版社 .2016.

［13］杜亚南 . 新印象 Unity 2020 游戏开发基础与实战［M］. 北京：人民邮电出版社，2021.

［14］微软官网 . Azure Kinect DK 文档［EB/OL］.（2023-12-07）［2023-12-14］. https：//learn.microsoft.com/pdf?url=https%3A%2F%2Flearn.microsoft.com%2Fzh-cn%2Fazure%2Fkinect-dk%2Ftoc.json.

［15］微软官网 . Kinect for Windows［EB/OL］.（2023-11-01）［2023-12-14］. https：//learn.microsoft.com/zh-cn/windows/apps/design/devices/kinect-for-windows.

［16］Unity 官网 . Post Processing Stack v2 overview［EB/OL］.（2023-03-03）［2023-12-14］. https：//docs.unity.cn/Packages/com.unity.postprocessing@3.1/manual/index.html.

［17］Unity 官网 . 渲染管线简介［EB/OL］.（2023-03-03）［2023-12-14］. https：//docs.unity.cn/cn/current/Manual/render-pipelines-overview.html.

［18］刘智锋，吴亚平，王继民. 人工智能生成内容技术对知识生产与传播的影响［J］. 情报杂志，2023，42（7）：123-130.

[19] 赖俊明，王文青．ChatGPT-AIGC 对创新价值链升级的影响［ J ］. 中国流通经济，2023，37（ 5 ）：16-27.

[20] 郭全中，黄武锋 . AI 能力：虚拟主播的演进、关键与趋势［ J ］. 新闻与传播研究，2022（ 7 ）：7-10.

[21] 曹欣怡，吴天琦 . AI 虚拟主播在新闻报道中的应用［ J ］. 青年记者，2022（ 16 ）：81-83.

[22] 王霆威，温有为 . 泛在化的身体介质：虚拟主播的具身传播之重［ J ］. 青年记者，2023（ 4 ）：64-66.

[23] 张家榕，洪赟，叶鹰．GPT 类 AI 技术支持下的艺术创新［ J ］. 图书馆杂志，2023（ 4 ）：14-19.

[24] 唐纳德・诺曼 . 设计心理学 3：情感化设计［ M ］. 何笑梅，欧秋杏，译 . 北京：中信出版集团，2015.

[25] 刘立强，吴伟和，宫雪，等 . 人机体感交互中的情感化设计研究［ J ］. 艺术与设计（ 理论 ），2013，2（ 7 ）：102-104.

[26] 吴伟和，万巧慧 . 体感语境下的交互行为设计［ J ］. 装饰，2013（ 6 ）：104-105.

[27] 徐琦 . 主流视听媒体虚拟数字人应用创新与优化策略［ J ］. 中国电视，2023（ 1 ）：102-107.